동물보건사를 위한 쉽게 배우는

수의학용어

동물보건사를 위한 쉽게 배우는

수의학용어

최한솔 • 박설희 • 정연우 • 한세명 • 홍성균 저

(주)바이오사이언스출판

동물보건사를 위한 쉽게 배우는

수의학용어

초판 인쇄: 2026년 2월 27일
초판 발행: 2026년 3월 5일
저　자: 최한솔 · 박설희 · 정연우 · 한세명 · 홍성균
발행인: 문정구
발행처: (주)바이오사이언스출판
본　사: 10860 경기도 파주시 탄현면 국화향길 10-56, 1동
서울사무소: 06569 서울특별시 서초구 도구로 115, 3층(방배동)
전　화: (02)581-4057~8
팩　스: (02)581-4059
이메일: biosciencepub11@hanmail.net
홈페이지: http://www.biobooks.co.kr
ISBN: 978-89-6824-185-7 (93520)
등록번호: 제22-3079호

값 28,000원

(주)바이오사이언스출판

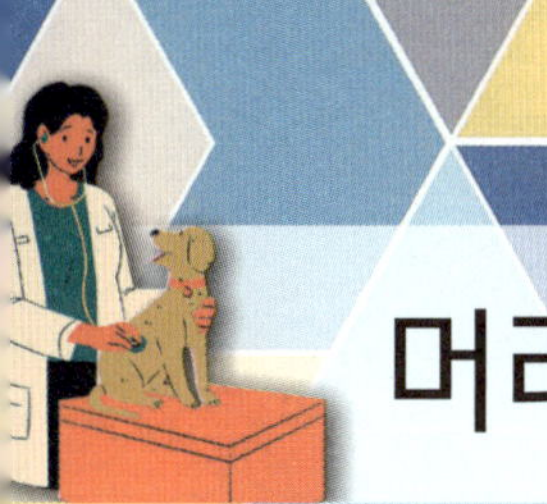

머리말

오늘날 반려동물은 가족의 일원으로 자리 잡았으며, 이에 따라 동물의 건강과 복지를 전문적으로 관리할 수 있는 동물보건사의 역할이 점점 더 중요해지고 있습니다. 동물의 질병을 이해하고 보호자의 신뢰를 얻기 위해서는 임상 현장에서 사용되는 다양한 수의학적 용어를 정확히 이해하고 활용할 수 있는 능력이 필수적입니다.

그동안 사람을 대상으로 한 의학용어 교재는 꾸준히 발간되어 왔으나, 수의학 분야, 특히 동물보건사를 위한 의학용어 교재는 매우 제한적이었습니다. 수의학 교육 현장에서는 학생들이 생소한 라틴어·그리스어 어근과 복잡한 용어 체계에 어려움을 느끼는 경우가 많았으며, 실제 동물병원 현장에서 사용하는 임상 중심의 용어와 학습용 교재 간의 간극도 적지 않았습니다.

이에 본 교재『동물보건사를 위한 쉽게 배우는 수의학용어』는 이러한 교육적 요구와 현장의 필요를 반영하여 집필되었습니다. 본서는 기존의 사람 의학용어 교재 체계를 기본으로 하되, 수의학적 관점에서의 용어 사용, 동물 해부생리의 특성, 그리고 임상 현장에서 자주 접하는 검사·처치·진단명 등을 중심으로 구성하였습니다. 학생들이 단순히 암기하는 데 그치지 않고, 용어의 구성 원리와 의미를 이해하며 실제 상황에서 적용할 수 있도록 돕는 데 초점을 두었습니다. 또한 복잡한 의학용어를 보다 쉽게 접근할 수 있도록 어근·접두사·접미사의 의미를 체계적으로 정리하고, 각 장마다 그림, 표와 함께 간단한 해부생리를 포함하여 학습자의 이해를 높이고자 하였습니다. 특히 동물보건사 국가시험 준비나 현장 실습 과정에서 바로 활용할 수 있도록 실제 병원 문서와 차트, 처방 사례에서 자주 쓰이는 용어를 엄선하여 수록하였습니다.

이 교재가 동물보건학 및 수의학을 공부하는 학생들과 예비 동물보건사들에게 수의학 용어를 익히는 든든한 길잡이가 되기를 바랍니다. 더불어 현장에서 동물의 생명과 건강을 지키기 위해 노력하는 모든 동물보건사들이 보다 전문적이고 체계적인 지식을 갖추는 데에 작은 도움이 되기를 기대합니다.

2026년 2월
대표저자 **최한솔**

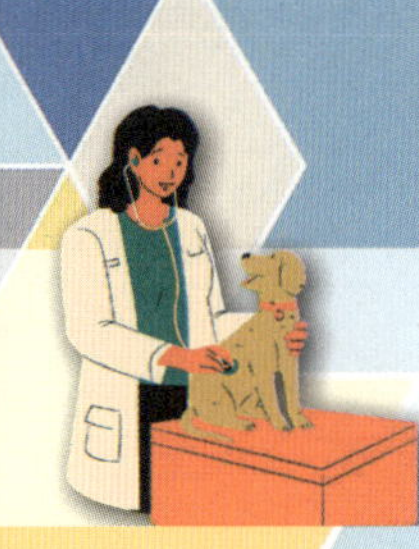

저자 소개

대표저자 **최한솔** 신구대학교 반려동물보건과

박설희 한양여자대학교 반려동물보건과

정연우 중부대학교 동물보건학과

한세명 세명대학교 동물보건학과

홍성균 신구대학교 반려동물보건과

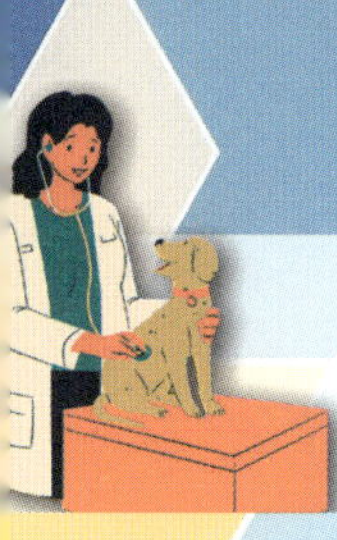

차 례

I 기초 수의학용어

Ch 1. 수의학용어의 기본 구조

수의학용어 훑어보기

수의학(veterinary medicine)을 처음 접하는 학생들이 먼저 반드시 숙지해야 할 첫걸음은 정확한 용어의 이해에서 시작된다. 수의학뿐만 아니라 동물보건계열에서 배우는 해부생리학, 내과학, 외과학, 영상의학 등 다양한 기초, 임상 과목은 모두 복잡한 생물학적 개념과 생리학적 기전을 포함하고 있으며, 이들 내용을 효과적으로 습득하기 위해서는 수의학용어에 대한 기초적인 이해가 반드시 선행되어야 한다. 수의학용어는 매우 방대하고, 종에 따라 또는 진료 분야에 따라 표현 방식도 다양하다. 단순히 외우는 데에 그치지 않고, 용어가 어떻게 만들어졌는지를 이해하면 새로운 개념도 더 쉽게 받아들일 수 있으며, 실제 현장에서의 의사소통에도 큰 도움이 될 것이다.

수의학용어(veterinary medical terminology)는 인체 의학용어의 기원을 따른다. 의학용어는 다양한 기원을 가지고 있으며 의학용어의 상당수는 고대 그리스와 라틴어에 기반을 두고 있다. 이의 경우 구성성분(어근, 접두어, 접미어 등)의 조합으로 용어가 이루어져 있어 하나의 용어가 어떤 구성성분으로 이루어졌는지를 분석할 수 있는 능력이 필요하다. 일반적으로 다음과 같은 세 가지 주요 구성 요소로 이루어져 있다.

- **접두어(prefix):** 용어의 앞에 위치하며 방향, 수, 위치 등을 나타냄.
- **어근(root):** 단어의 중심이 되는 부분으로, 주된 의미를 담고 있음.
- **접미어(suffix):** 용어의 마지막에 위치하며 질병, 상태, 시술 등을 나타냄.

예를 들어, 'cardiomegaly'라는 용어는 '심장'을 의미하는 어근 cardio–와 '비대'를 뜻하는 접미어 –megaly로 구성되어 있으며, 전체적으로 '심장비대'를 의미한다. 이처럼 용어의 구조를 분석할 수 있는 능력을 기르면, 수많은 수의학용어를 효율적으로 학습할 수 있을 뿐만 아니라, 새롭게 접하는 용어도 직관적으로 해석할 수 있는 힘을 기르게 된다.

또 용어는 인명 및 지명에서 용어가 유래될 수 있으며, 예로, Cushing's disease(쿠싱병)는 1932년 하비 쿠싱(Harvey Cushing)에 의해 처음 정의되어 사용되고 있다. 다른 기원으로 두문자어가 있는데 이는 여러 단어의 첫 글자를 따서 만든 용어로 복잡한 용어를 간단하게 표현하기 위해 만들어진다. 예로, IMHA(Immune Mediated Hemolytic Anemia)는 면역매개성 용혈성 빈혈을 나타내는 용어이다. 그리고 이전에는 존재하지 않았던 용어가 최신 기술이나 연구에서 비롯되는 경우가 있는데 CT(Computed Tomography)는 컴퓨터 단층촬영을 나타내는 용어이며, RT(Radiation Therapy)는 방사선 치료를 의미하는 용어이다.

1-1. 수의학용어의 구성

의학용어의 기본 구조

수의학용어는 인의의 의학용어에 바탕을 두고 있다. 그래서 의학용어가 만들어지는 일반적인 원리, 어근, 연결형, 접두어, 접미어, 발음 등은 동일하게 이루어진다.

접두어 Prefix

접두어(prefix)는 수의학용어에서 어근(root) 앞에 위치하며, 그 뜻을 수정하거나 방향, 위치, 수량, 시간 등을 추가적으로 설명해주는 역할을 한다. 모든 용어가 접두어를 갖는 것은 아니며, 접두어가 없는 경우도 많다.

접두어 중 예를 들어 trans- 는 가로질러, 통과라는 의미를 가지고 있으며, 초음파 검사에서 "Transabdominal approach"라는 표현은 복부를 가로지르는 방식으로 시행한 검사법을 의미하여, trans- 라는 접두어를 이해하고 있으면 용어의 전체 의미를 쉽게 유추할 수 있다.

일반 접두어

접두어	의미	예시 의학용어	한글용어
a(n)-	부정, 없음	anemia [어니미아]	빈혈
		apnea [애프니아]	무호흡
anti-	반대의, 대항하는	antibiotic [앤티바이오틱]	항생제
		antibody [앤티바디]	항체
		antiseptic [앤티셉틱]	항패혈, 소독
brady-	느린	bradycardia [브래디카디아]	느린맥, 서맥
contra-	반대의	contralateral [컨트럴래터럴]	반대쪽의

접두어	의미	예시 의학용어	한글용어
dys-	어려운, 고통스런 비정상적인	dysuria [디수리아]	배뇨곤란
		dyspnea [디스프니아]	호흡곤란
		dystrophy [디스트로피]	이영양증, 위축증
endo-	안에, 내에	endoscopy [엔도스코피]	내시경 검사
epi-	위에, 위의	epigastric [에피개스트릭]	상복부의
ex-, extra-	바깥의	exostosis [엑소스토시스]	뼈돌출증, 외골증
hyper-	위에, 초과하여	hypertension [하이퍼텐션]	고혈압
hypo-	아래의, 부족한	hypotension [하이포텐션]	저혈압
in-, intra-	안에, 안으로	intravenous [인트라비너스]	정맥 내의
inter-	사이에	intervertebral [인터버티브럴]	척추뼈 사이의
macro-	큰	macrophage [매크로파지]	대식세포
micor-	미세한	microscopy [마이크로스코피]	현미경
mega-	큰	megacolon [메가콜론]	거대결장, 거대잘록창자
neo-	새로운	neoplasm [니오플라즘]	신생물
oligo-	적은	oliguria [올리고리아]	핍뇨
para-	곁에, 나란히	paranasal [파라네이절]	코곁, 부비
	한 쌍을 이루고 있는 두 부위	paraplegia [파라플리지아]	후지마비
peri-	주위에	pericardial [페리카디얼]	심장막의, 심낭의
post-	이후에	postpartum [포스트파텀]	분만후
poly-	많은	polyuria [폴리유리아]	다뇨
pre-	이전에	preoperative [프리옵어러티브]	수술전
pseudo-	거짓	pseudopregnancy [슈도프레그넌시]	거짓임신
re-	다시	reinfection [리인펙션]	재감염
retro-	뒤쪽으로, 뒤	retroperitoneal [레트로페리토니얼]	복막뒤, 후복막

(계속)

접두어	의미	예시 의학용어	한글용어
semi-, hemi-	반	semitendinous muscle [세미텐디너스 머슬]	반힘줄근
		hemisection [헤미섹션]	반쪽절개
sub-	아래에	subcutaneous [서브큐테이니어스]	피부밑, 피하
tachy-	빠른	tachycardia [태키카디아]	빈맥
trans-	관통하여, 가로질러	transfusion [트랜스퓨전]	수혈
ultra-	초과한	ultrasound [울트라사운드]	초음파

숫자를 나타내는 접두어

접두어	의미	예시 의학용어	한글용어
uni-	1개의	unilateral [유니래터럴]	한쪽의, 편측의
mono-	1개의	monocyte [모노사이트]	단핵구
bi-	2개의	bilateral [바일래터럴]	양측의
di	2개의	dimer [다이머]	이량체
tri-	3개의	triceps brachii [트라이셉스 브라키아이]	상완세갈래근
quadri-, quadro-	4개의	quadriceps femoris [콰드리셉스 페모리스]	넙다리네갈래근
tetra-	4개의	tetraplegia [테트라플리지아]	사지마비
multi-	다수의	multinodular [멀티노듈라]	다결절성의

색깔을 나타내는 접두어

접두어	의미	예시 의학용어	한글용어
alb-, albino-	흰색	albino [알비노]	알비노
		linea alba [리네아 알바]	백선
cyano-	파란	cyanosis [시아노시스]	청색증
erythro-	빨간	erythrocyte [에리스로사이트]	적혈구
leuko-	흰색	leukocyte [류코사이트]	백혈구

접두어	의미	예시 의학용어	한글용어
melano-	검은색	melanoma [멜라노마]	흑색종
purpuro-	자주색	purpura [퍼퓨라]	자반증
xantho-	노란색	xanthoma [잔토마]	황색종

어근 Root

어근(root)은 수의학용어의 중심을 이루는 요소로, 용어의 기본적인 의미를 결정한다. 대부분의 수의학용어는 하나 이상의 어근을 포함하고 있으며, 해부학적 구조나 생리학적 기능, 기관, 조직 등을 나타낸다. 어근은 접두어(prefix)나 접미어(suffix)와 결합하여 다양한 복합 용어를 형성하게 된다. 하나의 어근에서 파생되는 용어들을 살펴보면, 그 개념이 어떤 방향으로 확장되는지 이해할 수 있다. 어근은 단순히 하나의 기관이나 구조를 지칭하는 것처럼 보이지만, 여기에 접두어나 접미어가 어떻게 붙느냐에 따라 질병, 진단, 시술, 해부 부위 등 다양한 의미로 확장된다. 따라서 어근을 정확히 이해하고 기억하는 것이 용어 학습의 핵심이다. 예를 들어, 'hepat'이라는 어근은 간을 의미하며, hepatitis(간염), hepatomegaly(간비대), hepatopathy(간병증) 등으로 활용된다. 이런 용어들을 반복적으로 접하다 보면, 어근을 중심으로 관련 개념들을 유기적으로 연결할 수 있게 된다.

어근	의미	예시 의학용어	한글용어
gastr/o	위(stomach)	gastritis [개스트라이티스]	위염
cardi/o	심장(heart)	cardiomegaly [카디오메갈리]	심장비대
hepat/o	간(liver)	hepatitis [헤파타이티스]	간염
nephr/o	신장(kidney)	nephrology [네프로로지]	신장학
oste/o	뼈(bone)	osteotomy [오스테오토미]	뼈절개술

접미어 Suffix

접미어(suffix)는 수의학용어의 마지막에 위치하며, 해당 용어가 무엇을 나타내는지(상태, 질병, 과정, 진단법, 전문분야 등)를 설명하는 핵심적인 역할을 한다. 접두어나 어근 없이도 접미어 하나만으로 용어의 전체적 의미를 파악할 수 있는 경우가 많기 때문에, 접미어의 이해는 수의학용어 해석에 있어 매우 중요하다. 접미어는 일반적으로 다음과 같은 범주로 나눌 수 있다.

Tip 접미어는 항상 용어의 끝에 위치하며, 어근과 결합될 때 소리의 자연스러움을 위해 모음(o, i)을 사이에 삽입하는 경우가 많다. 이를 연결모음이라 하며 이는 어근-접미어의 결합을 원활하게 해주는 역할을 한다.

질병, 상태를 나타내는 접미어

접미어	의미	예시 의학용어	한글용어
-algia	통증	neuralgia [뉴럴지아]	신경통
-cele	탈출, 튀어 나옴	meningocele [메닌고실]	수막류
-cyte	세포	erythrocyte [에리스로사이트]	적혈구
-dipsia	갈증	polydipsia [폴리딥시아]	다갈
-ectasis	확장	bronchiectasis [브롱키엑타시스]	기관지 확장증
-esthesia	감각	anesthesia [아네스테지아]	마취
-itis	염증	arthritis [아쓰라이티스]	관절염
-megaly	거대증	cardiomegaly [카디오메갈리]	심장비대
-oma	종양, 덩어리	adenoma [아데노마]	샘종양
-osis	비정상 상태	cyanosis [사야노시스]	청색증
-pathy	질병	nephropathy [네프로패시]	신장병
-penia	부족, 감소	leukocytopenia [류코사이토페니아]	백혈구감소증
-phagia	먹다	polyphagia [폴리파지아]	다식
-plasm	생성	neoplasm [네오플라즘]	신생물, 종양
-plegia	마비	hemiplegia [헤미플레지아]	편측마비
-pnea	호흡	apnea [애프니아]	무호흡
-rrhage	과도한 유출	hemorrhage [헤모라지]	출혈
-rrhea	분비물	diarrhea [다이아리아]	설사
-stenosis	좁아짐	tracheal stenosis [트라키알 스테노시스]	기관 협착

접미어	의미	예시 의학용어	한글용어
-trophy	성장, 영양상태	atrophy [아트로피]	위축
		hypertrophy [하이퍼트로피]	비대
-uria	소변상태	anuria [아누리아]	무뇨

수술적 절차나 처치를 나타내는 접미어

접미어	의미	예시 의학용어	한글용어
-centesis	천차	thoracocentesis [쏘라코센테시스]	흉강천자
-ectomy	외과적 제거, 절제	mastectomy [매스텍토미]	유선절제
-pexy	외과적 고정술	enteropexy [엔테로펙시]	장고정술
-plasty	외과적 재건	dermatoplasty [더마토플라스티]	피부재건, 성형술
-tomy	자르는 것, 절개	ureterotomy [유레터로토미]	요관 절개

진단, 검사, 기록 등을 나타내는 접미어

접미어	의미	예시 의학용어	한글용어
-gram	기록, 적음	electrocardiogram [일렉트로카디오그램]	심전도
-graph	기록하는 장치	electrocardiograph [일렉트로카디오그래프]	심전도 기계
-graphy	기록하는 과정	radiography [레이디오그라피]	방사선 촬영
-scope	관찰 기구	endoscope [엔도스코프]	내시경
-scopy	관찰하는 과정	endoscopy [엔도스코피]	내시경 검사

전문분야나 학문을 나타내는 접미어

접미어	의미	예시 의학용어	한글용어
-logist	전문의, 학자	cardiologist [카디올로지스트]	심장전문의
-logy	학문	dermatology [더마톨로지]	피부학

연결모음과 연결형

의학용어에서 연결모음과 연결형은 복잡한 용어를 만들 때 필요한 개념이다. 연결모음은 어근과 접미어 또는 어근과 어근 사이를 부드럽게 연결해주는 모음이며, 주로 사용되는 모음은 'o'이며 때로는 'i'나 'a'도 사용될 수 있다.

구성요소	예시 의학용어	해석
cardi + o + logy	cardiology [카디올로지]	심장(cardi) +연결모음(o) + 학문(logy) = 심장학
gastr + o + enter + itis	gastroenteritis [캐스트로엔터라이티스]	위(gastr) + 연결모음(o) + 장(enter) + 염증(itis) = 위장염

접미어가 모음으로 시작하면 연결모음은 생략하고, 접미어가 자음으로 시작하면 연결모음을 사용한다.

[예: gastritis(○)/ gastroitis(×), gastroenterology(○)]

연결형은 어근과 연결모음이 결합된 형태로 용어의 중심을 이루어 기본형이 되기 때문에 결합형으로 외우는 것이 발음하기 편하다.

어근	연결형	의미	예시 의학용어
arthr	arthr/o	관절	arthr/o/centesis [아르스로센테시스] 관절천자
cardi	cardi/o	심장	cardi/o/logy [카디올로지] 심장학
cephal	cephal/o	머리	cephalic [세팔릭] 머리쪽의
encephal	encephal/o	뇌	encephal/o/pathy [엔세팔로파시] 뇌병증
gastr	gastr/o	위	gastr/o/scope [가스트로스코프] 위내시경
hamat	hemat/o	혈액	hemat/o/ma [헤마토마] 혈종
hepat	hepat/o	간	hepat/o/megaly [헤파토메갈리] 간비대

어근	연결형	의미	예시 의학용어
neur	neur/o	신경	neuro/o/logy [뉴롤로지] 신경학
oste	oste/o	뼈	oste/o/tomy [오스테오토미] 뼈절개술
radi	radi/o	x-ray, 방사선	radi/o/graphy [라디오그래피] 방사선촬영

이외의 용어

일부 용어는 분해되어 어원을 분석하기 어려운 경우가 있다. 이러한 용어는 통째로 외우거나 문맥속에서 익히는 것이 효과적이다. 실무에서 자주 사용되기 때문에 익숙해져야 한다. 아래는 일부 예이다.

의학용어	한글용어	뜻
anemia [어니미아]	빈혈	적혈구 또는 혈색소(hemoglobin)의 감소
biopsy [바이옵시]	생검	조직의 일부를 채취하여 현미경으로 검사
carcinoma [칼시노마]	암종	상피세포에서 기원한 악성 종양
sarcoma [살코마]	육종	결합조직에서 발생한 악성 종양
leukemia [루키미아]	백혈병	암성 백혈구 수 증가
diagnosis [다이아그노시스]	진단	질병의 원인을 추정
prognosis [프로그노시스]	예후	질병의 경과나 결과 예측
signalment [시그널먼트]	환자 정보	환자의 기본 정보(나이, 품종, 성별, 체중 등)
canine [케이나인]	개	개와 관련
feline [필라인]	고양이	고양이 관련

동물보건사 학생들을 위한 수의학용어 학습 팁

수의학용어를 잘 익히는 가장 중요한 방법은 꾸준한 반복과 기억이다. 용어는 언어와 같아서, 자주 보고 말하고 써보는 과정 속에서 자연스럽게 익혀진다. 따라서 자신에게 맞는 학습 전략을 찾는 것이 중요하다.

1. 용어는 '암기'보다 '이해'가 우선이다. 수의학용어는 대부분 라틴어나 그리스어의 조합으로 되어 있어, 접두어, 어근, 접미어의 의미를 익히면 처음 보는 단어도 유추할 수 있다.
   예) oste/o(뼈) + -itis(염증) → osteitis(뼈의 염증)
   그러므로 용어를 쪼개서 읽고, 각각의 의미를 연결해 본다.

2. 시각 + 청각 + 촉각을 함께 사용하면 기억에 오래 남는다. 눈으로 읽고, 입으로 말하고, 손으로 써보는 3단계 학습을 반복 해보자. 수업 중 배운 용어는 그날 복습하는 것이 가장 중요하다.
   그러므로 하루 10개씩 소리 내어 읽고, 공책에 직접 써본다.

3. 작은 카드나 종이에 용어를 적고, 자주 사용하는 카드 학습법을 활용한다. 단어 카드는 반복 학습에 도움이 된다.

4. 용어가 의미하는 신체 부위나 기능과 연결하여 학습하면 더 오래 기억할 수 있다. 용어를 실제 동물의 신체 부위나 질병에 연결해보면 쉽게 외워진다.
   예) "patella(무릎뼈, 슬개골)"는 개의 무릎 부위를 만지며 외워본다.

5. 친구와 퀴즈 놀이처럼 외워보자, 친구들과 함께 공부하면 외우는데 도움이 된다. 칠판에 용어와 뜻을 적어 돌아가며 말해 보거나, 서로 퀴즈를 내고 맞히는 용어 게임은 지루하지 않게 반복 학습할 수 있는 효과적인 방법이다. 그리고 모둠 활동으로 하면 자연스럽게 반복되고 자신감도 생길 수 있다.
   예) "용어 뜻 맞히기", "그림 보고 용어 쓰기" 활동을 해본다.

6. 용어는 정확히 읽고 말할 수 있어야 기억하기 쉽고, 발음을 정확히 익히면 자신감이 생긴다. 교재의 발음 가이드를 활용해, 각 용어를 소리 내어 읽어본다. 용어를 읽을 수 있어야 기억에도 잘 남고 발표할 때도 당황하지 않는다.
   예) 낯선 단어는 음절 단위로 천천히 소리 내어 읽는 것이 좋다.

7. 꾸준한 복습으로 장기기억에 저장한다. 주간 복습표를 만들어 1주일 단위로 복습 계획을 세워본다.
   예) 월: 새 용어 정리, 수: 복습 퀴즈, 금: 그림 + 용어 연결 학습, 일: 한 주 전체 복습

8. 용어와 실제 사례를 연결하면 실전에서 강해질 수 있다. 진료 보조 실습이나 보호소 활동에서 실제로 들은 용어를 따로 기록하여 학습한다. 선생님이 자주 사용하는 용어부터 익히는 것도 좋은 방법이다.

Tip 수의학용어는 생소하지만, 반복과 연습으로 누구나 익숙해질 수 있다. 단순한 암기가 아니라 반복, 응용, 연관짓기 등을 통해 장기기억으로 저장되어야 한다. 자신만의 스타일을 찾아 꾸준히 연습하고, 슬습이나 강의시간에 자주 접하면 자연스럽게 익숙해질 수 있다. 포기하지 않고 계속해 보자!

1-2. 수의학용어와 의학용어의 차이

의학용어는 인체를 대상으로 하는 의학에서 사용하는 용어이며, 수의학용어는 동물의 구조와 질병, 진단 및 치료를 설명하기 위해 사용하는 전문용어이다. 두 분야는 기본적으로 라틴어와 그리스어에 기반한 공통된 원칙으로 용어를 구성하지만, 적용 대상이 다르고 사용하는 맥락이 달라 각기 다른 특성과 필요성을 지니고 있다.

적용 대상의 다양성

1. 인체 의학용어는 대상이 한 종(사람)으로 해부학적 구조, 생리 기능, 병리학적 반응이 일정하기 때문에 용어의 일관성이 있다.
2. 수의학용어는 대상이 여러 종(species)으로 개, 고양이, 소, 말, 돼지 등 다양한 동물종에 따라 해부학 구조와 기능이 다르다. 같은 기관이라도 동물종에 따라 크기, 위치, 명칭이 달라질 수 있다. 따라서 수의학용어는 동물종에 따라 세분화 되어 있고 각 종의 특성을 반영한 용어 해석 능력이 필요하다.

해부학적 위치의 차이와 표현 방식

수의학에서는 동물의 체형(네발로 걷는 동물)을 기준으로 방향을 설명한다. 반면 인체 의학에서는 두발로 선 사람을 기준으로 방향을 설명한다.

사람은 똑바로 서서 정면을 주시한 상태에서 팔은 몸통 양옆에 내리고, 손바닥은 정면을 향한 상태에서 손가락은 펴고 다리는 모은 상태에서 발끝과 시선이 모두 앞쪽을 바라본다. 동물은 앞다리와 뒷다리를 모두 땅에 대고, 네 발로 똑바로 서며, 머리는 앞을 향하고 꼬리는 뒤로, 등은 위쪽, 배는 아래쪽, 발바닥은 바닥을 향하게 하는 네 발이 자연스럽게 펴져있는 자세를 기본 해부학적 자세로 한다.

방향 용어	의학용어(사람) 예시	수의학용어(동물) 적용 예시
위쪽(superior)	머리쪽(toward the head)	등쪽(dorsal)
앞쪽(anterior)	배쪽(toward the front)	머리쪽(cranial) 또는 주둥이쪽(rostral)
아래쪽(inferior)	발쪽(toward the feet)	배쪽(ventral) 또는 꼬리쪽(caudal)
뒤쪽(posterior)	등쪽(toward the back)	뒤쪽(posterior) 또는 꼬리쪽(caudal)

따라서 동물 해부학의 자세와 방향성을 이해해야 수의학용어를 제대로 이해할 수 있다.

그림으로 살펴본 동물과 사람에서 몸의 단면(왼쪽) 및 사람에서 몸의 방향을 나타내는 용어(오른쪽)

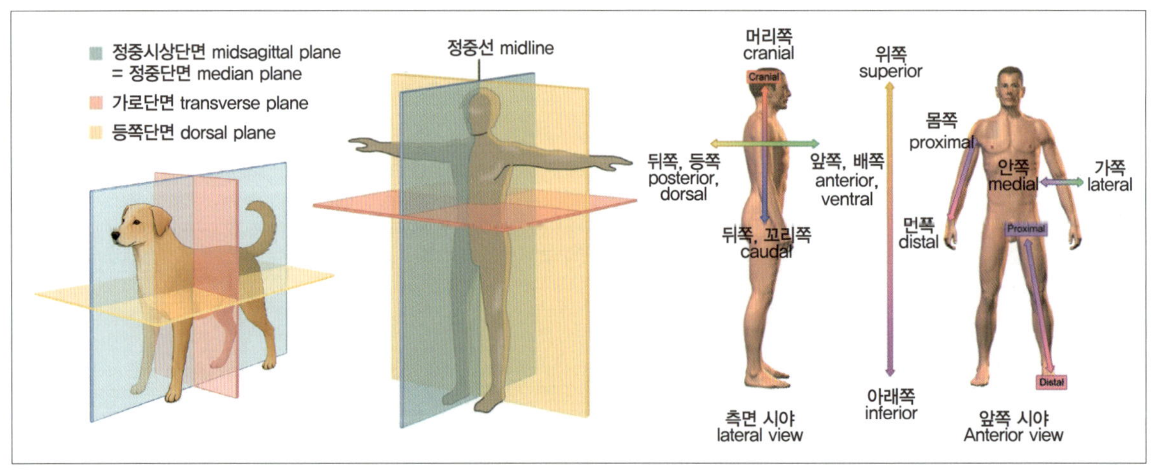

출처: https://commons.wikimedia.org/wiki/File:Human_and_goat_anatomical_planes.jpg

midsagittal plane [미드새지털 플레인]: 정중시상단면
median plane [메디안 플레인]: 정중단면
transverse plane [트랜스버스 플레인]: 가로단면
dorsal plane [도살 플레인]: 등쪽단면
midline [미들라인] : 정중선
cranial [크래니얼]: 머리쪽
anterior [앤티리어]: 앞쪽
posterior [포스티리어]: 뒤쪽
ventral [벤트랄]: 배쪽
dorsal [도살]: 등쪽
proximal [프락시멀]: 몸쪽
distal [디스탈]: 먼쪽
medial [메디얼]: 안쪽
lateral [래터럴]: 가쪽
superior [슈페리얼]: 위쪽
inferior [인페리얼]: 아래쪽

종 특이 질병 용어의 존재

수의학용어는 동물에만 발생하는 특이 질환 또는 기생충, 백신, 시술 명칭 등을 포함한다. 예를 들어, Feline panleukopenia(고양이 범백혈구감소증), Canine parvovirus enteritis(개 파포 장염), Heartworm(Dirofilaria immitis, 심장사상충), Third eyelid gland(제 3안검), Spay(암컷 중성화 수술) 등이 있다.

수의학용어의 실용적 특징

수의학 현장에서는 종합적인 진료가 요구되며 각 동물의 품종, 나이, 사육환경에 따라 용어의 적용도 달라진다. 또한 보호자와의 의사소통에서는 전문용어와 쉬운 설명을 병행해야 하므로, 용어의 정확한 의미 파악과 함께 풀어 말할 수 있는 능력도 중요하다.

Ch 2. 개와 고양이의 신체 구조

신체 구조 훑어보기

동물의 몸(body)은 몇 단계의 수준으로 이루어져 있고, 이는 세포(cell) → 조직(tissue) → 기관(organ) → 기관계(organ system) → 개체(organism)의 구성 단계를 가진다. 동물의 신체는 단순히 세포들의 집합이 아닌 여러 기능을 수행하는 다양한 종류의 세포들이 정교하게 조직되고 서로 협력하며 생명을 유지하는 하나의 시스템을 이룬다.

개와 고양이의 신체는 뼈, 근육, 내장기관, 피부, 감각기관 등으로 이루어진 정교한 생물학적 구조물이며, 각 기관은 서로 유기적으로 작용하여 생명 활동을 유지한다. 이러한 구조를 정확히 이해하는 것은 동물보건사에게 필수적인 기초 지식이다.

용어 성분

신체 구조물의 명칭을 나타내는 흔히 사용되는 용어 성분들과 그 의미이다.

연결형 (어근+연결모음)	의미	예시 의학용어	한글용어
abdomi/o	배, 복부	abdominocentesis [앱도미노센테시스]	복수천자
adip/o	지방	adipocyte [아디포사이트]	지방세포
brachi/o	상완	brachial artery [브라키얼 아터리]	상완 동맥
cardi/o	심장	cardiac [카디악]	심장에 관한
caud/o	꼬리	caudal [코달]	꼬리쪽의
cephal/o	머리	hydrocephalus [하이드로세팔러스]	수두증
cervic/o	목	cervical [서비컬]	목의
crani/o	머리뼈	cranial [크래니얼]	머리쪽의
dermat/o	피부	dermatology [더마톨로지]	피부학
dist/o	-에서 떠나서	distal [디스털]	먼쪽
dors/o	등	dorsal [도살]	등쪽

(계속)

연결형 (어근+연결모음)	의미	예시 의학용어	한글용어
medi/o	중간	medial [미디얼]	안쪽
orth/o	똑바른, 수직으로 세워진	orthopedic [오르소페딕]	정형외과의
pariet/o	체강 벽	parietal [파리에털]	벽의
peritone/o	복막	peritoneum [페리토니엄]	복막
pleur/o	흉막, 가슴막	pleura [플루라]	흉막, 폐를 감싸고 있는 두겹의 얇은 막
proxim/o	-에 가까운	proximal [프락시멀]	몸쪽
thorac/o	가슴, 흉부	thoracocentesis [쏘라코센테시스]	흉강천자
ventr/o	배	ventral [벤트럴]	배쪽

그림으로 살펴본 신체 구조

개의 신체 외형

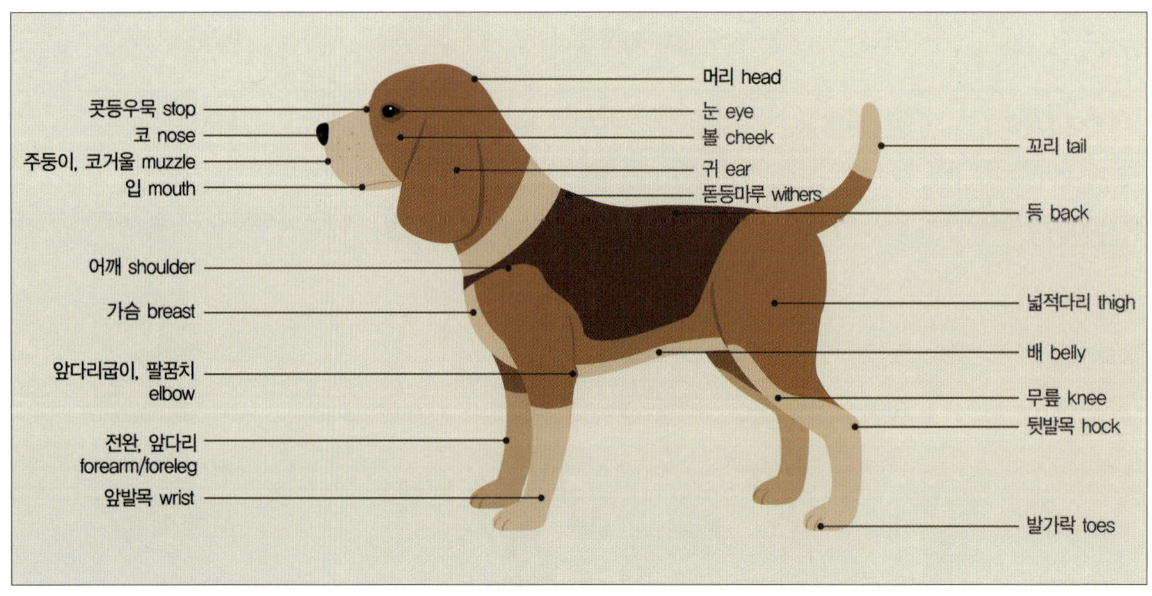

stop [스탑]: 콧등우묵
nose [노즈]: 코
muzzle [머즐]: 주둥이, 코거울
mouth [마우스]: 입
shoulder [숄더]: 어깨
breast [브레스트]: 가슴
elbow [엘보우]: 앞다리굽이, 팔꿈치
forearm/foreleg [포암/포레그]: 전완, 앞다리
wrist [리스트]: 앞발목
head [헤드]: 머리

eye [아이]: 눈	**thigh** [타이]: 넓적다리
cheek [칙]: 볼	**belly** [벨리]: 배
ear [이어]: 귀	**knee** [니]: 무릎
withers [위더스]: 돋등마루	**hock** [호크]: 뒷발목
tail [테일]: 꼬리	**toes** [토즈]: 발가락
back [백]: 등	

고양이의 신체 외형

forehead [포헤드]: 이마	**back** [백]: 등
pinna [피나]: 귓바퀴	**rump** [럼프]: 엉덩이
cheek [칙]: 볼	**tail** [테일]: 꼬리
muzzle [머즐]: 콧등우묵	**flank** [플랭크]: 허구리
chin [친]: 턱끝	**hock** [호크]: 뒷발목
chest [체스트]: 가슴, 흉부	**elbow** [엘보우]: 앞다리굽이, 팔꿈치
shouler [숄더]: 어깨	**stifle** [스타이플]: 무릎

2-1. 동물의 신체 구조물의 수준 구성

동물의 몸은 매우 정교하고 체계적인 구조로 이루어져 있다. 이 구조는 가장 작은 단위인 세포(cell)에서 시작하여, 점점 더 복잡한 수준인 조직(tissue), 기관(organ), 기관계(organ system), 그리고 최종적으로 개체(organism)로 이루어진다. 각각의 수준은 다음과 같은 특징을 가진다.

Tip 생명체의 구조는 단순한 세포에서 복잡한 개체로 확장된다. 각 단계는 그 자체로도 중요하지만, 상호 연결되어야만 전체 유기체로 기능할 수 있다. 수의학 용어를 이해하기 위해서는 이러한 구조적 계층을 정확히 이해하는 것이 중요하다.

세포 Cell

세포(cell)는 모든 생명체의 기본 단위로, 구조와 기능을 갖춘 가장 작은 생명 단위이다. 각 세포는 고유한 기능을 수행하며 세포막(cell membrane), 세포질(cytoplasm), 핵(nucleus) 등의 구조로 구성되며 미토콘드리아(mitochondria), 리보솜(ribosome) 등의 세포소기관을 가지고 있다. 예시로 근육세포(muscle cell, myocyte), 신경세포(neuron), 적혈구(erythrocyte), 간세포(liver cell, hepatocyte) 등이 있다.

Tip 세포는 생명의 기초 단위이며, 모든 생리작용은 세포에서 시작된다.

조직 Tissue

조직(tissue)은 유사한 구조와 기능을 가진 세포들이 모여 형성된 집단이다. 동물의 몸을 구성하는 많은 조직은 4가지의 기본조직으로 분류된다.

- 상피조직(epithelium): 신체의 가장 바깥쪽에 위치하며 피부, 소화관, 호흡관 등 내부와 외부 표면을 덮고 있다. 보호, 분비, 흡수 기능을 하며 장소에 따라 다양한 형태로 존재한다. 예를 들어 단순(simple)상피, 중층(stratified)상피, 원주(columnar)상피 등으로 구분할 수 있다.

- 결합조직(connective tissue): 신체의 여러 조직과 기관을 연결, 지지하며, 혈관, 지방, 연골, 뼈 등이 포함된다. 세포 이외에 다양한 섬유와 기질로 구성되어 탄성과 강도를 제공하며, 콜라겐, 탄력섬유 등이 중요한 역할을 한다.
- 근육조직(muscular tissue): 근육조직은 수축 작용을 통해 신체의 여러 조직과 기관을 연결·지지하며 혈관, 지방, 연골, 뼈 등이 포함된다. 세포 이외에 다양한 섬유와 기질로 구성되어 탄성과 강도를 제공하며 콜라겐, 탄력섬유 등이 중요한 역할을 한다.
- 신경조직(nervous tissue): 신체 내부 및 외부의 변화를 감지하고 정보 전달 및 반응을 담당한다. 뇌(brain), 척수(spinal cord), 신경(nerve)이 속하며, 항상성 유지 및 다양한 반사와 명령을 관장한다.

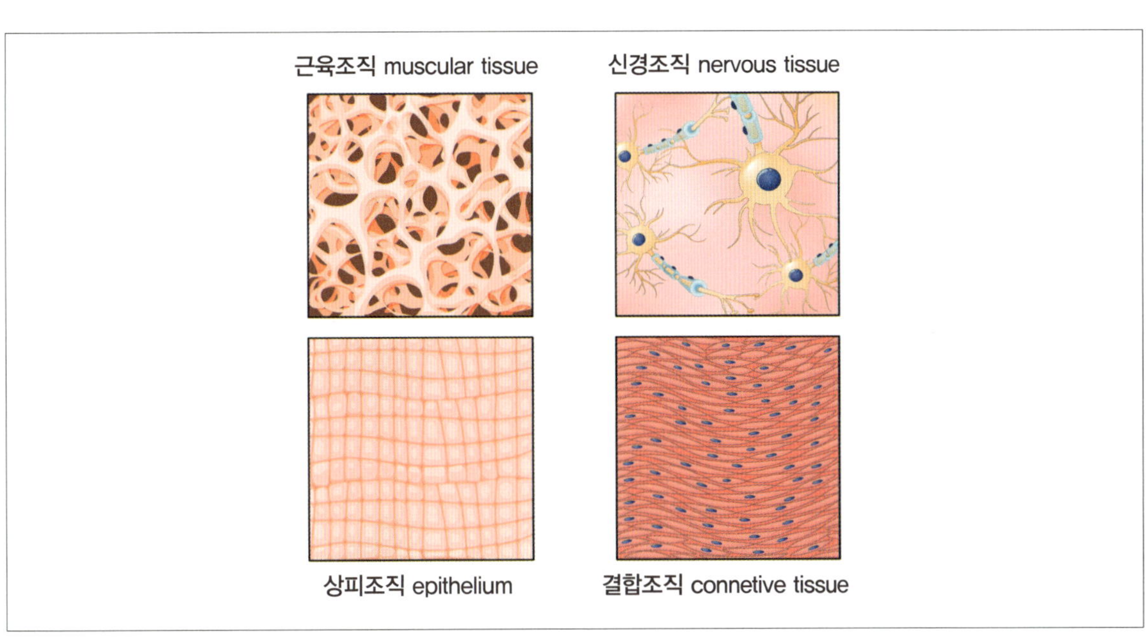

muscular tissue [머스큘러 티슈]: 근육조직
nervous tissue [널버스 티슈]: 신경조직
epithelium [에피쎌리움]: 상피조직
connetive tissue [커넥티브 티슈]: 결합조직

기관 Organ

기관(organ)은 장기라고도 하며, 여러 종류의 조직이 모여 특정 기능을 수행하는 구조물이다. 하나의 기관은 다양한 조직으로 구성되어 복합적인 기능을 담당한다. 예를 들어 심장(heart)은 혈액을 순환시키고, 위(stomach)는 음식을 소화하며, 폐(lung)는 호흡을 담당한다.

기관계 Organ System

기관계(organ system)는 생명체를 구성하는 구성물들의 단위 중 가장 큰 것으로 관련된 기관들이 모여 하나의 생리적 기능을 수행하는 체계이다. 주요 기관계 예는 다음과 같다.

- 소화계(digestive system): 입, 위, 소장, 대장 등
- 호흡계(respiratory system): 코, 기관, 폐
- 순환계(cardiovascular system): 심장, 혈관
- 근골격계(musculoskeletal system): 뼈, 근육, 관절
- 신경계(nervous system): 뇌, 척수, 말초신경
- 내분비계(endocrine system): 췌장, 뇌하수체, 갑상샘, 부신 등
- 비뇨생식기계(urogenital system): 신장, 요관, 방광, 난소, 고환 등
- 피부계(integumentary system): 피부, 털, 발톱, 샘 등

각 기관계는 서로 유기적으로 협력하여 동물의 생명 유지를 도와준다.

개체 Organism

개체(organism)는 각각 다른 기능을 수행하는 여러 기관계가 통합되어 하나의 독립된 생명체를 구성하는 완전한 존재이다. 개체는 환경에 반응하고, 생장하며, 번식할 수 있는 능력을 지닌 완전한 생명체이다. 이는 반려동물인 개와 고양이뿐 아니라 소와 말 같은 산업동물, 그리고 사람도 모두 해당된다.

Tip 개체는 세포에서 시작된 복잡한 생물학적 시스템의 완성체이다.

구조 수준	예시 의학용어	한글용어	용어 성분	범위
세포 (cell)	cytology [사이톨로지]	세포학	cyt/o(세포) + -logy(학문)	세포에 대한 학문
	erythrocyte [에리트로사이트]	적혈구	erythr/o(빨간) + cyt/o(세포) + -e	혈액 관련
	leukocyte [루코사이트]	백혈구	leuk/o(하얀) + cyt/o(세포) + -e	면역 관련

구조 수준	예시 의학용어	한글용어	용어 성분	범위
조직 (tissue)	histology [히스톨로지]	조직학	hist/o(조직) + -logy(학문)	조직의 구조와 기능 연구
	epithelial [에피텔리얼]	상피의	epitheli/o(상피) + -al(-에 관하여)	상피조직 관련
기관 (organ)	nephron [네프론]	신장의 기본 단위	nephr/o(신장) + -on(단위)	신장 기능 단위
	hepatomegaly [헤파토메갈리]	간비대	hepat/o(간) + -megaly(종대, 비대)	간 질환 시 사용
기관계 (organ system)	musculoskeletal [머스큘로스켈레탈]	근골격의	muscul/o(근육) + skelet/o(뼈대) + -al	운동계통 관련
	cardiopulmonary [카디오펄모너리]	심폐의	cardi/o(심장) + pulmon/o(폐) + -ary	순환 및 호흡계
개체 (organism)	anatomy [아나토미]	해부학	ana-(위로) + -tomy(자름, 절개)	신체 전체 구조의 해부
	physiology [피지올로지]	생리학	physi/o(자연) + -logy(학문)	개체의 기능 이해

2-2. 동물의 신체

해부학적 자세

수의학에서 해부학적 위치란, 신체 구조를 정확하게 기술하고 서로 비교하기 위한 표준 자세를 말한다. 개와 고양이의 해부학적 기본자세는 다음과 같다.

- 동물은 네 발로 똑바로 선 자세
- 머리는 앞을 향하고, 꼬리는 뒤로, 발바닥은 바닥을 향함
- 머리는 앞쪽, 꼬리는 뒤쪽, 등은 위쪽, 배는 아래쪽
- 이 자세를 기준으로 방향 용어를 사용함

몸의 방향과 위치를 나타내는 용어

동물의 단면 표시 용어

- 정중(시상)단면(median plane): 몸을 좌우로 나누는 세로수직단면
- 등쪽단면(dorsal plane): 몸을 등쪽과 배쪽으로 나누는 가로수평단면
- 가로단면(transverse plane): 몸을 앞쪽과 뒤쪽으로 나누는 단면

동물의 해부학적 방향 표시 용어

방향 표시 의학용어	한글용어	뜻
right [라이트] dexter [덱스터]	오른쪽(우측)	오른쪽
left [레프트] sinister [시니스터]	왼쪽(좌측)	왼쪽
cranial [크래니얼] anterior [앤테리어]	앞쪽	머리와 가까운 쪽
caudal [코달] posterior [포스테리어]	뒤쪽	꼬리와 가까운 쪽
rostral [로스트럴]	주둥이쪽	코방향, 머리에서 앞쪽을 나타낼 때
dorsal [도르살]	등쪽, 배측	몸의 등쪽 또는 척추쪽 방향
ventral [벤트럴]	배쪽, 복측	몸의 배쏙 또는 바닥쏙 방향
medial [미디얼]	안쪽, 내측	몸의 정중면에서 가까운 쪽
lateral [래터럴]	가쪽, 외측	몸의 정중면에서 떨어진 쪽
proximal [프록시멀]	몸쪽, 근위	몸통에 가까운 쪽
distal [디스털]	먼쪽, 원위	몸통에서 먼쪽
superficial [수퍼피셜]	얕은, 표층	몸 표면에 가까운 쪽
deep [디이프]	깊은, 심층	몸 표면에서 깊은 쪽
palmar [팔마]	앞발바닥쪽	앞발의 뒤쪽 면
plantar [플랜타]	뒷발바닥쪽	뒷발의 뒤쪽 면

그림으로 살펴본 동물의 해부학적 단면 표시 및 방향성 용어

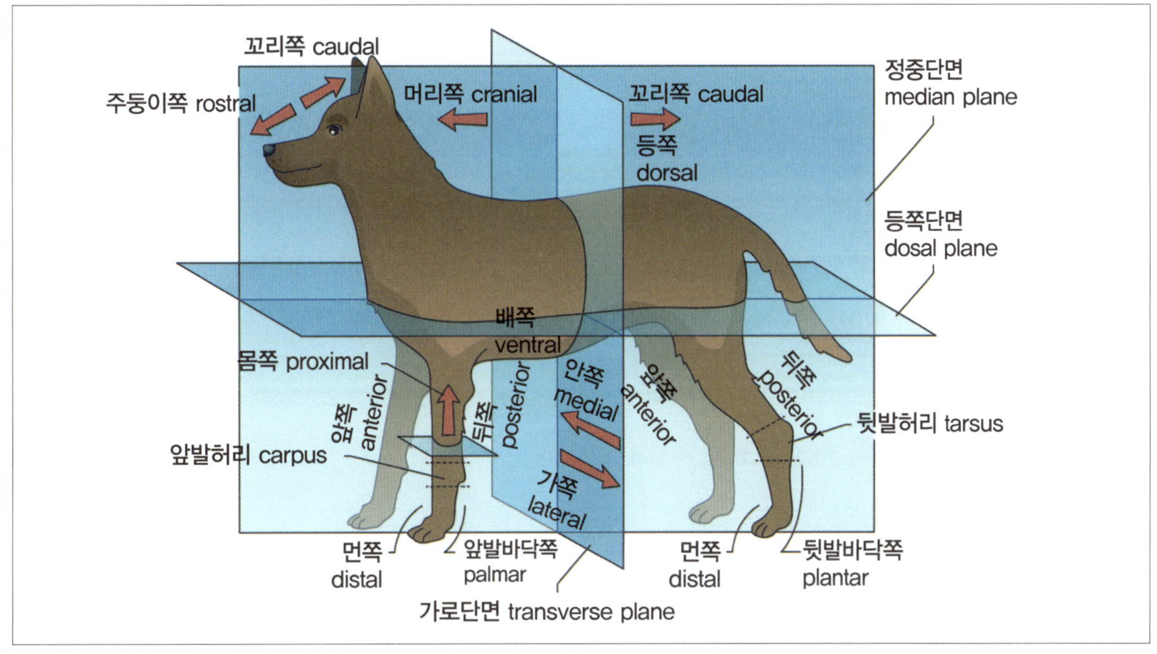

caudal [코달]: 꼬리쪽
cranial [크래니얼]: 머리쪽
rostral [로스트럴]: 주둥이쪽
proximal [프록시멀]: 몸쪽
ventral [벤트럴]: 배쪽
medial [미디얼]: 안쪽
carpus [카퍼스]: 앞발허리

distal [디스털]: 먼쪽
palmar [팔마]: 앞발바닥쪽
median plane [메디안 플래인]: 정중단면
dosal [도르살]: 등쪽
dosal plane [도르살 플래인]: 등쪽단면

tarsus [타서스]: 뒷발허리
lateral [래터럴]: 가쪽
plantar [플랜타]: 뒷발바닥쪽
transverse plane [트랜스버스 플래인]: 가로단면
posterior [포스티어리어]: 뒤쪽
anterior [앤티리어]: 앞쪽

신체부위 명칭

신체부위 의학용어	한글용어	뜻
head [헤드]	머리	눈, 귀, 코 포함
neck(cervical) [넥]	목	머리와 몸 연결
thorax [쏘랙스]	가슴	흉강 포함
abdomen [앱도먼]	배	복강, 소화기 포함
loin [로인]	허리	등과 골반 사이
tail(caudal) [테일]	꼬리	척추 끝
forelimb [포림]	앞다리	어깨부터 발까지
hindlimb [하인드림]	뒷다리	엉덩이부터 발까지

동물의 체강 Body Cavity

체강 의학용어	한글용어	뜻
cranial cavity [크레이니얼 캐비티]	머리뼈안, 두개강	뇌 (머리뼈 내)
spinal cavity [스파이널 캐비티]	척추뼈안, 척추강	척수 (척추관 내)
thoracic cavity [소라식 캐비티]	가슴안, 흉강	심장, 폐, 기관, 식도
abdominal cavity [앱도미널 캐비티]	배안, 복강	위, 장, 간, 비장 등
pelvic cavity [펠빅 캐비티]	골반안, 골반강	방광, 생식기 등 (복강과 연속됨)

그림으로 살펴본 개의 체강(body cavity)

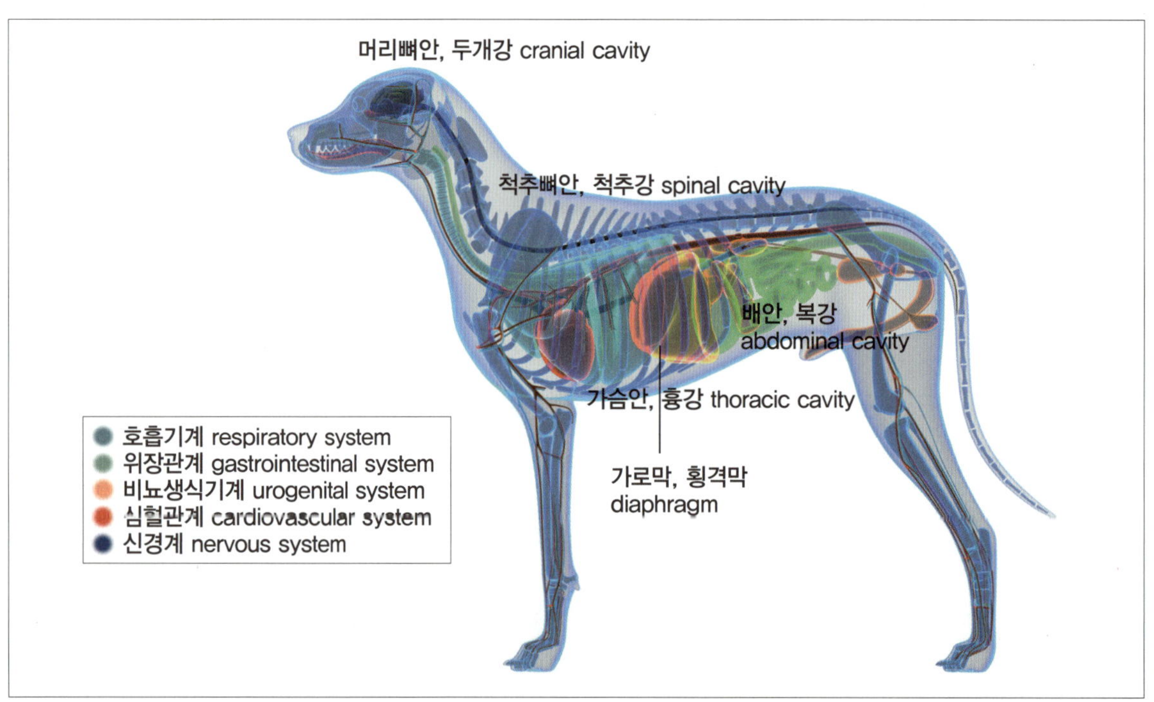

cranial cavity [크레이니얼 캐비티]: 머리뼈안, 두개강
spinal cavity [스파이널 캐비티]: 척추뼈안, 척추강
thoracic cavity [소라식 캐비티]: 가슴안, 흉강
abdominal cavity [앱도미널 캐비티]: 배안, 복강
diaphragm [다이아프램]: 가로막, 횡격막
respiratory system [레스피러토리 시스템]: 호흡기계
gastrointestinal system [개스트로인테스티널]: 위장관계
urogenital system [유로제니탈 시스템]: 비뇨생식기계
cardiovascular system [카디오배스큘러 시스템]: 심혈관계
nervous system [널버스 시스템]: 신경계

Tip 참고 용어
Diaphragm(가로막, 횡격막): 흉강과 복강을 구분하는 근육성 장벽
Viscera(내장): 체강 내부의 장기들을 통칭하는 용어

동물의 신체 구조와 관련된 추가 용어

신체 구조 의학용어	한글용어	뜻
anatomy [아나토미]	해부학	인체(또는 동물)의 구조와 형태를 연구하는 학문
physiology [피지올로지]	생리학	인체(또는 동물)의 정상적인 기능과 작용을 연구하는 학문
benign [비나인]	양성	종양이나 병변이 주변 조직으로 침윤하거나 전이되지 않는 상태를 의미
malignant [말리그넌트]	악성	종양이나 병변이 주변 조직을 침윤하고 전이 가능성이 있는 상태를 의미
cartilage [카틸리지]	연골	뼈와 뼈 사이에서 충격을 완화하고 관절의 움직임을 원활하게 하는 결합조직
viscera [비세라]	내장	흉강·복강 등에 존재하는 내부 장기들의 총칭
diaphragm [다이아프램]	횡격막	흉강과 복강을 구분하는 근육성 막으로, 호흡 시 수축·이완하여 폐의 환기를 돕는 주요 호흡근
membrane [멤브레인]	막	장기나 조직을 둘러싸 보호하거나 구획을 나누는 얇은 조직
peritoneum [페리토니움]	복막	복강을 둘러싸고 복강 내 장기를 덮는 장막성 막
umbilicus [엄빌리쿠스]	배꼽	태아 시기 제대(탯줄)가 부착되었던 복벽의 흔적
hernia [허니아]	탈장	장기나 조직이 정상 위치를 벗어나 복벽이나 근막의 약한 부위를 통해 돌출된 상태
prolapse [프롤랩스]	탈출	장기나 조직이 정상 위치에서 아래쪽 또는 바깥쪽으로 내려오거나 빠져나온 상태
evisceration [이비서레이션]	내장적출	복벽 손상이나 수술 후 상처 열개로 인해 복강 내 장기가 체외로 노출되거나 빠져나온 상태

동물의 체위(recumbency)와 관련된 용어

체위관련 의학용어	뜻	설명	그림
dorsal recumbency [도살 리컴번시]	등쪽으로 누운 자세	동물이 등을 바닥에 대고 누운 상태이다. 이 자세는 복부 초음파, 중성화 수술 시에 사용된다.	
ventral recumbency [벤트럴 리컴번시]	배쪽으로 누운 자세	동물이 배를 바닥에 대고 엎드린 상태이다. 흉부 방사선 촬영, 채혈 등에 사용된다.	
sternal recumbency [스터널 리컴번시]	복장뼈 쪽으로 누운 자세	Ventral recumbency와 같은 의미로, 복장뼈(=흉골)를 바닥에 대고 누운 상태이다.	
lateral recumbency [래터럴 리컴번시]	옆으로 누운 자세	동물이 몸의 한쪽을 바닥에 대고 누운 상태이다. 예를 들어 몸의 오른쪽을 바닥에 대고 누운 자세는 right lateral recumbency, 몸의 왼쪽을 바닥에 대고 누운 자세는 left lateral recumbency이라 한다.	

Ch 3. 근골격계통 의학용어

3-1. 뼈대관절계통

뼈대관절계통 훑어보기

정의 및 기능

뼈는 동물의 몸에 단단한 구조적 지지대를 제공하며, 내부 장기를 보호하는 역할을 한다. 예를 들어, 두개골은 뇌를, 갈비뼈는 심장과 폐를 보호한다. 또한 뼈 속에는 골수(bone marrow)가 있어 혈액세포가 생성되는 장소로 기능하며, 칼슘과 인 같은 무기질을 저장하는 저장고의 역할도 한다. 뼈는 단순히 정적인 구조물이 아니라, 지속적으로 재형성(remodeling) 과정을 통해 오래된 뼈조직이 새로운 조직으로 교체되며 건강을 유지한다. 이 과정은 성장기뿐 아니라 성체에서도 계속 일어난다.

관절은 뼈와 뼈가 연결되는 부분으로 관절의 형태에 따라 움직임의 범위와 방향이 결정된다. 인대(ligament)는 뼈와 뼈 사이를 연결하는 결합조직의 강한 끈으로 관절을 안정화시키고 지지하는 역할을 한다. 인대는 관절을 감싸며 움직임의 범위를 제한하여 과도한 움직임이나 탈구를 방지한다.

용어 성분

뼈대관절계통(musculoskeletal system)에서 흔히 활용되는 용어 성분들과 그 의미는 다음과 같다.

용어 성분(연결형)	
arthr/o	관절　예) arthritis 관절염
chondr/o	연골　예) chondroma 연골종
cost/o	갈비뼈　예) intercostal 갈비뼈 사이의
crani/o	머리뼈　예) craniotomy 두개골 절개술
myel/o	골수　예) myelitis 골수염, 척수염
ligament/o	인대　예) ligamentous 인대성
oste/o	뼈　예) osteosarcoma 골육종

(계속)

용어 성분(연결형)	
patell/o	무릎뼈 예) patellar 무릎뼈의
pod/o	발 예) pododermatitis 발바닥피부염
vertebr/o	척추뼈 예) vertebral 척추의

용어 성분(접두어)	
dis-	분리, -와 떨어져 예) displacement 변위
non-	아닌 예) nonuion 불유합

용어 성분(접미어)	
-blast	미성숙한 예) osteoblast 조골세포
-clast	파괴하는 예) osteoclast 파골세포
-desis	융합 예) arthrodesis 관절고정술
-logic	학문과 연관된 예) physiologic 생리학적인
-porosis	구멍이 많은 예) osteoporosis 골다공증

그림으로 살펴본 뼈대관절계통

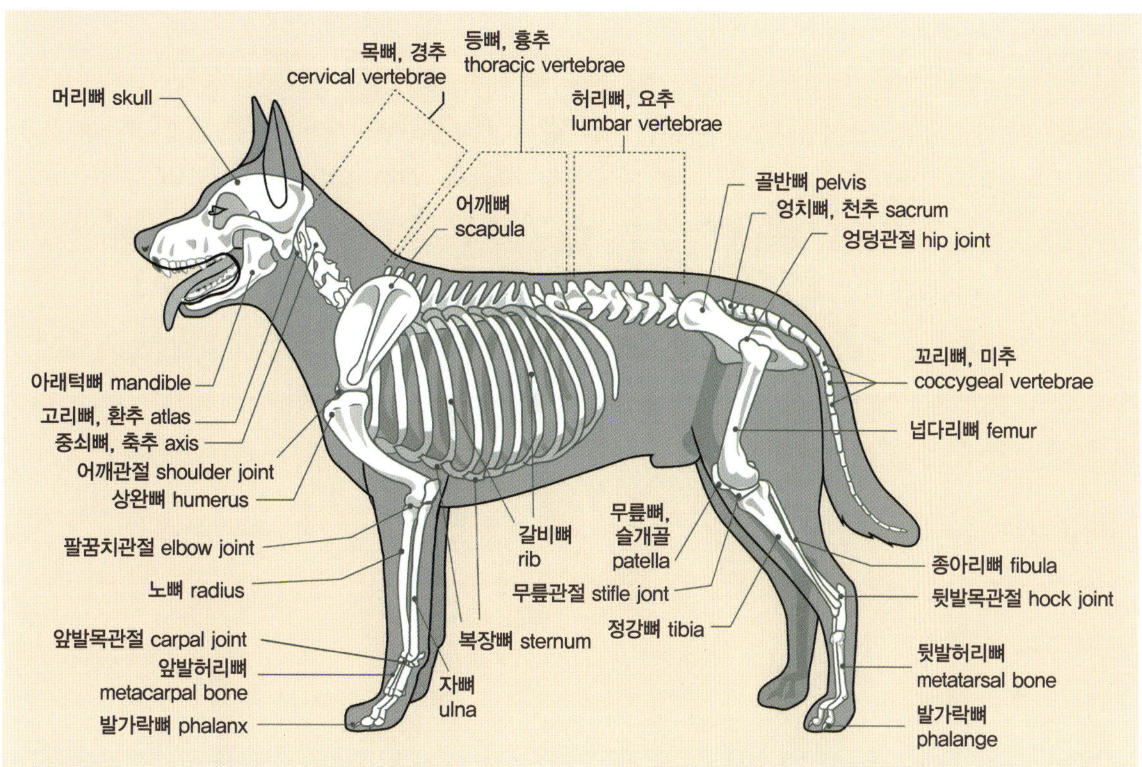

skull [스껄]: 머리뼈, 두개골
mandible [맨디블]: 아래턱뼈, 하악골
atlas [아틀라스]: 고리뼈, 환추(제1경추)
axis [액시스]: 중쇠뼈, 축추(제2경추)
shoulder joint [숄더 조인트]: 어깨관절, 견관절
humerus [휴머러스]: 상완뼈, 상완골
elbow joint [엘보우 조인트]: 팔꿈치관절, 주관절
radius [래디어스]: 노뼈, 요골
ulna [얼나]: 자뼈, 척골
carpal joint [카팔 조인트]: 앞발목관절, 수근관절
metacarpal bone [메타카팔 본]: 앞발허리뼈, 중수골
phalanx [펄랭크스]: 발가락뼈, 지골(복수형은 phalanges)
cervical vertebrae [서비컬 버테브라]: 목뼈, 경추
thoracic vertebrae [쏘라식 버테브라]: 등뼈, 흉추
lumbar vertebrae [룸바 버테브라]: 허리뼈, 요추
scapula [스캐퓰러]: 어깨뼈, 견갑골
pelvis [펠비스]: 골반뼈, 골반
sacrum [새크럼]: 엉치뼈, 천골
hip joint [힙 조인트]: 엉덩관절, 고관절
coccygeal vertebrae [콕시지얼 버테브라]: 꼬리뼈, 미추골
femur [피머]: 넙다리뼈, 대퇴골
fibula [피뷸라]: 종아리뼈, 척골
hock joint [호크 조인트]: 뒷발목관절, 비절관절
metatarsal bone [메타타살 본]: 뒷발허리뼈, 중족골
patella [파텔라]: 무릎뼈, 슬개골
stifle jont [스타이플 조인트]: 무릎관절, 슬관절
tibia [티비아]: 정강뼈, 경
rib [립]: 갈비뼈, 늑골
sternum [스터넘]: 복장뼈, 흉골

뼈대관절계통의 해부생리학

뼈 Bone

뼈(bone)는 대부분의 골격을 구성하는 단단한 형태의 결합 조직으로, 주로 콜라겐(collagen)과 칼슘(calcium), 인(phosphorus) 같은 무기질로 이루어져 있다. 발달 초기 단계에서 골격은 연골 조직(cartilaginous tissue)으로 되어 있으며, 이 조직은 보다 부드럽고 유연하다. 출생 이후에는 이 섬유질 조직이 뼈 조직(골조직, osseous tissue)으로 점차 변화한다.

뼈 형성(골화, ossification)은 끊임없이 일어나는 생리학적 과정으로, 새로운 뼈 조직이 지속적으로 생성되는 동시에 낡은 뼈 조직은 흡수 및 제거된다. 오래된 조직을 제거하지 않으면 뼈가 너무 두껍고 무거워지므로 항상 일정한 균형을 유지해야 한다.

뼈조직의 세포들

- 뼈모세포(osteoblast): 미성숙한 뼈 세포로, 뼈 생성에 필요한 무기질을 공급하여 새로운 뼈 조직을 형성한다.
- 뼈세포(osteophyte): 뼈모세포가 성숙하여 된 세포로, 뼈 조직의 구조적 지지 역할을 한다.
- 뼈파괴세포(osteoclast): 더 이상 필요하지 않은 뼈 조직을 흡수(resorption)하고 분해하여 제거하는 역할을 한다.

뼈가 손상되었을 때는 뼈모세포가 손상 부위를 복구하고, 뼈파괴세포가 불필요한 잔해를 정리한다. 손상이 없더라도 이들 세포는 지속적으로 뼈 조직을 만들고 제거하며, 일상적인 스트레스를 견디고 스스로 회복할 수 있도록 돕는다.

긴뼈의 기본 해부학

뼈는 형태와 기능에 따라 여러 분류로 나뉘지만 기본적인 구조는 유사하다.

- 긴뼈(long bone)의 예: 넙다리뼈(femur, 대퇴골), 상완뼈(humerus, 상완뼈)
- 뼈끝(epiphysis, 골단): 뼈의 양쪽 끝으로, 인접한 뼈와 관절을 형성
- 뼈몸통(diaphysis, 골간): 뼈의 중심 몸통으로 뼈끝과 뼈몸통끝을 제외한 가운데 부분
- 뼈몸통끝(metaphysis, 골간단): 뼈몸통과 뼈끝 사이를 연결하는 부위
- 뼈끝선(epiphyseal line, 성장판): 뼈끝판이 뼈로 석회화된 부분
- 치밀뼈(compact bone): 뼈의 바깥 부분으로 단단함
- 해면뼈(spongy bone): 안쪽에 위치한 스펀지 형태의 뼈

- 뼈막(periosteum, 골막): 뼈를 감싸는 얇은 결합조직층
- 골수강(medullary cavity): 뼈 중심의 빈 공간으로 골수가 채워짐

뼈 구조

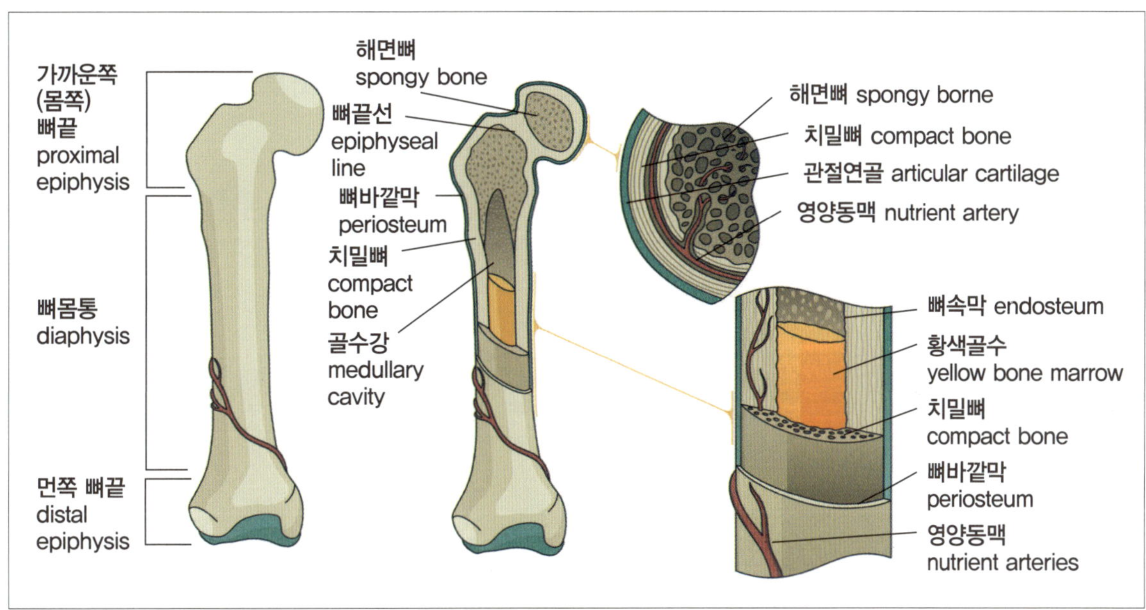

proximal epiphysis [프록시말 에피피시스]: 가까운쪽(몸쪽) 뼈끝
diaphysis [다이아피시스]: 뼈몸통
distal epiphysis [디스털 에피피시스]: 먼쪽 뼈끝
spongy bone [스펀지 본]: 해면뼈
epiphyseal line [에피피지얼 라인]: 뼈끝선
periosteum [페리오스테움]: 뼈바깥막
compact bone [컴팩트 본]: 치밀뼈
medullary cavity [메듈러리 캐비티]: 골수강
articular cartilage [아티큘러 카틸리지]: 관절연골
nutrient artery [뉴트리언트 아터리]: 영양동맥
endosteum [엔도스테움]: 뼈속막
yellow bone marrow [옐로우 본 매로우]: 황색골수

뼈의 분류 Classification of Bone

뼈는 다음과 같이 모양과 기능을 기준으로 다양하게 분류된다.

- 긴뼈(long bone, 장골): 긴 구조로 주로 팔다리에 위치하며 지지 및 움직임에 도움을 줌
- 짧은뼈(short bone, 단골): 손목, 발목 등에 있으며 미세한 움직임을 돕고 안정성 제공

- 납작뼈(flat bone, 편편골): 두개골, 갈비뼈 등, 기관 보호와 근육 부착에 기여
- 불규칙뼈(irregular bone, 부정형골): 척추 등 특수한 구조와 기능을 가진 뼈들이 포함됨

관절 Joint

관절은 두 개 이상의 뼈가 만나는 부위로, 몸의 움직임을 가능하게 하며 때로는 단단히 연결되어 움직이지 않기도 하다. 관절 이름은 일반적으로 그 관절을 이루는 뼈의 이름을 조합하여 만들어지며, 뼈 사이에는 보통 'o' 라는 연결모음이 들어간다.

예: femor/o + tibia → femorotibial joint(넓적다리정강관절, 즉 무릎관절)

기능에 따른 관절의 분류

의학용어	한글용어	뜻
synarthrosis [시나르스로시스]	부동관절	두 뼈가 단단히 결합 되어 움직임이 거의 없음 (예: 두개골 봉합)
amphiarthrosis [암피아르스로시스]	반가동관절	약간의 움직임만 가능한 관절 형태 (예: 치골결합, 추간판 연결 관절)
diarthrosis [디아르스로시스]	가동관절	관절강이 있고 다양한 방향으로 움직임 가능 (예: 무릎, 어깨관절)

윤활관절(synovial joint)의 구조

의학용어	한글용어	뜻
joint capsule [조인트 캡슐]	관절낭	관절 전체를 감싸 외부 충격으로부터 보호
cartilage [카틸리지]	관절연골	뼈의 끝을 덮어 마찰을 줄이고 충격을 흡수
synovial membrane [시노비얼 멤브레인]	윤활막	윤활액을 분비하여 관절 운동 시 마찰을 줄임
synovial fluid [시노비얼 플루이드]	윤활액	관절 속에서 미끄러짐을 도와주는 액체
ligament [리가먼트]	인대	뼈와 뼈를 연결하여 관절을 고정하고 안정화
tendon [텐던]	힘줄	근육과 뼈를 연결하여 운동을 가능하게 함

관절 구조

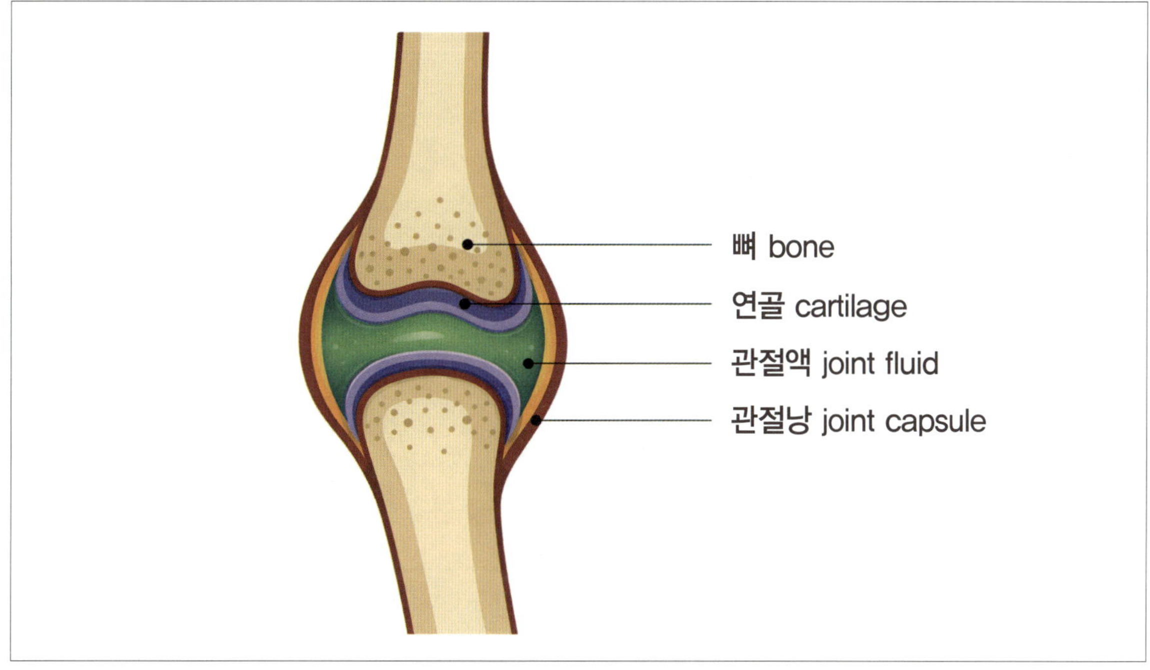

bone [본]: 뼈
cartilage [카틸리지]: 연골
joint fluid [조인트 플루이드]: 관절액
joint capsule [조인트 캡슐]: 관절낭

뼈대관절계통의 수의학용어

몸통뼈대 Axial Skeleton

머리뼈, 두개골 Skull

머리뼈는 뇌와 감각기관(눈, 코 등)을 보호하는 단단한 뼈구조이다. 여러 개의 뼈로 이루어져 있으며, 각 뼈는 봉합선으로 연결되어 부동관절을 이룬다.

Tip 두개골은 크게 머리뼈(cranial bone)와 얼굴뼈(facial bone)로 나뉜다.

분류	주요 뼈	기능 설명
머리뼈 (cranial bone)	frontal, parietal, occipital, temporal, sphenoid, ethmoid	뇌를 보호하고 머리뼈 형성
얼굴뼈 (facial bone)	nasal, maxillary, zygomatic, mandible, lacrimal, vomer, palatine, incisive	얼굴 구조 형성, 코, 입, 턱 등 관련

의학용어	한글용어	뜻
ethmoid bone [에스모이드 본]	벌집뼈, 사골	코안의 천장과 눈구멍 뒤쪽, 앞머리뼈 밑바닥을 형성함
frontal bone [프론털 본]	이마뼈, 전두골	이마 부위를 이루는 짝을 이룬 뼈. 얼굴의 위쪽과 두개골의 앞부분을 형성
parietal bone [패라이어털 본]	마루뼈, 두정골	머리 위쪽과 양쪽 측면을 형성하는 짝을 이룬 뼈
occipital bone [옥시피털 본]	뒤통수뼈, 후두골	머리 뒤쪽과 아래쪽. 척추와 연결됨
temporal bone [템포럴 본]	관자뼈, 측두골	귀가 있는 머리 옆부분의 아래쪽을 형성하는 짝뼈
sphenoid bone [스피노이드 본]	나비뼈, 접형골	머리뼈 바닥에 위치하며 나비 모양. 여러 뼈와 연결됨
facial bone [페이셜 본]	얼굴뼈, 안면골	얼굴 앞부분을 구성하며 부비강(sinuses)을 포함함
hyoid bone [하이오이드 본]	혀뼈, 설골	목 부위에 있는 밑굽 모양의 뼈. 혀 밑에 위치
incisive bone [인사이시브 본]	앞니뼈, 절치골	앞니가 붙어 있는 뼈. 상악의 앞쪽을 구성
lacrimal bone [래크리멀 본]	눈물뼈, 누골	눈물샘과 가까운 눈구멍 안쪽(내측)을 형성
mandible [맨디블]	아래턱뼈, 하악골	아래턱을 이루는 말굽 모양의 뼈. 좌우 한 쌍
maxilla [맥실라]	위턱뼈, 상악골	위턱을 이루는 두 개의 짝뼈. 어금니 등 포함
nasal bone [네이즐 본]	코뼈, 비골	코등을 구성하는 두 개의 작은 뼈

의학용어	한글용어	뜻
palatine bone [팰어타인 본]	입천장뼈, 구개골	입천장(단단한 구개)의 일부를 형성
vomer [보머]	보습뼈, 서골	비중격의 아래쪽을 형성. 비강을 좌우로 나누는 칸막이 역할
zygomatic bone [자이거매틱 본]	광대뼈, 관골	광대뼈. 뺨의 단단한 부분과 눈구멍 아래를 형성

개의 머리뼈

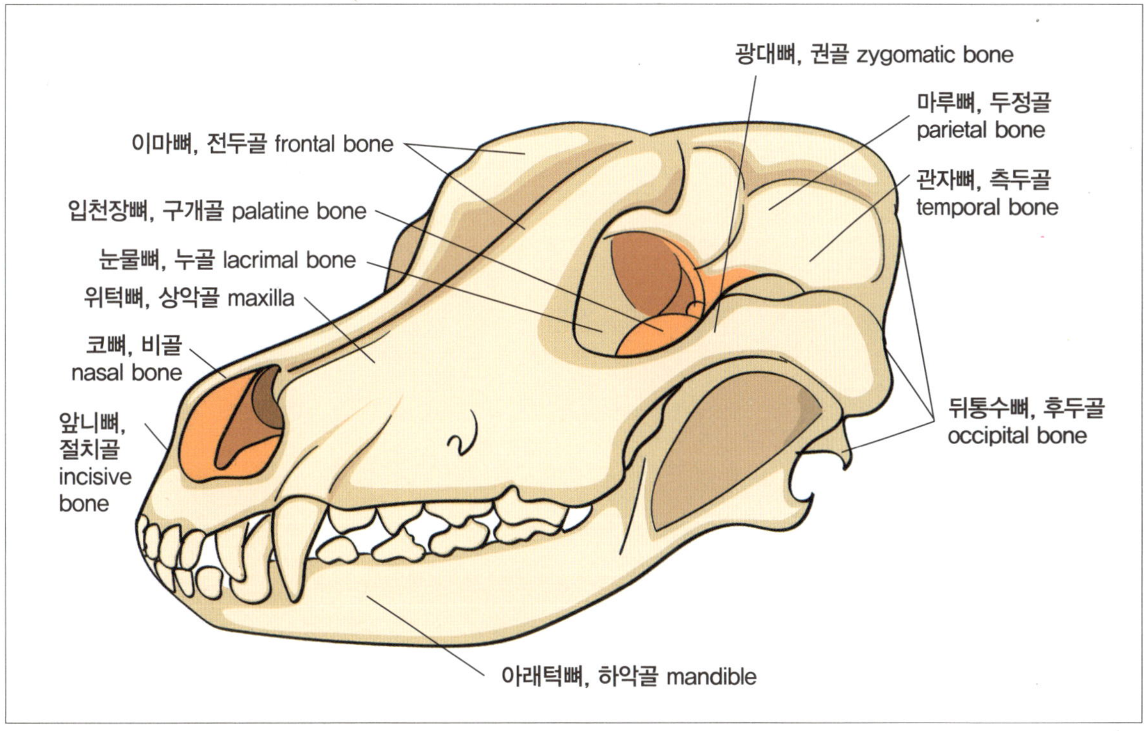

temporal bone [템포랄 본]: 관자뼈, 측두골
occipital bone [오시피탈 본]: 뒤통수뼈, 후두골
mandible [만디블]: 아래턱뼈, 하악골
incisive bone [인사이시브 본]: 앞니뼈, 절치골
nasal bone [네이절 본]: 코뼈, 비골
maxilla [맥실라]: 위턱뼈, 상악골
lacrimal bone [라크리말 본]: 눈물뼈, 누골
palatine bone [팔라틴 본]: 입천장뼈, 구개골
frontal bone [프론탈 본]: 이마뼈, 전두골
zygomatic bone [자이고매틱 본]: 광대뼈, 권골
parietal bone [파리에탈 본]: 마루뼈, 두정골

척주 Vertebral column

척주는 일렬로 배열된 척추뼈(vertebra)들로 이루어진 구조로 몸을 지지하고 척수(spinal cord)를 보호하며 머리와 몸통, 꼬리까지 연결되는 중요한 축이다.

Tip 각 척추뼈의 중앙에는 척수가 지나가는 구멍(foramen)이 있으며, 이를 통해 신경이 전달된다.

의학용어	한글용어	개수 (개체별 차이 있음)	뜻
cervical vertebra [서비컬 버테브라]	경추, 목뼈	7	목을 지탱하며 머리를 움직임
thoracic vertebra [토라식 버테브라]	흉추, 등뼈	13	갈비뼈가 붙어 있으며, 흉곽을 형성
lumbar vertebra [룸바 버테브라]	요추, 허리뼈	7	허리를 지지하며 큰 하중을 견딤
sacral vertebra [새크럴 버테브라]	천추, 엉치뼈	3(융합됨)	골반에 연결되어 엉치뼈 형성
caudal(coccygeal) vertebra [코달(콕시지얼) 버테브라]	미추, 꼬리뼈	20~23	꼬리를 구성하는 작고 움직임 있는 뼈들

의학용어	구성	한글용어
vertebra [버테브라]	vertebr/o (척추) + -a	척추뼈
intervertebral [인터버테브랄]	inter- (사이) + vertebral	척추뼈 사이의
foramen [포라멘]	라틴어 forare (뚫다)	구멍. 척추공 등 해부학적 구멍
spondylitis [스폰딜라이티스]	spondyl/o (척추) + -itis	척추염

갈비뼈, 복장뼈 Rib, Sternum

갈비뼈와 복장뼈는 심장과 폐를 보호하는 뼈구조로 흉곽을 이루고 있다.

- 갈비뼈(rib)는 개에서 13쌍, 총 26개가 있다.
- 복장뼈, 흉골(sternum)은 가슴 중앙에 위치한 납작한 뼈로 갈비뼈의 앞쪽 끝을 연결한다. 복장뼈는 여러 개의 작은 뼈(sternebrae)로 구성되어 있다.

의학용어	구성	한글용어
thorax [쏘락스]	thorac/o + -x	흉곽
thoracic vertebrae [쏘라식 버테브라]	thorac/o + -ic + vertebrae	흉추
sternum [스터넘]	-	흉골
sternebrae [스너테브래(이)]	stern/o + -brae (복수형)	흉골편 (작은 흉골 뼈)
xiphoid process [자이포이드 프로세스]	xiph/o (검 모양) + -oid (모양) + process	검 모양의 흉골 돌기

다리뼈대 Appendicular Skeleton

다리뼈대, 사지골격계는 몸통으로부터 뻗어나온 사지(앞다리, 뒷다리)와 이를 연결해 주는 연결대(girdle)의 뼈로 구성된다.

Tip 이 뼈대는 이동과 운동을 담당하며, 해부학상 몸통뼈대(axial skeleton)와는 구분된다.

앞다리 Thoracic limb

앞다리는 몸통과 직접 연결된 관절이 없으며, 근육과 인대로만 연결되어 있다.

의학용어	한글용어	뜻
scapula [스캐퓰라]	어깨뼈, 견갑골	어깨뼈. 앞다리를 몸통에 연결하는 뼈
humerus [휴머뤄스]	상완뼈, 상완골	어깨에서 팔꿈치까지 이어지는 몸쪽 앞다리 뼈
radius [뤠디어스]	노뼈, 요골	먼쪽 앞다리의 가쪽 뼈(더 굵고 강함)

(계속)

의학용어	한글용어	뜻
ulna [얼나]	자뼈, 척골	먼쪽 앞다리의 안쪽 뼈, olecranon(팔꿈치 돌기) 포함
carpal bone [카팔 본]	앞발목뼈, 완골	앞발목을 이루는 작은 뼈
metacarpal bone [메타카팔 본]	앞발허리뼈, 완전골	앞발목과 발가락 사이의 뼈
phalanx [펄랭크스]	발가락뼈, 지골	앞 발가락 뼈(복수형은 phalanges)

뒷다리 Plevic limb

뒷다리는 골반(pelvis)을 통해 척추와 단단히 연결되어 있으며, 체중 지탱 기능을 한다.

의학용어	한글용어	뜻
pelvis [펠비스]	골반뼈	엉덩뼈(ilium, 장골), 두덩뼈(pubis, 치골), 궁둥뼈(ischium, 좌골)로 구성된 뼈 뒷다리를 몸통에 부착
femur [퓌머]	넓적다리뼈, 대퇴골, 넙다리뼈	골반과 무릎을 연결하는 가장 길고 강한 뼈
patella [파텔라]	무릎뼈, 슬개골	무릎 앞쪽에 위치한 종자골, 무릎 보호 역할
tibia [티비어]	정강뼈, 경골	정강이 뼈, 체중 지지 역할
fibula [퓌뷸러]	종아리뼈, 비골	얇은 종아리뼈, 정강뼈의 바깥쪽에 위치
tarsal bone [타살 본]	뒷발목뼈, 부골	뒷발목에 해당하는 작은 뼈
metatarsal bone [메타타살 본]	뒷발허리뼈, 부전골	뒷발목과 발가락 사이의 뼈
phalanx [펄랭크스]	발가락뼈, 지골	뒷 발가락 뼈(복수형은 phalanges)

의학용어	구성	한글용어
appendicular [어펜디큘러]	append- (덧붙이다) + -icular	부속의, 사지의
thoracic limb [쏘라식 림]	thorac/o + limb	앞다리
pelvic limb [펠빅 림]	pelv/o + limb	뒷다리
metacarpal/metatarsal [메타카팔/메타타살]	meta- (뒤에) + carpal/tarsal	발 중심부 뼈

윤활 관절 종류

관절은 뼈, 인대(ligament), 연골(cartilage), 윤활막(synovial membrane) 등으로 구성된다.

> **Tip 관절 용어 학습 팁**
> 관절 이름은 일반적으로 연결되는 두 뼈 이름 + 'joint' 형식으로 이루어진다.
> 예: scapula + humerus → scapulohumeral joint, 해부학 순서대로 이름이 붙여짐.
> 예외: atlanto-occipital joint (해부학 순서를 따르지 않는다.)

의학용어	한글용어	뜻
atlanto-axial joint [아틀랕토액시얼 조인트] **atlas(c1) + axis(c2)**	고리중쇠관절	고개를 좌우로 돌릴 수 있게 함 "No joint"
atlanto-occipital joint [아틀란토오시피탈 조인트] **atlas(c1) + occipital bone**	고리뒤통수관절	고개를 위아래로 끄덕일 수 있게 함 "Yes joint"
carpus [칼푸스] **carpal bone** [카팔 본]	앞발목관절	앞발목 관절. 작은 뼈들이 모여 있음
coxofemoral joint [콕쏘레모랄 조인트] **pelvis(os coxae) + femur**	엉덩관절, 고관절	엉덩이 관절. 강한 지지력과 회전운동 가능 hip joint

(계속)

의학용어	한글용어	뜻
femorotibial joint [페모로티비알 조인트] **femur + tibia**	넓적다리정강관절 무릎 관절	무릎뼈 포함. 반달 연골판(meniscus)이 있어 압력 완화, stifle joint
humeroradioulnar joint [휴메로래디알울나 조인트] **humerus + radius + ulna**	상완노자관절 팔꿈치 관절	팔꿈치 관절. 굽힘과 펴기 운동, elbow joint
sacroiliac joint [새크로일리악 조인트] **sacrum + ilium**	엉치엉덩관절	골반 부착부위. 거의 움직이지 않는 관절
scapulohumeral joint [스카퓰로휴메랄 조인트] **capula + humerus**	어깨관절	앞다리 회전 운동 가능, shoulder joint
tarsus [탈수스] **tarsal bone** [타살 본]	뒷발목 관절	뒷발목 관절, hock joint

뼈대관절계통의 질환, 증상 관련 용어

의학용어	용어 성분	한글용어	뜻
arthralgia [아쓰랄지아]	arthr/o(관절) + -algia (통증)	관절통	관절 통증
arthritis [아쓰라이티스]	arthr/o(관절) + -itis(염증)	관절염	관절의 염증으로 통증, 부종, 움직임 감소가 나타남
osteoarthritis [오스티오아쓰라이티스]	oste/o(뼈) + arthr/o + -itis	뼈관절염	관절 연골이 닳아 발생하는 만성 질환
calcification [칼시피케이션]	calc(칼슘) + -fication (형성)	석회화	조직 내에 칼슘이 침착되는 현상
callus [칼루스]	–	가골	골절 부위 양쪽 끝에서 형성되는 임시 뼈조직
crepitus/crepitation [크레피투스]	–	염발음	뼈가 서로 마찰할 때 나는 '우두둑' 소리
dysplasia [디스플레이지아]	dys-(비정상) + -plasia (형성)	이형성증	비정상적인 관절 형성. 예: 고관절이형성증(hip dysplasia)

의학용어	용어 성분	한글용어	뜻
luxation [럭세이션]	-	탈구	뼈가 정상적인 관절 위치에서 완전히 벗어난 상태
subluxation [서브럭세이션]	sub-(부분) + luxation	부분 탈구, 아탈구	완전하지 않은 탈구. 일부 관절이 어긋남
fracture [프랙처]	-	골절	뼈의 파열 또는 부러짐
osteomyelitis [오스티오마이얼라이티스]	oste/o + myel/o(골수) + -itis	골수염	뼈와 골수의 감염성 염증
panosteitis [패노스티아이티스]	pan-(전체) + oste/o + -itis	범골염	어린 대형견에서 주로 발생하는 일시적 뼈의 염증
osteosarcoma [오스티오사코마]	oste/o + sarcoma(악성 종양)	골육종	뼈에서 발생하는 악성 종양
cranial cruciate ligament rupture (CCLR) [크레이니얼 크루시에이트 리가먼트 럽처]	-	전십자인대 파열	무릎 관절 내 인대가 끊어져 뒷다리 절뚝거림 유발
patellar luxation [파텔라 럭세이션]	patell/o(슬개골) + luxation	슬개골 탈구	무릎뼈가 제 위치에서 벗어나 흔들림. 소형견에서 흔함
intervertebral disc disease (IVDD) [인터버테브럴 디스크 디지즈]	-	추간판 질환	척추 사이 디스크가 탈출하거나 압박되어 통증 및 마비 유발
lameness [레임니스]	-	파행	절뚝거리거나 비정상 보행. 통증 또는 기형이 원인
kyphosis [카이포시스]	kyph/o(혹) + -osis(비정상상태)	척주후만(증)	척추가 등 쪽으로 굽은 상태, 즉 등이 둥글게 튀어나온 모양
lordosis [로도시스]	lord/o(뒤로 구부러진) + -osis	척주전만(증)	척추가 배 쪽으로 과도하게 휘어진 상태. 허리뼈 부위에서 많이 보이며, 개와 고양이의 발정 자세에서도 관찰됨
scoliosis [스콜리오시스]	scoli/o(비틀어진) + -osis	척주측만(증)	척추가 좌우로 비정상적으로 휘어진 상태. 정상적으로는 척추가 일직선이어야 함

(계속)

의학용어	용어 성분	한글용어	뜻
spondylosis [스폰딜로시스]	spondyl/o(척추뼈) + -osis	척추증	척추의 퇴행성 변화로 뼈돌기(bone spur)가 자라나는 상태. 노령 동물에서 자주 관찰되며, 통증 또는 운동 제한을 유발할 수 있음
dislocation [디스로케이션]	dis (떨어져) + location(위치)	어긋남, 탈구	뼈가 원래 배열로부터 이탈된 것
sprain [스프래인]	–	삠, 염좌	관절 주위의 인대 손상

뼈대관절계통 질환의 검사, 치료 관련 용어

의학용어	용어 성분	한글용어	뜻
radiograph [레이디오그래프]	radio(방사선) + graph(기록)	방사선 사진	X-ray. 뼈 상태를 확인하는 기본 검사
MRI	Magnetic Resonance Imaging	자기공명영상	연부조직까지 확인 가능한 고해상도 검사
CT	Computed Tomography	전산화 단층촬영	복잡한 골절이나 종양 확인 가능
arthrocentesis [아스로센테시스]	arthr/o(관절) + -centesis(천자)	관절천자	관절액을 뽑아내 염증, 감염 등을 검사
arthroscopy [아스로스코피]	arthr/o(관절) + -scopy(관찰하는 과정)	관절경검사(법)	관절경을 이용해 관절 내부를 검사하는 방법
orthopedic examination [오소피딕 엑서미네이션]	ortho(바로) + -pedic(발)	정형외과 검사	보행, 촉진, 관절 운동 평가 등 포함
palpation [팰페이션]	palp(만지다) + -ation(행위)	촉진	손으로 눌러 통증이나 종창 확인
ROM	Range Of Motion	관절의 움직임 범위	굴곡·신전 등 운동 제한 평가
arthroplasty [아스로플라스티]	arthr/o(관절) + -plasty(성형술)	관절 성형술	손상된 관절을 복원 또는 인공관절로 교체

의학용어	용어 성분	한글용어	뜻
fracture repair [프랙처 리페어]	fract(부러지다) + -ure(결과)	골절 복원	핀, 플레이트 등으로 뼈를 고정
analgesia [애널지시아]	an-(없음) + algesi/o(통증) + -ia(상태)	통증 완화 상태	진통제 사용 포함. 통증 감소 목적
NSAIDs	Non-Steroidal Anti-Inflammatory Drugs	비스테로이드성 소염진통제	염증과 통증을 동시에 줄이는 약물
amputation [앰퓨테이션]	–	절단술	종양, 감염 등의 이유로 다리의 일부 또는 전부를 제거하는 것
arthrodesis [아스로디시스]	arthr/o(관절) + -desis(고정술)	관절 고정술	관절을 외과적으로 움직이지 않게 고정
laser therapy [레이저 테라피]	laser(광선) + therapy(치료)	레이저 치료	저출력 광선을 이용해 통증 완화, 회복 촉진
physiotherapy [피지오테라피]	physio(자연, 신체) +therapy (치료)	물리치료	마사지, 수중운동, 스트레칭 포함
reduction [리덕션]	–	환납, 정복	골절, 탈구된 뼈를 정상적 위치로 복구하는 것
rehabilitation [리해빌리테이션]	re-(다시) + habilis(적합한)	재활치료	수술 후 회복, 운동 재교육 목적의 치료

약어

약어	의학용어	한글용어
Ca	Calcium [칼슘]	칼슘
DJD	Degenerative Joint Disease [디제너러티브 조인트 디지즈]	퇴행성관절질병
Fx	Fracture [프랙처]	골절
OA	Osteoarthritis [오스테오아스라이티스]	뼈(골)관절염
P	Phosphorus [포스포러스]	인

3-2. 근육계통

근육계통 훑어보기

정의 및 기능

근육은 동물의 몸을 구성하는 조직 중 수축과 이완을 통해 동물의 움직임을 만들어내는 조직이다. 근육은 몸의 자세를 유지하고, 내부 기관을 보호하며, 체온을 조절하는 데에도 중요한 역할을 한다.

근육은 형태와 기능, 조절 방식에 따라 다음과 같이 구분된다.

근육 종류	설명	예시	조절 방식
골격근 (skeletal muscle)	뼈에 부착되어 관절을 움직임	사지, 목, 얼굴 근육 등	수의근 (의지로 조절)
평활근 (smooth muscle)	내장 기관 벽에 존재하며 천천히 수축	위장관, 혈관, 방광 등	불수의근 (자동 조절)
심장근 (cardiac muscle)	심장을 구성하는 특수한 근육	심장벽 (심근, myocardium)	불수의근 (자동 조절)

몸을 움직이게 하는 근육은 뼈에 부착된 골격근, 뼈대근육으로, 자세를 유지하고 움직임을 만들어낸다. 이러한 근육은 뼈에 부착되어 관절 주변을 감싸는 구조로 존재한다. 근육이 수축하면 뼈가 당겨져 움직임이 발생한다. 따라서 근육과 뼈는 항상 함께 작용하여 운동이 이루어진다. 그리고 움직일 때 발생하는 열로 체온조절의 기능도 한다.

힘줄(tendon)은 근육을 뼈에 연결하는 질긴 결합조직 띠로 주로 콜라겐(collagen)으로 이루어져 있다. 힘줄은 늘어나지 않으며, 마찰을 줄이기 위해 윤활막(sheath) 속에 위치하여 부드럽게 움직일 수 있도록 되어 있다.

용어 성분

근육계통에서 흔히 활용되는 용어 성분들과 그 의미는 다음과 같다.

용어 성분(연결형)	
extens/o	뻗음, 폄 예) extensor carpi radialis 노쪽 앞발목 폄근
fasci/o	근막 예) fasciitis 근막염

용어 성분(연결형)	
fibr/o	섬유 예) fibroma 섬유종
flex/o	구부림 예) plantar flexion 바닥쪽 굽힘
kinesi/o	움직임 예) hyperkinesia 운동과다증
muscul/o	근육 예) musculoskeletal 근육뼈대계통
my/o	근육 예) myopathy 근육병증
ten/o; tendin/o	힘줄, 건 예) tenotomy 힘줄 절개술
ten/o; tendin/o	힘줄, 건 예) tendinopathy 힘줄병증

용어 성분(접두어)	
ab-	-에서 떠나서 예) abduction 외전, 벌림
ad-	-을 향하여 예) adduction 내전, 모음
cricum-	주위에 예) circumferential 둘레의, 원주형의
dys-	이상, 곤란 예) dyskinesia 운동 이상
e-	밖으로 향하는 예) eversion 뒤집힘, 외번
inter-	-사이의 예) intermuscular 근육 사이의
intra-	-내부의 예) intramuscular 근육 내의

용어 성분(접미어)			
-kinesia	움직임	dyskinesia [디스키네시아]	이상운동증
-spasm	경련	myospasm [마이오스패즘]	근육 경련
-taxia	명령	ataxia [아탁시아]	운동실조
-tonia	긴장도	myotonia [마이오토니아]	근긴장증

그림으로 살펴본 근육계통

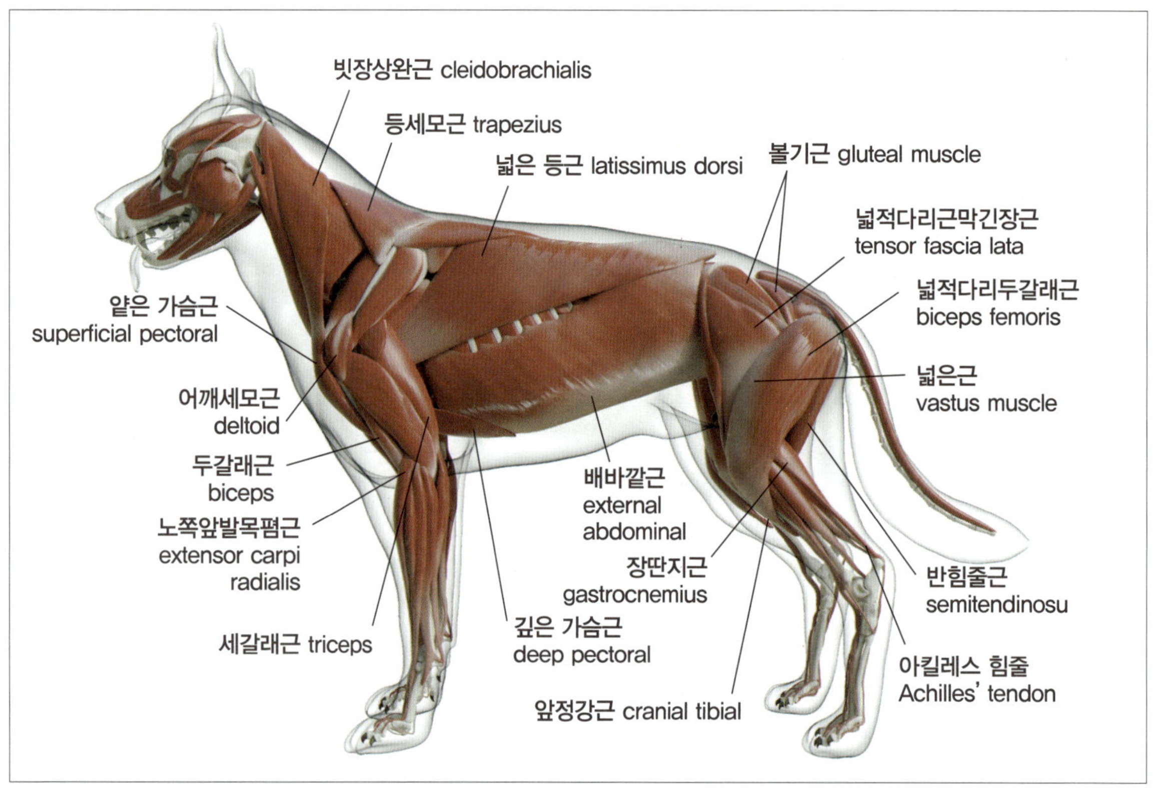

cleidobrachialis [클라이도브라키알리스]: 빗장상완근
trapezius [트라피지우스]: 등세모근
latissimus dorsi [라티시무스 돌시]: 넓은 등근
superficial pectoral [수퍼피셜 펙토랄]: 얕은 가슴근
deep pectoral [딥 펙토랄]: 깊은 가슴근
deltoid [델토이드]: 어깨세모근
biceps [바이셉스]: 두갈래근
triceps [트라이셉스]: 세갈래근
extensor carpi radialis [익스텐서 칼피 라디알리스]: 노쪽앞발목폄근
external abdominal [익스터널 앱도미널]: 배바깥근
gluteal muscle [글루티얼 머슬]: 볼기근
tensor fascia lata [텐서 파시아 라타]: 넓적다리근막긴장근
biceps femoris [바이셉스 페모리스]: 넓적다리두갈래근
vastus muscle [바스투스 머슬]: 넓은근
semitendinosus [세미텐디노서스]: 반힘줄근
gastrocnemius [가스트로크네미우스]: 장딴지근
cranial tibial [크래니얼 티비알]: 앞정강근
Achilles' tendon [아킬레스 텐던]: 아킬레스 힘줄

근육계통의 해부생리학

근육의 기능

근육은 섬유 다발로 이루어진 기관으로, 수축과 이완을 통해 움직임을 만들어낸다. 주요 기능은 다음과 같다.

- 운동(locomotion)
- 체형 유지 및 지지(structural support)
- 내장기관의 기능 보조(visceral function)
- 체온 유지(heat generation)

근육의 종류

근육은 위치와 기능에 따라 세 가지로 분류된다.

종류	위치	특징
골격근(skeletal muscle)	뼈에 부착	수의근, 줄무늬 있음, 움직임 조절
평활근(smooth muscle)	장기, 혈관 등	불수의근, 줄무늬 없음, 자동조절
심장근(cardiac muscle)	심장	불수의근, 줄무늬 있음, 리듬성 수축

근육의 종류

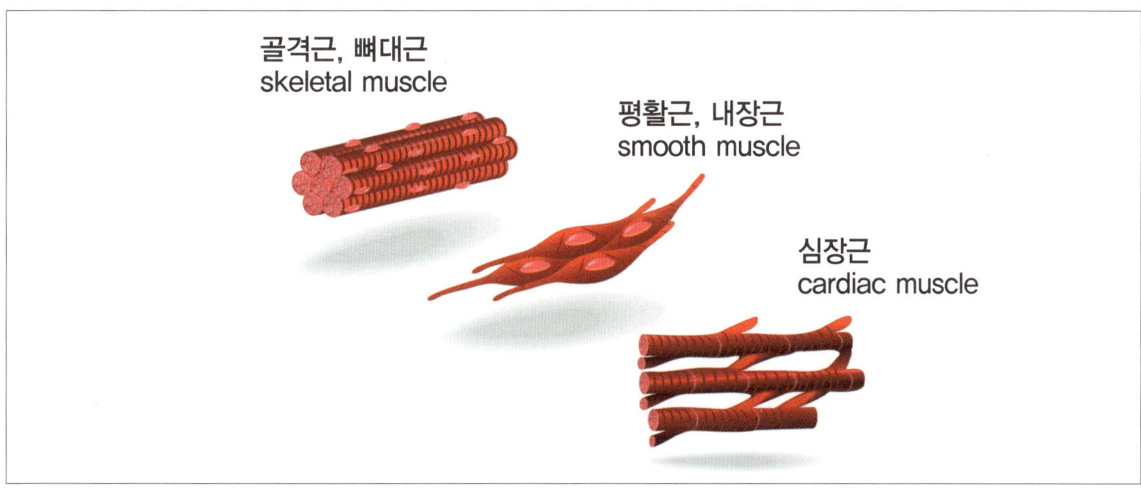

skeletal muscle [스켈레탈 머슬]: 골격근, 뼈대근
smooth muscle [스무스 머슬]: 평활근, 내장근
cardiac muscle [카디악 머슬]: 심장근

근육의 기본 구조 및 작용

근육은 근섬유(muscle fiber)라고 불리는 세포들의 다발로 구성된다. 이 근섬유들은 신경 자극에 의해 수축하고 이완함으로써 움직임을 만들어낸다. 근막(fascia)은 근육을 감싸고, 구분하며, 지지하는 섬유성 결합조직이며, 건(tendon, 힘줄)은 근육을 뼈에 연결하는 섬유조직이다.

- 수축(contraction): 근육 섬유가 짧아지며 힘을 발휘함
- 이완(relaxation): 근육 섬유가 원래 길이로 돌아가며 긴장을 풀음
- 협동근(synergistic muscle): 함께 작용하여 같은 방향의 움직임을 만드는 근육
  예: 넓적다리네갈래근(quadriceps femoris muscle) → 무릎관절을 폄
- 길항근(antagonistic muscle): 서로 반대 방향의 작용을 하는 근육
  예: 상완두갈래근(biceps brachii)과 상완세갈래근(triceps brachii) → 팔꿈치를 굽히고, 펴기
- 이는곳(origin): 근육이 고정되어 있는 부착점으로 주로 몸 중심에 가까운 부위
- 닿는곳(insertion): 근육이 움직이는 뼈에 붙는 부분으로 몸 중심에서 먼 쪽
- 운동범위(Range of Motion, ROM): 근육과 관절이 움직일 수 있는 각도로, 일반적으로 굽힘(flexion)과 폄(extension)의 정도로 표현

근육계통의 수의학용어

근육 관련 용어

의학용어	용어 성분	한글용어
myology [마이올로지]	my/o(muscle) + -logy(학문)	근육학
myocyte [마이오사이트]	my/o(muscle) + -cyte(세포)	근육세포
myoblast [마이오블래스트]	my/o(muscle) + -blast(아세포, 미성숙세포)	근육모세포(미성숙 근세포)
myofibril [마이오피브릴]	my/o(muscle) + fibril(섬유)	근육원섬유
myoma [마이오마]	my/o(muscle) + -oma(종양)	근육종

의학용어	용어 성분	한글용어
myopathy [마이오패시]	my/o(muscle) + -pathy(질병)	근육병
myoatrophy [마이오아트로피]	my/o(muscle) + a-(결핍) + -trophy(성장, 발달)	근육 위축
endomysium [엔도미시엄]	endo-(내부) + mys(i)(muscle) + -ium(막, 구조)	근육속막 (근섬유를 싸는 얇은 결합조직)
perimysium [페리미시엄]	peri-(둘레) + mys(i)(muscle) + -ium	근육다발막 (근다발을 둘러싼 조직)
epimysium [에피미시엄]	epi-(바깥) + mys(i)(muscle) + -ium	근육바깥막 (전체 근육을 덮는 결합조직층)
sarcolemma [사르콜레마]	sarc/o(연부조직) + lemma(껍질, 막)	근육세포막
sarcomere [사르코미어]	sarc/o(연부조직) + -mere(단위)	근절(근육원섬유마디)
sarcoplasma [사크로플라즘]	sarc/o(연부조직) + -plasma(형질, 세포질)	근형질(근육세포 내 세포질)

Tip my/o-는 일반적인 근육 전체를 지칭할 때 사용되며, 질환명, 구조명, 기능과 관련된 용어에 폭넓게 사용된다.
mys(i)-는 주로 해부학적 층(막)을 설명할 때 사용되며, sarc/o-는 세포 수준에서의 근육 구조(막, 세포질, 수축 단위)를 설명할 때 주로 사용된다.

근육의 구성

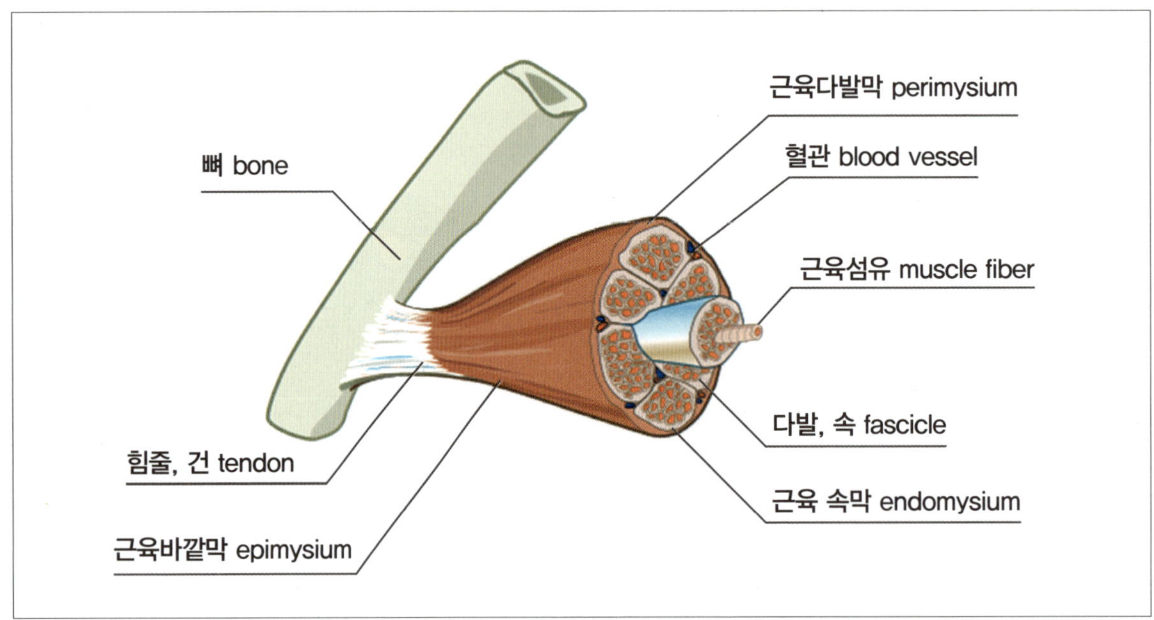

출처: https://en.wikipedia.org/wiki/Endomysium#/media/File:Skeletal_muscle_svg_hariadhi.svg

bone [본]: 뼈
tendon [텐던]: 힘줄, 건
epimysium [에피미시움]: 근육바깥막
perimysium [페리미시움]: 근육다발막
blood vessel [블러드 베슬]: 혈관
muscle fiber [머슬 파이버]: 근육섬유
fascicle [패시클]: 다발, 근속
endomysium [엔도미시움]: 근육 속막

근육 움직임 관련 용어

의학용어	한글용어	뜻
abduction [앱덕션]	벌림, 외전	몸의 중심선에서 바깥쪽으로 움직임(예: 다리를 벌림)
adduction [애덕션]	모음, 내전	몸의 중심선으로 안쪽으로 움직임(예: 다리를 모음)
dorsiflexion [도르시플렉션]	목뒤로굽힘	뒤쪽 또는 등쪽으로 굽힘(예: 목을 뒤로 젖힘)
extension [익스텐션]	폄, 신전	관절 사이의 각도를 넓힘(폄)
flexion [플렉션]	굽힘, 굴곡	관절 사이의 각도를 줄임(굽힘)

의학용어	한글용어	뜻
pronation [프로네이션]	엎침, 회내	앞발바닥(palmar)나 뒷발바닥(plantar)이 아래로 향하게 회전
supination [수피네이션]	뒤침, 회외	앞발바닥(palmar)나 뒷발바닥(plantar)이 위로 향하게 회전
rotation [로테이션]	회전, 돌림	축을 중심으로 도는 움직임(예: 목, 고관절)

근육계통의 질환, 증상 관련 용어

의학용어	용어 성분	한글용어	뜻
myopathy [마이오패시]	my/o(근육) + -pathy(질병)	근병증	근육에 생기는 모든 형태의 질환
myalgia [마이알지아]	my/o(근육) + -algia(통증)	근육통	근육에 생기는 통증
myasthenia [마이아스테니아]	my/o(근육) + -asthenia(허약)	근무력증	근육이 쉽게 피로해지고 힘이 없는 상태
myasthenia gravis [마이아스테니아 그라비스]	my/o + -asthenia + gravis (심한, 중증)	중증 근무력증	반복 운동 후 근육 약화, 자가면역 질환
myoclonus [마이오클로누스]	my/o + -clonus (근경련)	근육간대 경련	근육이 반복적으로 경련성 수축을 보이는 증상
myotonia [마이오토니아]	my/o + -tonia(긴장)	근긴장증	수축 후 근육의 이완이 느려지는 상태
myoma [마이오마]	my/o + -oma(종양)	근종	근육에서 생긴 양성 종양
atrophy [아트로피]	a- (없음) + -trophy(발달)	위축	근육의 크기 감소, 영양이나 사용 부족 등 원인
hypertrophy [하이퍼트로피]	hyper-(과도한) + -trophy	비대	근육 세포의 크기가 커지는 상태
hyperplasia [하이퍼플라시아]	hyper- + -plasia(증식)	과형성	근육 세포 수가 비정상적으로 증가

(계속)

의학용어	용어 성분	한글용어	뜻
hypoplasia [하이포플라시아]	hypo-(부족한) + -plasia	저형성	세포 수가 정상보다 적어 근육 발달이 부족
tenosynovitis [테노사이노 바이티스]	ten/o(힘줄) + synov(synovial membrane) + -itis(염증)	건초염	힘줄과 힘줄집의 염증 힘줄윤활막염
tetanus/tetany [테타너스/테타니]	tetan-(경직) + -us / -y	파상풍 / 근경련	지속적인 근육 수축으로 인한 경련 또는 강직
tonus [토너스]	ton/o(긴장) + -us	근긴장	근육의 기본적인 긴장 상태
adhesion [어드히전]	ad-(붙다) + haerere(결합하다)	유착	수술·염증 후 조직끼리 비정상적으로 붙는 현상
ambulatory [앰뷸러토리]	ambulat-(걷다) + -ory(형용사형)	보행 가능한	자가 보행 가능한 상태
lameness [레임니스]	lame(절뚝거리다) + -ness(상태)	파행	걸음이 비정상적, 보행 불편
contracture [컨트렉쳐]	contract-(수축) + -ure(상태)	구축	근육 또는 힘줄이 짧아져 관절 운동 제한, 오그라듦
fasciitis [파시이티스]	fasci/o(근막) + -itis(염증)	근막염	근육을 감싸는 결합조직에 염증이 발생한 상태

근육계통 질환의 검사, 치료 관련 용어

의학용어	용어 성분	한글용어	뜻
electromyography (EMG) [일렉트로마이오그래피]	electr/o(전기) + my/o(근육) + -graphy(기록)	근전도검사	근육의 전기적 활동을 측정하여 근육 질환을 진단
muscle biopsy [머슬 바이옵시]	bi/o(생명) + -opsy(보기)	근육 생검	근육 조직을 떼어내어 질환 여부를 현미경으로 검사
creatine kinase(CK) [크레아틴 키나아제] **test** [테스트]	creatine(크레아틴) + kinase(효소)	크레아틴키나아제 검사	근육 손상 시 상승하는 효소 수치를 혈액에서 측정

의학용어	용어 성분	한글용어	뜻
neurologic [뉴롤로직] **examination** [이그잼어네이션]	neur/o(신경) + -logic(학문, 검사)	신경학적 검사	근육의 이상이 신경성 원인인지 확인하기 위한 검사
physical therapy [피지컬 테라피]	phys/o(자연) + -therapy(치료)	물리치료	열, 전기, 운동 등을 이용한 근육 재활 치료
myotomy [마이오토미]	my/o(근육) + -tomy(절개)	근절개술	근육을 외과적으로 절개하여 이완하거나 치료
myectomy [마이엑토미]	my/o + -ectomy(절제술)	근절제술	병든 근육 일부 또는 전체를 외과적으로 제거
tenotomy [테노토미]	ten/o(힘줄) + -tomy	건절개술	힘줄을 절개하여 구축 또는 긴장을 완화
anti-inflammatory therapy [안티 인플라마토리 테라피]	anti-(대항) + inflamm/o(염증) + -ory	항염증 치료	스테로이드, NSAIDs 등을 이용한 염증 억제 치료
muscle relaxant [머슬 릴랙선트]	relax(이완하다) + -ant(작용제)	근이완제	근육의 경직이나 경련을 완화시키는 약물
neuromuscular blocker [뉴로머스큘러 블로커]	neur/o + muscul/o + blocker(차단제)	신경근 차단제	마취 시 근육 움직임 억제 목적으로 사용하는 약물

근육계통 관련 약어

약어	의학용어	한글용어
CK	Creatine Kinase [크레아틴 키나아제]	근육(골격근·심장근·뇌) 손상 시 혈중 수치가 상승하는 효소
EMG	Electromyogram [일렉트로마이오그램]	근전도
IM	Intramuscular [인트라머스큘러]	근육내
NSAID	Non-Steroidal Anti-Inflammatory Drug [논 스테로이달 안티 인플래머토리 드럭]	비스테로이드성 진통소염제

Ch 4. 순환기계통 의학용어

순환기계통 훑어보기

정의 및 기능

순환기계통(circulatory system)은 심장과 혈관계(동맥, 정맥, 모세혈관), 혈액 및 림프계로 이루어진 중요한 생리적 체계로, 동물의 생명 유지에 필수적인 역할을 담당한다. 이 체계에서 가장 기본적인 기능으로, 산소와 이산화탄소, 영양분, 호르몬, 그리고 세포 대사 과정에서 생긴 노폐물을 체내 각 조직과 기관으로 효율적으로 운반하거나 제거하는 기능이다. 또한 체내 항상성을 유지하는 기능도 중요한데, 체온과 혈액의 산도(pH), 전해질의 균형을 조절하며 혈압을 일정 범위 내에서 유지하여 신체 기능이 원활하게 작동하도록 한다. 방어와 복구 역시 순환기계통의 핵심 기능으로, 혈액 속 면역세포와 항체를 통해 감염에 대응하고 혈소판과 응고인자가 출혈 시 지혈을 담당하여 손상 부위를 회복시킨다. 더불어 림프계를 통한 체액 회수와 지방 흡수 기능은 조직 간질액의 과잉 축적을 방지하고, 장 림프관을 통해 지방 성분을 흡수하여 에너지 대사에 기여한다. 이처럼 순환기계는 단순한 물질 운반을 넘어, 신체 전반의 균형과 방어, 회복에 관여하는 복합적이고 필수적인 생명 유지 체계라 할 수 있다.

4-1. 심혈관계통

중요 용어

심장막층(cardiac wall)과 심장내부를 구성하는 주요 용어

의학용어	용어 성분	한글용어	뜻
endocardium [엔도카디움]	endo-(안쪽) + cardi/o(심장) + -um(명사형 접미사)	심내막	심장 안쪽을 덮는 내피층, 혈액과 직접 접촉하는 얇은 막
epicardium [에피카디움]	epi-(위에) + cardi/o(심장) + -um(명사형 접미사)	심외막	심장 외부를 덮는 막, 혈액과 직접 접촉하지 않음

(계속)

의학용어	용어 성분	한글용어	뜻
myocardium [마이오카디움]	my/o(근육) + cardi/o(심장) + -um(명사형 접미사)	심근	심장의 근육층, 수축을 담당하여 혈액을 펌프질함
pericardium [페리카디움]	peri-(둘레) + cardi/o(심장) + -um(명사형 접미사)	심장막	심장을 둘러싸는 막, 장측과 벽측으로 구분
visceral pericardium [비세럴 페리카디움]	viscer/o(내장) + peri-(둘레) + cardi/o(심장) + -um(명사형 접미사)	장측 심장막	장측에서 심장을 둘러싸는 막
parietal pericardium [파라이털 페리카디움]	pariet/o(벽) + peri-(둘레) + cardi/o(심장) + -um(명사형 접미사)	벽측 심장막	벽측에서 심장을 둘러싸는 막
atrium(pl. atria) [에이트리움]	atri/o(심방) + -um(명사형 접미사)	심방	좌우 한 쌍으로 존재, 정맥혈과 폐정맥혈을 받아들이는 공간
ventricle [벤트리클]	ventricul/o(심실)	심실	좌·우 한 쌍으로 존재, 혈액을 대동맥과 폐동맥으로 내보내는 공간
septum [셉텀]	sept/o(중격, 칸막이)	중격	심장을 좌우로 나누는 벽, 심방중격(interatrial), 심실중격(interventricular) 포함
mitral valve [마이트럴 밸브]	mitr/o(관모양) + -al(형용사형)	승모판 (이첨판)	좌심방과 좌심실 사이에 위치, 역류 방지
tricuspid valve [트라이커스피드 밸브]	tri-(셋) + cuspid/o(첨판)	삼첨판	우심방과 우심실 사이에 위치, 역류 방지
aortic valve [에이오릭 밸브]	aort/o(대동맥) + -ic(형용사형)	대동맥판	좌심실과 대동맥 사이에 위치, 혈액 역류 방지
pulmonary valve [펄모너리 밸브]	pulmon/o(폐) + -ary(형용사형)	폐동맥판	우심실과 폐동맥 사이에 위치, 혈액 역류 방지
cusps [커스프]	cuspid/o(첨판, 판막)	첨판 (판막엽)	판막을 이루는 잎 모양 구조

의학용어	용어 성분	한글용어	뜻
chordae tendineae [코르데이 텐디네이]	chord/o(끈) + tendin/o(힘줄)	건삭	심실 내에서 판막과 연결된 섬유끈, 판막의 뒤집힘 방지
papillary muscle [패필러리 머슬]	papill/o(유두, 돌기) + -ary(형용사형) + muscul/o(근육)	유두근	건삭을 지지하여 판막이 뒤집히는 것을 방지하는 근육

심장을 통한 혈액흐름과 관련된 주요 용어

의학용어	용어 성분	한글용어	뜻
artery [아터리]	arteri/o = 동맥	동맥	심장에서 나온 혈액을 말초로 운반하는 혈관, 벽이 두껍고 탄력성이 강함
vein [베인]	ven/o = 정맥	정맥	말초에서 심장으로 혈액을 되돌려 보내는 혈관
capillary [캐필러리]	capill/o = 모세혈관	모세혈관	동맥과 정맥을 연결하는 매우 가는 혈관, 가스와 영양분 교환이 일어나는 주 장소
endothelium [엔도씨리엄]	endo- = 안, theli/o = 세포층, -um = 구조	내막 (내피)	심장 안쪽을 덮는 내피층, 혈액과 직접 접촉하는 얇은 막
smooth muscle (tunica media) [스무스 머슬 (튜니카 미디아)]	my/o = 근육, -ium = 조직	중막 (평활근층)	혈관 직경을 조절하여 혈류와 혈압 조절
outer layer(tunica externa/adventitia) [아우터 레이어 (튜니카 엑스터르나/어드벤티샤)]	adventiti/o = 바깥, -ia = 상태	외막	혈관을 지지하고 외부 조직과 연결
valve [밸브]	valv/o = 판막	정맥판	정맥 내 존재, 혈액의 역류를 방지
coronary artery [코로너리 아터리]	coron/o = 관상, arteri/o = 동맥	관상동맥	심장 근육(myocardium)에 혈액을 공급하는 혈관, 좌·우 관상동맥과 전하행지(LAD) 등 포함

(계속)

의학용어	용어 성분	한글용어	뜻
pulmonary circulation [펄모너리 서큘레이션]	pulmon/o = 폐, circulat/o = 순환	폐순환	우심실 → 폐동맥 → 폐모세혈관(가스 교환) → 폐정맥 → 좌심방으로 이어지는 순환
systemic circulation [시스테믹 서큘레이션]	system/o = 진신, circulat/o = 순환	체순환 (=전신 순환)	좌심실 → 대동맥 → 전신 모세혈관 → 정맥 → 대정맥 → 우심방으로 이어지는 순환

심장전도계 및 심전도 관련 주요 용어

의학용어	용어 성분	한글용어	뜻
SA node **(sinoatrial node)** [에스에이 노드 (사이노에이트리얼 노드)]	sin/o = 굴(동굴), atri/o = 심방, -al = ~의, node = 결절	동방결절	심장의 자연 박동 조율기, 심박을 시작하는 전기 자극 발생
AV node **(atrioventricular node)** [에이브이 노드 (에이트리오벤트리큘러 노드)]	atri/o = 심방, ventricul/o = 심실, -ar = ~의, node = 결절	방실결절	심방에서 전달된 전기 신호를 잠시 지연시킨 후 심실로 전달
bundle of His [번들 오브 히스]	bundle = 다발, His = 발견사의 이름	히스 다발	방실결절에서 심실로 전도계를 따라 내려가는 전기 신호 다발
bundle branches [번들 브랜치스]	bundle = 다발, branch = 가지	방실다발 분지	히스 다발이 좌심실과 우심실로 갈라지는 전기 신호 경로
Purkinje fiber [퍼킨예 파이버]	fiber = 섬유	푸르킨예 섬유	심실벽 전체로 신호를 빠르게 퍼뜨려 심실 수축을 유도

혈압과 맥박과 관련된 주요 용어

의학용어	용어 성분	한글용어	뜻
blood pressure(BP) [블러드 프레셔]	혈압	pressur/o = 압력	동맥 내 압력. Systolic(수축기압), Diastolic(이완기압), MAP(평균동맥압)으로 구분
systolic pressure [시스톨릭 프레셔]	수축기압	systol/o = 수축+ -ic = ~의	심실 수축 시 혈액이 동맥벽에 가하는 최대 압력
diastolic pressure [다이애스톨릭 프레셔]	이완기압	diastol/o = 확장·이완+ -ic = ~의	심실 이완 시 동맥 내 최저 압력
mean arterial pressure(MAP) [민 아테리얼 프레셔]	평균동맥압	arteri/o = 동맥+ -al = ~와 관련된	한 심장주기 동안의 평균 혈압, 장기 관류의 지표
pulse [펄스]	맥박	(라틴 pulsus = 치다, 두드림)	말단 동맥에서 촉지되는 심장 박동, 규칙성·강도로 혈류 상태를 평가
pulse quality [펄스 퀄리티]	맥박의 질	(pulse + quality = 맥박의 특성)	강도·규칙성으로 평가, 심박출량과 말초순환 상태 반영
pulsus paradoxus [펄서스 패러독서스]	호흡성 변동맥	paradox/o = 모순, 불일치+ -us = 상태	호흡 주기에 따라 맥박 강도가 변하는 상태, 심낭질환 등에서 관찰
heart rate(HR) [하트 레이트]	심박수	cardi/o = 심장+ (라틴 ratio = 수, 속도)	1분당 심장 박동 수. 개: 70~120회/분, 고양이: 140~220회/분(안정 시)
capillary refill time (CRT) [캐필러리 리필 타임]	모세혈관 재충만 시간	capillar/o = 모세혈관+ re- = 다시+ fill = 채우다	잇몸을 눌렀을 때 창백해진 색이 정상으로 돌아오는 시간, 정상 약 2초 이내

용어 성분

심혈관계통에서 흔히 사용되는 용어 성분과 그 예시는 다음과 같다.

용어 성분(접두어)	
angi/o	혈관 예) angiography 혈관조영술
aort/o	대동맥 예) aortitis 대동맥염
arteri/o	동맥 예) arteriosclerosis 동맥경화증
ather/o	지방 플라크(죽상) 예) atherosclerosis 죽상동맥경화증
atri/o	심방 예) atrial fibrillation 심방세동(AF)
cardi/o, coron/o	심장 예) cardiology 심장학, Coronary artery 관상동맥
myocardi/o	심근 예) myocarditis 심근염
phleb/o, ven/o	정맥 예) phlebitis 정맥염, venogram 정맥조영술
vas/o, vascul/o	혈관 예) vasospasm 혈관연축, Vasculitis 혈관염
valv/o, valvul/o	판막 예) valvuloplasty 판막성형술
thromb/o	혈전 예) thrombosis 혈전증
sphygm/o	맥박 예) sphygmomanometer 혈압계
steth/o	가슴 예) stethoscope 청진기
ventricul/o	심실 예) ventriculomegaly 심실확장증
sept/o	중격 예) septoplasty 중격교정술

용어 성분(접미어)	
-cardia	심장 상태 예) bradycardia 서맥
-spasm	연축, 경련 예) angiospasm 혈관 연축
-tension	압력 예) hypertension 고혈압
-tonic	긴장과 관련 예) hypertonic 고긴장
-ole/-ule	작은 예) arteriole 세동맥, Venule 세정맥
-gram	기록 예) cardiogram 심전도

그림으로 살펴본 심혈관계통

심장의 외부 구조

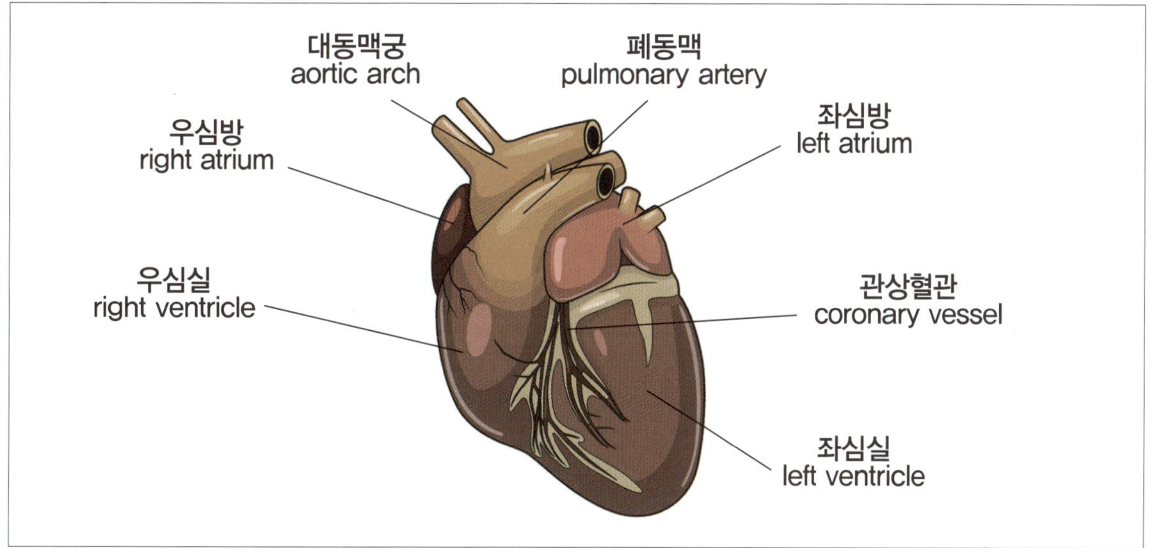

aortic arch [에이오틱 아치]: 대동맥궁
pulmonary artery [펄머너리 아터리]: 폐동맥
right atrium [라이트 에이트리엄]: 우심방
left atrium [레프트 에이트리엄]: 좌심방
right ventricle [라이트 벤트리클]: 우심실
left ventricle [레프트 벤트리클]: 좌심실
coronary vessel [코로너리 베슬]: 관상혈관

심근을 둘러싸는 심막의 구조

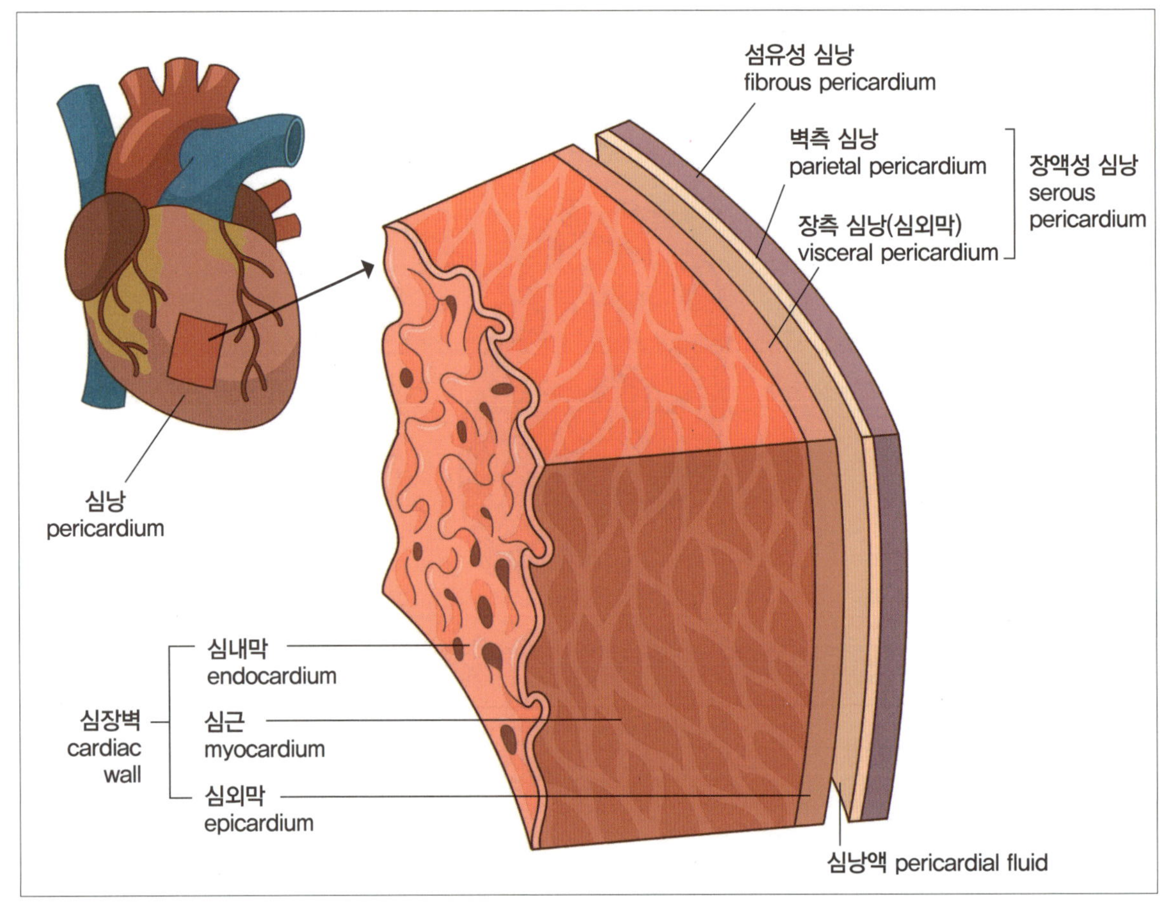

pericardium [페리카디엄]: 심낭
cardiac wall [카디악월]: 심장벽
endocardium [엔도카디움]: 심내막
myocardium [마이오카디움]: 심근
epicardium [에피카디움]: 심외막
fibrous pericardium [파이브러스 페리카디엄]: 섬유성 심낭
parietal pericardium [퍼라이어털 페리카디엄]: 벽측 심낭
visceral pericardium [비서럴 페리카디엄]: 장측 심낭(심외막)
serous pericardium [시러스 페리카디엄]: 장액성 심낭
pericardial fluid [페리카디얼 플루이드]: 심낭액

심장의 속공간과 심장층

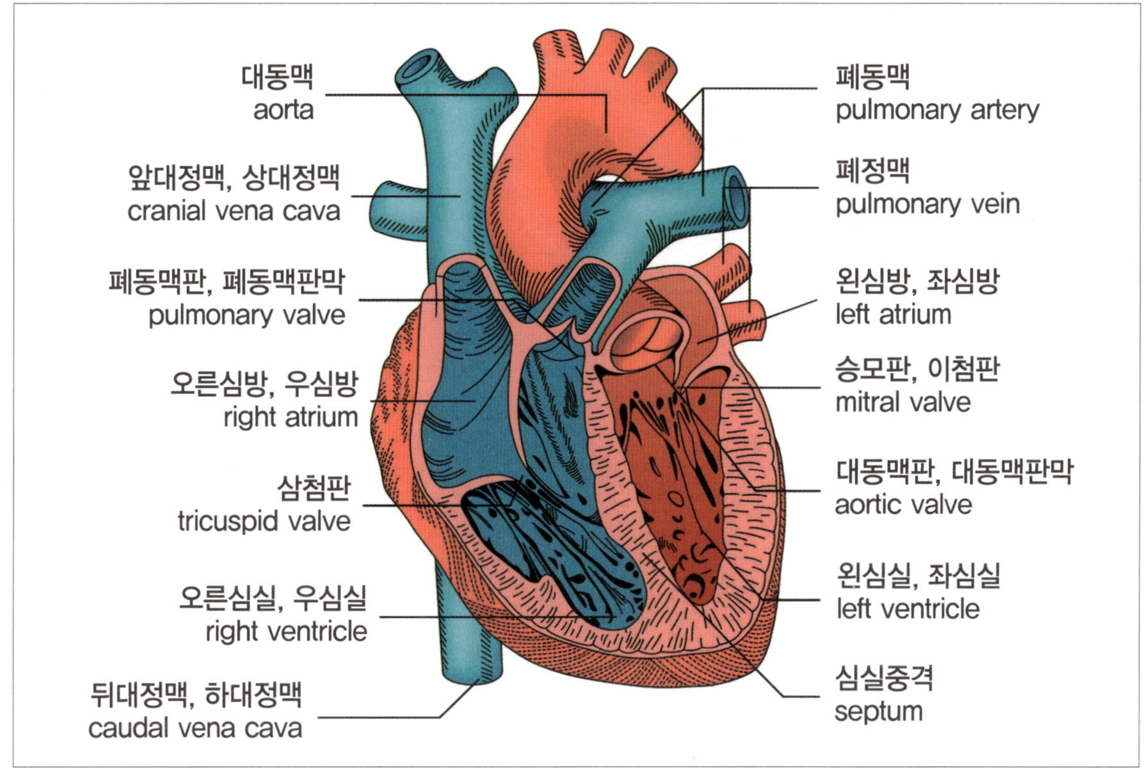

aorta [에이오르터]: 대동맥
pulmonary artery [펄모너리 아터리]: 폐동맥
pulmonary vein [펄모너리 베인]: 폐정맥
cranial vena cava [크레이니얼 비나 카바]: 앞대정맥, 상대정맥
caudal vena cava [코달 비나 카바]: 뒤대정맥, 하대정맥
pulmonary valve [펄모너리 밸브]: 폐동맥판, 폐동맥판막
right atrium [라이트 에이트리엄]: 오른심방, 우심방
left atrium [레프트 에이트리엄]: 왼심방, 좌심방
right ventricle [라이트 벤트리클]: 오른심실, 우심실
left ventricle [레프트 벤트리클]: 왼심실, 좌심실
tricuspid valve [트라이커스피드 밸브]: 삼첨판
septum [셉텀]: 중격
aortic valve [에이오틱 밸브]: 대동맥판, 대동맥판막
mitral valve [마이트럴 밸브]: 승모판, 이첨판

개에서의 주요 혈관

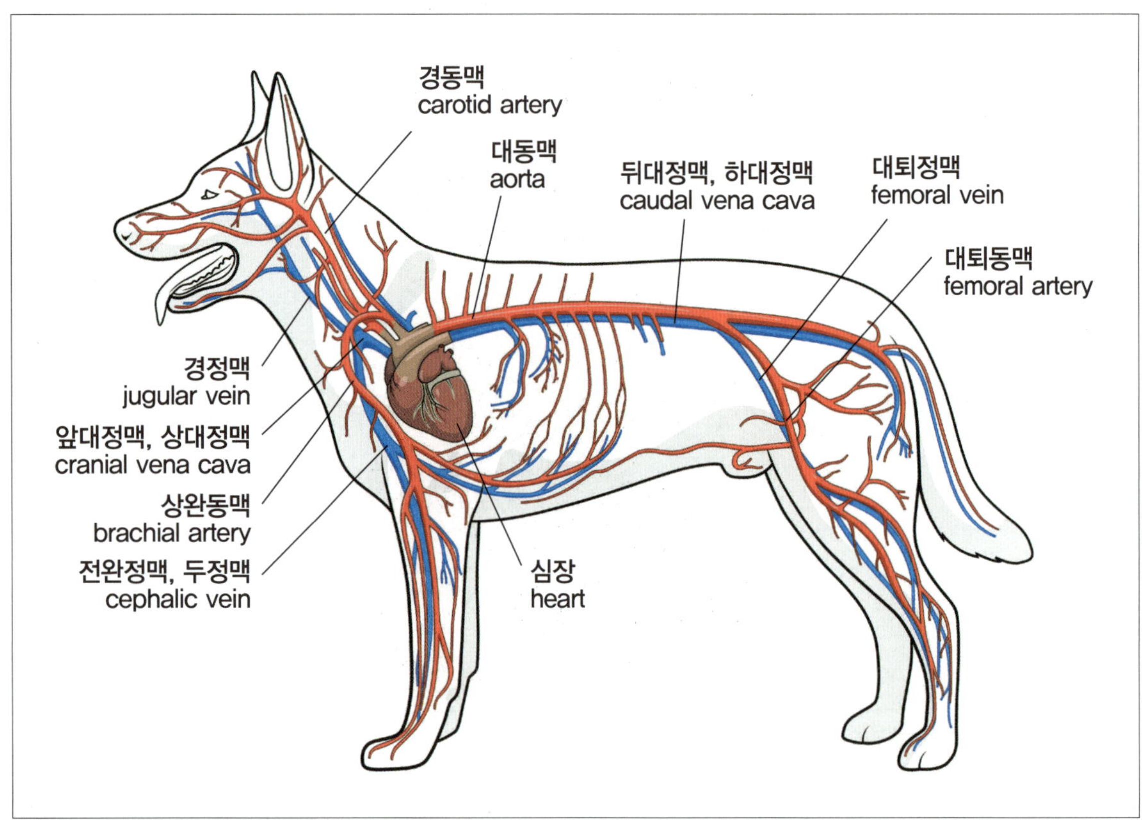

carotid artery [캐럿티드 아터리]: 경동맥
jugular vein [저귤러 베인]: 경정맥
aorta [에이오르터]: 대동맥
cranial vena cava [크레이니얼 비나 카바]: 앞대정맥, 상대정맥
caudal vena cava [코달 비나 카바]: 뒤대정맥, 하대정맥
brachial artery [브레이키얼 아터리]: 상완동맥
cephalic vein [세팔릭 베인]: 전완정맥, 두정맥
heart [하트]: 심장
femoral artery [페머럴 아터리]: 대퇴동맥
femoral vein [페머럴 베인]: 대퇴정맥

체순환과 폐순환

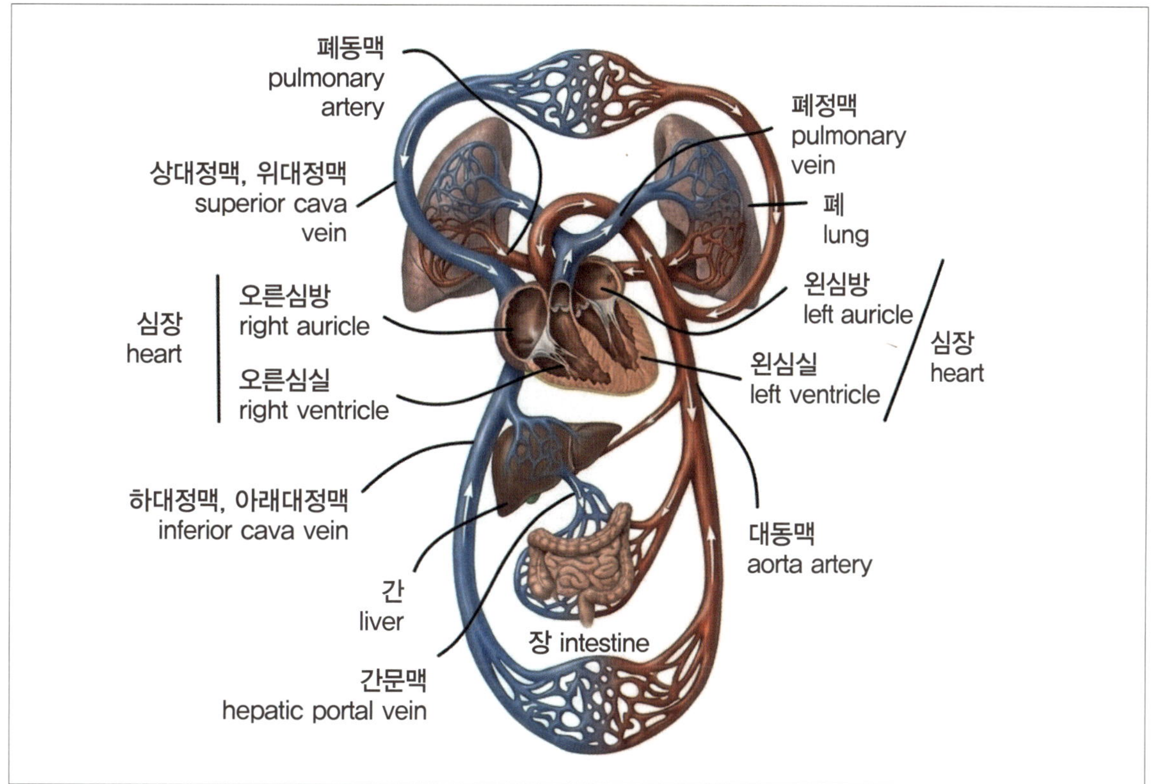

pulmonary artery [펄모너리 아터리]: 폐동맥
superior cava vein [수피리어 카바 베인]: 상대정맥, 위대정맥
heart [하트]: 심장
right auricle [라이트 오리클]: 오른심방
right ventricle [라이트 벤트리클]: 오른심실
inferior cava vein [인피리어 카바 베인]: 하대정맥, 아래대정맥
liver [리버]: 간
hepatic portal vein [헤패틱 포탈 베인]: 간문맥
intestine [인테스틴]: 장
aorta artery [에이오르타 아터리]: 대동맥
left ventricle [레프트 벤트리클]: 왼심실
left auricle [레프트 오리클]: 왼심방
lung [렁]: 폐
pulmonary vein [펄모너리 베인]: 폐정맥

심혈관계통의 해부생리학

심장은 흉강 내 종격(mediastinum)에 위치하며, 심첨(apex)은 좌측 전하방을 향한다. 따라서 개와 고양이에서 청진을 시행할 때는 해부학적 위치를 고려해야 하며, 일반적으로 승모판은 좌측 5-6늑간, 삼첨판은 우측 4-5늑간, 폐동맥은 좌측 3-4늑간, 대동맥은 좌측 4-5늑간 부위에서 가장 잘 청진된다.

심장 내 혈액은 폐순환과 체순환을 거치며 전신에 순환한다. 폐순환은 우심실에서 시작해 폐동맥을 거쳐 폐 모세혈관에서 가스 교환을 한 뒤, 산소화된 혈액이 폐정맥을 통해 좌심방으로 돌아오는 경로이다. 반면 체순환은 좌심실에서 시작하여 대동맥을 통해 전신으로 혈액을 공급하고, 조직 모세혈관에서 산소와 영양분을 전달한 후 정맥을 거쳐 대정맥을 통해 우심방으로 되돌아온다. 이러한 순환 과정은 수축기와 이완기 과정을 통해 조절된다. 수축기에는 심실이 수축하여 대동맥과 폐동맥으로 혈액을 내보내며, 이완기에는 심실이 이완하여 심방에서 혈액을 받아들인다. 이때 심실로 유입되는 혈액량을 전부하(preload)라 하고, 심실이 혈액을 내보낼 때 맞서야 하는 저항을 후부하(afterload)라 한다. 심박출량(CO)은 심박수(HR)와 1회 박출량(SV)의 곱으로 결정되며, 평균동맥압(MAP)은 심박출량과 전신혈관저항(SVR)의 곱으로 근사할 수 있다. 따라서 전부하와 후부하, 그리고 심근의 수축력은 모두 심박출량과 혈류역학에 직접적인 영향을 주어 결국 체내 순환이 원활하게 유지되도록 한다.

심장의 수축과 이완은 심장근육에 전달되는 전기 신호에 의해 조절된다. 정상적인 전도는 동방결절(SA node)에서 시작되어 방실결절(AV node)에서 잠시 지연된 후 히스 다발, 좌우각, 푸르킨예 섬유를 따라 심실로 빠르게 전달된다. 이러한 전기신호는 심장의 규칙적인 수축과 이완을 가능하게 하며, 심전도를 통해 파형으로 기록된다.

심혈관계통의 증상, 질병, 진단, 치료 관련 용어

심장질환의 임상증상과 관련된 주요 용어

의학용어	용어 성분	한글용어	뜻
murmur [머머]	–	심잡음	판막 이상, 혈류 난류로 발생하는 비정상 심음
palpitation [팰피테이션]	palpit/o = 두근거리다, -ation = 동작/상태	심계항진	환자가 자각하는 불규칙하거나 빠른 심장 박동

의학용어	용어 성분	한글용어	뜻
syncope [싱코피]	syncop/o = 잘리다, 끊기다	실신	뇌혈류 감소로 인한 일시적 의식 소실
dyspnea [디스프니아]	dys- = 어려움, -pnea = 호흡	호흡곤란	심부전·폐질환 시 호흡이 힘들고 어려운 상태
cyanosis [사이아노시스]	cyan/o = 푸른색, -osis = 상태	청색증	말초혈류·산소 공급 저하로 피부·점막이 청색을 띠는 상태
edema [이디마]	–	부종	울혈, 저단백혈증, 림프정체 등으로 인한 체액 축적
jugular distension [저귤라 디스텐션]	jugul/o = 목, 목정맥 + distens/o = 팽창하다	경정맥 팽창	우심부전 시 경정맥 혈류 저류로 인해 목정맥이 팽창

심장계통 질환과 관련된 주요 용어

의학용어	용어 성분	한글용어	뜻
endocarditis [엔도카르다이티스]	endo- = 안쪽 + cardi/o = 심장 + -itis = 염증	심내막염	심장 내막·판막에 염증
myocarditis [마이오카르다이티스]	my/o = 근육 + cardi/o = 심장 + -itis = 염증	심근염	심근에 염증 발생
pericarditis [페리카르다이티스]	peri- = 둘레 + cardi/o = 심장 + -itis = 염증	심낭염	심장을 싸는 심낭의 염증
cardiac arrest [카디악 어레스트]	cardi/o = 심장 + -ac = ~의 + arrest = 멈춤	심정지	심장이 박동을 멈춘 상태
cardiomyopathy [카디오마이오패씨]	cardi/o = 심장 + my/o = 근육 + -pathy = 질환	심근병증	심근 기능 장애로 수축·이완력 저하
cardiomegaly [카디오메갈리]	cardi/o = 심장 + -megaly = 비대	심장비대	병적 원인으로 심장 크기 비정상적 확대
congestive heart failure(CHF) [컨제스티브 하트 페일리어]	con- = 함께 + gest/o = 축적 + -ive = ~의	울혈성 심부전	심장 펌프 기능 저하로 폐·전신 울혈

(계속)

의학용어	용어 성분	한글용어	뜻
coronary artery disease [코로나리 아테리 디지즈]	coron/o = 관상 + arteri/o = 동맥 + disease = 질환	관상동맥 질환	관상동맥 협착·폐색으로 심근 허혈 발생
myocardial infarction [마이오카디얼 인팍션]	my/o = 근육 + cardi/o = 심장 + -al = ~의 + infarct = 괴사	심근경색	관상동맥 폐색으로 심근 괴사
arrhythmia [어리드미아]	a- = 없음 + rhythm/o = 리듬 + -ia = 상태	부정맥	정상 리듬에서 벗어난 심장 박동
bradycardia [브래디카디아]	brady- = 느린 + cardi/o = 심장 + -ia = 상태	서맥	심박수 < 60회/분
tachycardia [태키카디아]	tachy- = 빠른 + cardi/o = 심장 + -ia = 상태	빈맥	심박수 > 100회/분
fibrillation [피브릴레이션]	fibrill/o = 섬유 + -ation = 동작/상태	세동	심방·심실 근육 섬유의 무질서 수축
Flutter [플러터]	(영어 어원, 흔들림·파동)	조동	심장이 규칙적이지만 매우 빠르게 수축하는 부정맥
valvulitis [발뷰라이티스]	valvul/o = 판막 + -itis = 염증	판막염	심장 판막의 염증
valve stenosis [밸브 스테노시스]	valv/o = 판막 + sten/o = 좁아짐 + -sis = 상태	판막 협착	판막구 좁아져 혈류 저항 증가
valve prolapse [밸브 프로랩스]	valv/o = 판막 + prolaps/o = 밀려나다	판막 탈출	판막이 뒤로 밀려 역류 발생
tetralogy of fallot [테트롤러지 오브 팔롯]	tetra- = 네 가지 + logy = 집합/구성	팔로 사징후	선천성 심장기형(4가지 병변 동반)
patent ductus arteriosus(PDA) [페이턴트 덕터스 아테리오서스]	patent = 열려 있는 + duct/o = 관 + arteri/o = 동맥 + -ous = ~의	동맥관개존증	출생 후 동맥관이 닫히지 않아 혈류 이상
aneurysm [애뉴리즘]	aneurysm/o = 확장	동맥류	동맥벽 국소 확장·파열 위험
atherosclerosis [아테로스클레로시스]	ather/o = 죽상 + scler/o = 경화 + -osis = 상태	죽상경화증	동맥벽에 지방 침착·경화

의학용어	용어 성분	한글용어	뜻
hypertension [하이퍼텐션]	hyper- = 높은 + tens/o = 압력 + -ion = 상태	고혈압	혈압이 정상보다 높은 상태
hypotension [하이포텐션]	hypo- = 낮은 + tens/o = 압력 + -ion = 상태	저혈압	혈압이 정상보다 낮은 상태
thrombophlebitis [쓰롬보플레바이티스]	thromb/o = 혈전 + phleb/o = 정맥 + -itis = 염증	혈전성 정맥염	정맥 벽에 염증이 생기고, 그 안에 혈전이 형성된 상태
deep vein thrombosis(DVT) [딥 베인 쓰롬보시스]	thromb/o = 혈전 + ven/o = 정맥 + -osis = 상태	심부정맥 혈전증	다리나 골반 등 심부 정맥 내에 혈전이 형성된 상태

심장계통 질환의 진단, 검사 관련 주요 용어

의학용어	용어 성분	한글용어	뜻
auscultation [오스컬테이션]	auscult/o = 듣다 + -ation = 동작/과정	청진	청진기를 이용해 심음·잡음을 듣는 검사
electrocardiogram (ECG/EKG) [일렉트로카디오그램]	electr/o = 전기 + cardi/o = 심장 + -gram = 기록	심전도	심장의 전기활동을 기록
echocardiography (ECHO) [에코카디오그래피]	echo- = 반향 + cardi/o = 심장 + -graphy = 기록법	심장초음파	초음파로 심장 구조·기능을 평가
doppler ultrasonography [도플러 울트라 소노그래피]	ultra- = 초(초음파) + son/o = 소리 + -graphy = 기록법	도플러 초음파	혈류의 방향과 속도를 평가하는 초음파 기술
holter monitor [홀터 모니터]	–	활동성 심전도	24시간 이상 심전도를 기록 하는 장치
cardiac catheterization [카디악 카테터리제이션]	cardi/o = 심장 + catheter = 도관 + -ization = 시술	심장도관술	심장 내 도관 삽입 후 혈류· 압력 측정
angiography [앤지오그래피]	angi/o = 혈관 + -graphy = 조영술, 영상법	혈관조영술	조영제를 주입해 혈관을 영상화

(계속)

의학용어	용어 성분	한글용어	뜻
angiogram [앤지오그램]	angi/o = 혈관 + -gram = 영상, 기록	혈관조영 사진	조영제를 혈관에 주입한 후 X선, CT, MRI 등으로 혈관을 영상화하는 검사
blood pressure(BP) [블러드 프레셔]	pressur/o = 압력	혈압	동맥 내 압력을 측정하는 기본 지표
sphygmomanometer [스피그모마노미터]	sphygm/o = 맥박 + man/o = 압력 + -meter = 측정기	혈압계	팔이나 손목의 동맥 압력을 측정하는 기구
capnography [캡노그래피]	capn/o = 이산화탄소 + -graphy = 기록법	호기말 이산화탄소 측정	호흡 시 배출되는 이산화탄소(CO_2)의 농도를 연속적으로 그래프 형태로 기록하는 방법
pulse oximetry [펄스 옥시메트리]	ox/i = 산소 + -metry = 측정법	산소포화도 측정	혈액 내 산소포화도(SpO_2)와 맥박수를 비침습적으로 연속 측정하는 방법

심장계통 질환에서의 치료와 관련된 주요 용어

의학용어	용어 성분	한글용어	뜻
cardiopulmonary resuscitation(CPR) [카디오펄모너리 리서시테이션]	cardi/o = 심장 + pulmon/o = 폐 + -ary = ~의 + re- = 다시 + suscitat/o = 깨우다 + -ion = 과정	심폐 소생술	심정지 또는 호흡정지 환자에게 심장과 폐의 기능을 인공적으로 유지·회복시키는 응급처치
defibrillation [디피브릴레이션]	de- = 제거 + fibrill/o = 세동(섬유성 잔떨림) + -ation = 과정	제세동	심실세동(ventricular fibrillation)이나 심실빈맥(ventricular tachy-cardia) 같은 치명적 부정맥 시, 심장에 전기 충격을 가해 정상 리듬으로 회복시키는 응급처치
extracorporeal circulation(ECC) [엑스트라코포리얼 서큘레이션]	extra- = 바깥 + corpor/o = 몸 + -eal = ~의 + circulat/o = 순환	체외순환	심장이나 폐 기능을 일시적으로 대신하여, 혈액을 체외 장치를 통해 순환시키는 과정
stent [스텐트]	(영어 고유어)	스텐트	좁아진 혈관이나 관을 열어두기 위해 삽입하는 금속 또는 플라스틱 구조물

의학용어	용어 성분	한글용어	뜻
valve replacement [밸브 리플레이스먼트]	valv/o = 판막 + replace = 교체	판막 대치술	손상되거나 기능을 잃은 심장 판막을 인공 판막이나 조직 판막으로 교체하는 외과적 수술
thrombolytic therapy [쓰롬볼리틱 테라피]	thromb/o = 혈전 + -lytic = 용해 + therapy = 치료	혈전 용해요법	혈전을 녹이는 약물치료
ace inhibitor [에이스 인히비터]	angiotensin-converting enzyme 억제제	ACE 억제제	혈관 확장, 혈압 강하 약물
beta-blocker [베타 블로커]	beta- receptor + blocker	베타 차단제	교감신경 억제로 심박수·혈압 감소
calcium channel blocker [칼슘 채널 블로커]	calc/i = 칼슘 + channel = 통로 + blocker = 억제제	칼슘통로 차단제	심근 수축력·혈압 조절
diuretic [다이어레틱]	di- = 두 배·강조 + ur/o = 소변 + -etic = 관련된	이뇨제	수분·Na^+ 배설 촉진, 혈압 강하
cardiotonic [카디오토닉]	cardi/o = 심장 + -tonic = 긴장/강화	강심제	심근 수축력 증가
vasoconstrictor [바소컨스트릭터]	vas/o = 혈관 + constrict/o = 수축 + -or = 작용제	혈관수축제	혈압 상승 유도
vasodilator [바소다일레이터]	vas/o = 혈관 + dilat/o = 확장 + -or = 작용제	혈관확장제	혈압 감소 유도
antiplatelet agent [안티플레이트렛 에이전트]	anti- = 억제 + platelet = 혈소판	항혈소판제	혈소판 응집 억제
anticoagulant [안티코아귤란트]	anti- = 억제 + coagul/o = 응고 + -ant = 작용제	항응고제	혈액응고 억제
antiarrhythmic [안티어리드믹]	anti- = 억제 + a- = 없음 + rhythm/o = 리듬 + -ic = ~의	항부정맥제	부정맥 조절 약물
oxygen therapy [옥시젠 테라피]	oxy- = 산소 + -gen = 생성물 + therapy = 치료	산소요법	O_2 케이지, 비강 캐뉼라, 마스크로 산소 공급
pericardiocentesis [페리카디오 센테시스]	peri- = 둘레 + cardi/o = 심장 + -centesis = 천자	심낭천자	심낭 삼출액 제거, 심장눌림(tamponade) 완화

4-2. 혈액계통

중요 용어

혈액과 관련된 용어로 혈액세포와 성분, 지혈, 응고와 관련된 주요 용어

의학용어	용어 성분	한글용어	뜻
plasma [플라즈마]	–	혈장	혈액의 액체 성분, 물·단백질·전해질·호르몬·노폐물 운반
serum [세럼]	–	혈청	혈액 응고 후 남는 액체 성분, 응고 인자 없음
erythrocyte [에리트로사이트]	erythr/o = 붉은색 + -cyte = 세포	적혈구	혈액 내 산소·이산화탄소 운반
hemoglobin(Hb) [헤모글로빈]	hem/o = 혈액 + globin = 단백질	혈색소	적혈구 내 단백질, 산소 결합 및 운반
hematocrit(HCT) [헤마토크릿]	hemat/o = 혈액 + -crit = 분리	적혈구 용적률	혈액에서 적혈구가 차지하는 비율
leukocyte [루코사이트]	leuk/o = 흰색 + -cyte = 세포	백혈구	면역 방어 담당, 5가지 종류로 구분
neutrophil [뉴트로필]	neutr/o = 중성 + -phil = 좋아함	호중구	세균 감염 방어, 탐식작용 담당
eosinophil [이오시노필]	eosin/o = 붉은색(호산성) + -phil = 좋아함	호산구	알레르기·기생충 감염 시 증가
basophil [베이소필]	bas/o = 염기성 + -phil = 좋아함	호염기구	히스타민·헤파린 분비, 알레르기 반응
lymphocyte [림포사이트]	lymph/o = 림프 + -cyte = 세포	림프구	T세포·B세포·NK세포 포함, 면역 반응 조절
monocyte [모노사이트]	mon/o = 하나 + -cyte = 세포	단구	대식세포로 분화, 이물질·세균 제거
granulocyte [그래뉼로사이트]	granul/o = 과립 + -cyte = 세포	과립구	호중구·호산구·호염기구와 같은 총칭
agranulocyte [어그래뉼로사이트]	a- = 없음 + granul/o = 과립 + -cyte = 세포	무과립구	림프구·단핵구의 총칭

의학용어	용어 성분	한글용어	뜻
platelet/ thrombocyte [플레이트릿/ 쓰롬보사이트]	thromb/o = 혈전 + -cyte = 세포	혈소판	지혈 및 혈액 응고에 관여
hemostasis [헤모스테이시스]	hem/o = 혈액 + -stasis = 멈춤	지혈	혈관수축·혈소판·응고인자 작용으로 출혈 억제
thrombin [쓰롬빈]	thromb/o = 혈전 + -in = 단백질	트롬빈	응고 인자, 피브리노겐을 피브린으로 전환
fibrin [파이브린]	fibr/o = 섬유 + -in = 단백질	섬유소	혈액 응고 시 형성되는 망상 구조물
fibrinogen [파이브리노젠]	fibr/o = 섬유 + -gen = 생성물	피브리노겐	혈장 단백질, 혈액 응고 전구물질
prothrombin [프로쓰롬빈]	pro- = 앞 + thromb/o = 혈전 + -in = 단백질	프로트롬빈	간에서 생성되는 응고 인자
thromboplastin [쓰롬보플라스틴]	thromb/o = 혈전 + plastin = 형성물	트롬보 플라스틴	응고 과정에서 조직에서 유리되는 인자
agglutination [어글루티네이션]	ag- = 모으다 + glutino = 달라붙다 + -ation = 과정	응집	적혈구가 항체에 의해 덩어리 지는 현상
universal donor [유니버설 도너]	–	보편적 공여자	대부분에게 수혈 가능
universal recipient [유니버설 리시피언트]	–	보편적 수혈자	모든 혈액형 수혈 가능
antigen [안티젠]	anti- = 대항 + -gen = 생성자	항원	면역 반응 유발 물질
antibody [안티바디]	anti- = 대항 + body = 물질(단백질)	항체	항원에 특이적으로 결합하는 단백질
septicemia [셉티시미아]	septic/o = 감염 + -emia = 혈액 상태	패혈증	혈액 내 세균 증식으로 인한 전신 감염
anemia [어니미아]	an- = 없음 + -emia = 혈액 상태	빈혈	적혈구·헤모글로빈 감소로 산소 운반능 저하

(계속)

의학용어	용어 성분	한글용어	뜻
polycythemia [폴리사이디미아]	poly- = 많음 + cyt/o = 세포 + -emia = 혈액 상태	적혈구 증가증	적혈구 수 과다
leukemia [루케미아]	leuk/o = 흰색 + -emia = 혈액 상태	백혈병	골수에서 비정상 백혈구 증식
hemophilia [헤모필리아]	hem/o = 혈액 + -philia = ~를 좋아함/성향	혈우병	응고 인자 결핍으로 출혈 지속

용어 성분

혈액에서 흔히 사용되는 용어 성분과 그 예시는 다음과 같다.

용어 성분(접두어/접미어)	
hem/o, hemat/o	혈액 예) hemolysis 용혈
hem/o, hemat/o	혈액 예) hematology 혈액학
erythro/o	적혈구 예) erythrocyte 적혈구
leuk/o	백혈구 예) leukopenia 백혈구감소증
thromb/o	혈전, 혈소판 예) thrombosis 혈전증
thromb/o	혈전, 혈소판 예) thrombocyte 혈소판
phag/o	먹다, 삼키나 예) phagocyte 포식세포
myel/o	골수 예) myeloma 골수종
splen/o	비장 예) splenomegaly 비장비대
lymph/o	림프 예) lymphocyte 림프구
chrom/o	색 예) chromosome 염색체
cyt/o	세포 예) cytology 세포학
-emia	혈액 상태 예) anemia 빈혈
-emic	혈액 상태와 관련된 예) anemic 빈혈의
-cyte	세포 예) leukocyte 백혈구
-penia	부족 예) Leukopenia 백혈구감소증

용어 성분(접두어/접미어)	
-philia	증가, 친화 예) eosinophilia 호산구증가
-poiesis	형성 예) hematopoiesis 조혈
-apheresis	제거 예) plasmapheresis 혈장분리
-globin	단백질 예) hemoglobin 혈색소
-stasis	정지, 억제 예) hemostasis 지혈

그림으로 살펴본 혈액계통

적혈구와 다섯 종류의 백혈구

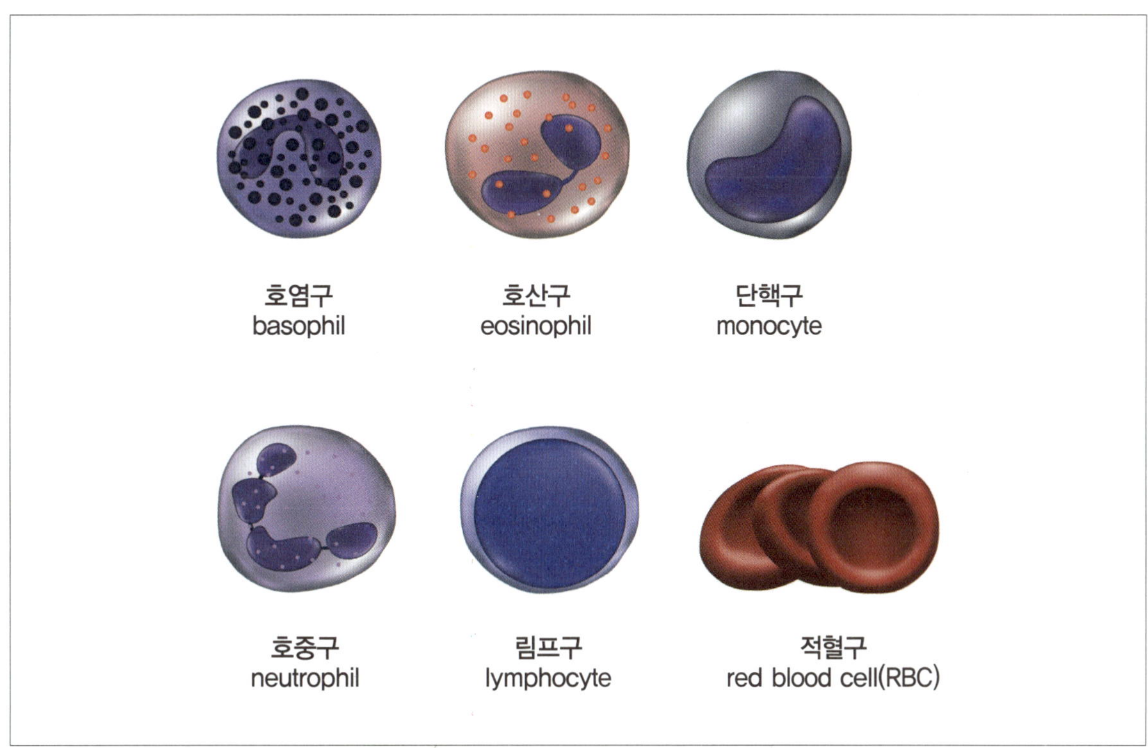

basophil [베이소필]: 호염구
eosinophil [이오시노필]: 호산구
monocyte [모노사이트]: 단핵구
neutrophil [뉴트로필]: 호중구
lymphocyte [림포사이트]: 림프구
red blood cell(RBC) [레드 블러드 셀]: 적혈구

혈소판과 전구세포

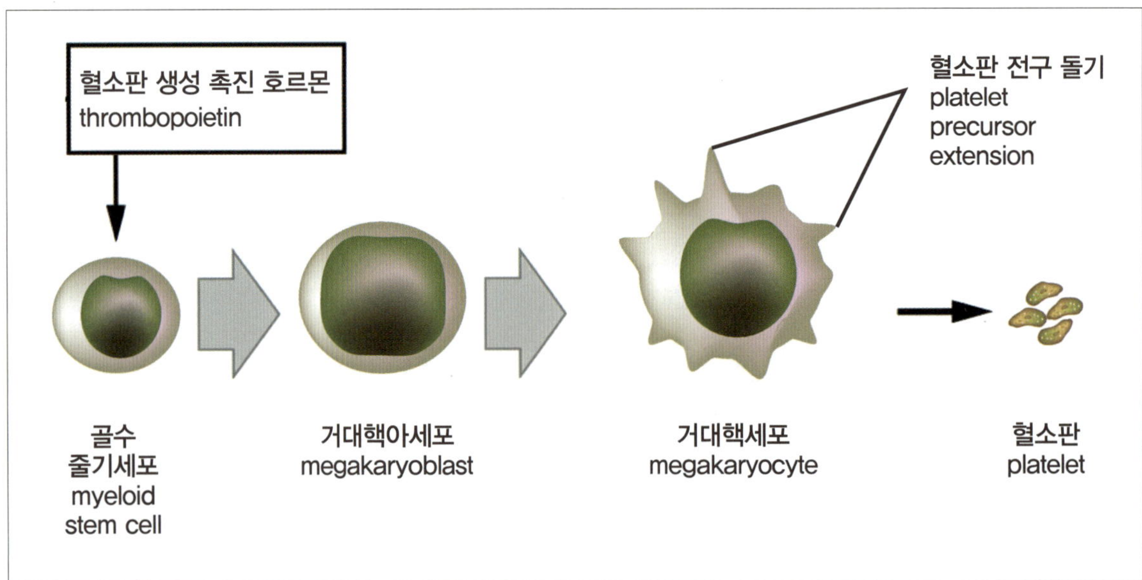

혈소판의 생성과정

thrombopoietin [쓰롬보포이에틴]: 혈소판 생성 촉진 호르몬(간과 신장에서 분비)
myeloid stem cell [마이엘로이드 스템 셀]: 골수 줄기세포
megakaryoblast [메가캐리오블라스트]: 거대핵아세포
megakaryocyte [메가캐리오사이트]: 거대핵세포
platelet precursor extension [플레이트릿 프리커서 익스텐션]: 혈소판 전구 돌기
platelet [플레이트릿]: 혈소판

혈액의 해부생리

혈액은 크게 혈장과 유형성분으로 나뉜다. 혈장은 전체 혈액의 절반 이상을 차지하는 액체 성분으로, 약 90%가 물이며 여기에 단백질, 전해질, 호르몬, 영양분, 노폐물 등이 녹아 있다. 주요 단백질에는 삼투압 유지와 물질 운반에 관여하는 알부민, 면역 기능을 담당하는 글로불린, 그리고 혈액 응고 과정에서 중요한 역할을 하는 피브리노겐이 포함된다. 혈액을 응고시키고 남은 액체 성분을 혈청이라고 하며, 혈장은 응고 인자를 포함하는 반면 혈청은 이를 포함하지 않는다는 점에서 차이가 있다.

혈액의 유형성분은 적혈구, 백혈구, 혈소판으로 이루어져 있다. 적혈구는 혈액 내에서 가장 많은 세포로, 혈색소인 헤모글로빈을 통해 산소를 운반하고 이산화탄소를 제거하는 중요한 역할을 한다. 백혈구는 수와 기능에 따라 호중구, 호산구, 호염기구, 림프구, 단구로 구분되며, 세균과 바이러스 감염, 알레르기 반응, 기생충 감염 등 다양한 자극에 반응하여 면역 방어를 수행한다. 혈소판은 혈관이 손상되었을 때 지혈 과정에 관여하여 혈액 응고를 유도하고 출혈을 막는다.

이처럼 혈액은 단순히 산소와 영양분을 운반하는 수송 체계에 머무르지 않고, 노폐물 제거, 체온과 pH 유지, 전해질 균형 조절과 같은 항상성 유지, 면역 방어, 지혈과 응고 기능 등 생명 유지에 필수적인 역할을 담당한다.

혈액계통의 증상, 질병, 진단, 치료 관련 용어

증상을 설명하는 주요 용어

의학용어	용어 성분	한글용어	뜻
hemorrhage [헤머리지]	hem/o = 혈액 + -rrhage = 터져나옴, 과다유출	출혈	혈관 손상·응고장애로 혈액이 새어 나오는 상태
hematoma [헤마토마]	hemat/o = 혈액 + -oma = 종양·덩어리	혈종	조직 내 출혈로 생긴 응고 혈액 덩어리
hemolytic reaction [히몰리틱 리액션]	hem/o = 혈액 + -lytic = 파괴 + reaction = 반응	용혈성 수혈반응	수혈 부적합 등으로 적혈구가 파괴되는 급성 반응

증상을 설명하는 주요 용어

의학용어	용어 성분	한글용어	뜻
anemia [어니미아]	an- = 없음 + -emia = 혈액 상태	빈혈	Hb/Hct 또는 적혈구 감소로 산소운반능 저하
iron deficiency anemia [아이언 디피션시 어니미아]	iron = 철 + deficiency = 부족 + anemia = 빈혈	철결핍빈혈	철 부족에 의한 소구성·저색소성 빈혈
pernicious anemia [퍼니셔스 어니미아]	pernicious = 치명적인 + anemia = 빈혈	악성빈혈	비타민 B12 흡수장애로 발생하는 거대적아구성 빈혈
aplastic anemia [에이플라스틱 어니미아]	a- = 없음 + plast/o = 형성 + -ic = ~의 + anemia	재생불량성 빈혈	골수 기능 저하로 모든 혈구 감소
hemolytic anemia [히몰리틱 어니미아]	hem/o = 혈액 + -lytic = 파괴 + anemia	용혈성 빈혈	적혈구 파괴 증가로 생기는 빈혈
sickle cell anemia [시클 셀 어니미아]	sickle = 낫 모양 + cell = 세포 + anemia	겸상적혈구 빈혈	Hb 이상으로 적혈구 겸상화
thalassemia [탈라세미아]	thalass/o = 바다(지중해) + -emia = 혈액 상태	지중해빈혈	Hb 사슬 합성 이상으로 만성 용혈·빈혈
polycythemia vera [폴리사이시미아 베라]	poly- = 많음 + cyt/o = 세포 + -emia = 혈액 상태	진성다혈구증	적혈구 과다 생성으로 혈액 점도 높은 상태
leukopenia [루코피니아]	leuk/o = 흰색(백혈구) + -penia = 부족	백혈구감소증	백혈구 수 감소
leukocytosis [루코사이토시스]	leuk/o = 백혈구 + -cytosis = 세포 증가	백혈구증가증	백혈구 수 증가(염증·감염 등)
leukemia [루키미아]	leuk/o = 백혈구 + -emia = 혈액 상태	백혈병	골수의 비정상 백혈구 증식성 질환
thrombocytopenia [쓰롬보사이트피니아]	thromb/o = 혈전 + cyt/o = 세포 + -penia = 부족	혈소판감소증	출혈성 경향, 점상출혈 위험 증가

의학용어	용어 성분	한글용어	뜻
thrombocytosis [쓰롬보사이토시스]	thromb/o = 혈전 + cyt/o = 세포 + -cytosis = 세포 증가	혈소판증가증	혈전 형성 위험 증가
pancytopenia [팬사이트피니아]	pan- = 전체 + cyt/o = 세포 + -penia = 부족	범혈구감소증	적·백혈구와 혈소판 모두 감소
hemophilia [헤모필리아]	hem/o = 혈액 + -philia = 좋아함/성향	혈우병	선천성 응고인자 결핍으로 출혈 지속
dyscrasia [디스크레이지아]	dys- = 이상 + -crasia = 혼합, 상태	혈액이상/질환	혈액 성분 전반의 비정상 상태 통칭

혈액성 질환의 진단과 관련된 주요 용어

의학용어	용어 성분	한글용어	뜻
complete blood count(CBC) [컴플릿 블러드 카운트(씨비씨)]	complete = 전체 + blood = 혈액 + count = 계산	전체혈구계산	RBC·WBC·PLT, Hb·Hct 등 기본 혈구 지표
hemoglobin(Hb) [헤모글로빈]	hem/o = 혈액 + globin = 단백질	혈색소	산소운반 단백 농도
hematocrit(Hct) [헤마토크릿]	hemat/o = 혈액 + -crit = 분리	적혈구용적률	혈액 내 적혈구 비율
ESR/sedimentation rate [이에스알/세디멘테이션 레잇]	sediment/o = 가라앉다 + -ation = 과정	적혈구 침강속도	염증 간접 지표
WBC count [더블유비씨 카운트]	leuk/o = 백혈구 + count = 계산	백혈구수	감염·염증 평가
WBC differential(diff) [디퍼런셜(디프)]	leuk/o = 백혈구 + differ/o = 구분	백혈구 감별계수	호중구·호산구·호염기구·림프구·단구 비율
RBC count [알비씨 카운트]	erythro = 적혈구 + count = 계산	적혈구수	빈혈·다혈증 평가
RBC morphology [알비씨 모ㄹ폴로지]	erythro = 적혈구 + morph/o = 형태	적혈구 형태검사	크기·형태·색소 이상 관찰

(계속)

의학용어	용어 성분	한글용어	뜻
platelet count [플레이트릿 카운트]	thromb/o = 혈전 + -cyte = 세포 + count = 계산	혈소판수	출혈성 질환·혈전 경향 평가
Prothrombin Time (PT) [프로스롬빈 타임]	pro- = 앞 + thromb/o = 혈전 + -in = 단백질 + time = 시간	프로트롬빈시간	외인성 응고경로 평가
bone marrow aspiration [본 매로우 아스퍼레이션]	bone = 뼈 + marrow = 골수 + aspir/o = 흡인	골수흡인검사	조혈세포 상태·백혈병 등 진단
phlebotomy [플레보토미]	phleb/o = 정맥 + -tomy = 절개	정맥절개 /채혈	검사를 위하여 정맥을 절개하는 과정

치료와 관련된 주요 용어

의학용어	용어 성분	한글용어	뜻
blood transfusion [블러드 트랜스퓨전]	trans- = 건너 + fus/o = 붓다 + -ion = 과정	수혈	손실 혈액 보충 (전혈·성분수혈 포함)
autologous transfusion [오톨러거스 트랜스퓨전]	auto- = 자기 자신 + -logous = 관계된 + transfusion	자가수혈	본인 혈액을 저장·수혈
homologous transfusion [호몰러거스 트랜스퓨전]	homo- = 같은 + -logous = 관계된 + transfusion	동종수혈	타인 혈액 수혈
packed red cell (PRBC) [팩트 레드 셀]	pack = 농축 + red cells = 적혈구	농축적혈구	산소운반 향상 목적의 성분수혈
plasmapheresis [플라즈마퍼리시스]	plasma = 혈장 + -pheresis = 제거, 분리	혈장분리술	혈장만 제거·교환 (자가면역·중독 등)
bone marrow transplant(BMT) [본 매로우 트랜스플란트]	bone marrow = 골수 + transplant = 이식	골수이식	재생불량성빈혈·백혈병 등에서 조혈 회복

의학용어	용어 성분	한글용어	뜻
anticoagulant [안티코아귤런트]	anti- = 억제 + coagul/o = 응고 + -ant = 작용제	항응고제	혈전 형성 억제 (예: heparin, warfarin)
antiplatelet agent [안티플레이트릿 에이전트]	anti- = 억제 + platelet = 혈소판	항혈소판제	혈소판 응집 억제 (예: aspirin, clopidogrel)
thrombolytic [쓰롬볼리틱]	thromb/o = 혈전 + -lytic = 용해	혈전용해제	형성된 혈전 용해(tPA 등)
antihemorrhagic/ hemostatic [안티헤머래직/ 히모스태틱]	anti- = 억제 + hem/o = 혈액 + -rrhagic = 출혈 / hemo- = 혈액 + -static = 멈추게 하는	지혈제	출혈 억제(예: vitamin K 등)
hematinic [헤마티닉]	hemat/o = 혈액 + -inic = 작용제	조혈촉진제	철·엽산·EPO 등 적혈구 생성 촉진

4-3. 림프 및 면역계통

중요 용어

림프계와 관련된 주요 용어

의학용어	용어 성분	한글용어	뜻
lymph [림프]	–	림프액	모세혈관에서 빠져나온 조직액이 림프관을 통해 회수된 것
lymphatic vessel [림파틱 베슬]	lymph/o = 림프 + -atic = ~의, 관련된	림프관	림프액을 심장으로 되돌려 보내는 통로
lymph node [림프 노드]	lymph/o = 림프 + node = 결절	림프절	림프액 여과, 면역세포 집합 부위
lymph capillary [림프 캐필러리]	lymph/o = 림프 + capill/o = 모세혈관	림프 모세혈관	말초에서 림프액 회수 시작
thoracic duct [쏘래식 덕트]	thorac/o = 흉부 + duct = 관	흉관	좌측 큰 림프관, 대부분의 림프액이 유입

(계속)

의학용어	용어 성분	한글용어	뜻
right lymphatic duct [라잇 림파틱 덕트]	lymph/o = 림프 + duct = 관	우림프관	상반신 우측 림프액 유입
spleen [스플린]	–	비장	혈액 여과, 노화 적혈구 제거, 면역 반응
thymus [싸이머스]	–	흉선	T세포 성숙·분화 기관
tonsil [톤실]	–	편도	구강·인두에서 항원 포착, 국소 면역
adenoid [아데노이드]	–	아데노이드	비인두에 위치한 편도 조직
edema [이디마]	–	부종	림프 배액 장애나 혈관 누출 시 조직에 체액 축적
lymphedema [림프이디마]	lymph/o = 림프 + edema = 부종	림프부종	림프순환 장애로 국소·전신 부종 발생

면역계와 관련된 주요 용어

의학용어	용어 성분	한글용어	뜻
immunity [이뮤니티]	immun/o = 면역	면역	외부 항원에 대한 저항력
antigen [안티젠]	anti- = 대항/-gen = 생성물	항원	면역 반응을 유발하는 물질
antibody [안티바디]	anti- = 대항/-body = 몸(단백)	항체	항원에 특이적으로 결합하는 단백질
antigen-antibody complex [안티젠-안티바디 컴플렉스]	위와 동일	항원-항체 복합체	항체가 항원과 결합해 형성되는 면역 반응 단위
B lymphocyte (B cell) [비 림포사이트]	lymph/o = 림프 + -cyte = 세포	B세포	항체 생산, 체액성 면역 담당

의학용어	용어 성분	한글용어	뜻
T lymphocyte (T cell) [티 림포사이트]	lymph/o = 림프 + -cyte = 세포	T세포	세포성 면역 담당, 보조·세포 독성·억제 T세포로 구분
NK cell [엔케이 셀] **natural killer cell** [네추럴 킬러 셀]	natural = 자연/ killer = 살해	자연살해 세포	비특이적으로 암세포·바이러스 감염세포 제거
macrophages [매크로페이즈]	macro- = 큰/-phage = 먹다	대식세포	항원 탐식, 항원 제시세포 역할
cytotoxic T cell [사이토톡식 티 셀]	cyt/o = 세포 + toxic = 독성	세포독성 T세포	감염세포·종양세포 직접 공격
immunoglobulin(IG) [이뮤노글로불린]	immun/o = 면역 + globulin = 단백질	면역글로불린	항체 단백질, IgG·IgA·IgM·IgE·IgD로 분류
vaccine [백신]	vacca = 소(우두, 기원)	백신	인위적 항원 노출로 면역 획득
pathogen [패써젠]	path/o = 질병 + -gen = 생성물	병원체	질병을 일으키는 세균·바이러스·기생충 등
toxin [톡신]	toxic/o = 독성	독소	병원체가 분비하는 유해 물질
natural immunity [내추럴 이뮤니티]	natural = 선천적	자연면역	선천적 방어, 비특이적 면역
acquired immunity [어콰이어드 이뮤니티]	acquire = 획득하다	획득면역	항원 노출이나 백신에 의해 얻는 면역
active acquired immunity [액티브 어콰이어드 이뮤니티]	active = 능동적	능동획득 면역	감염·예방접종으로 항체 생성
passive acquired immunity [패시브 어콰이어드 이뮤니티]	passive = 수동적	수동획득 면역	모체 항체나 항체 주입으로 형성

(계속)

의학용어	용어 성분	한글용어	뜻
immunization [이뮤니제이션]	immun/o = 면역 + -ization = 과정	면역화	백신을 통한 면역 획득 과정
opportunistic infection [오퍼튜니스틱 인펙션]	opportun/o = 기회 + -istic = ~적인	기회감염	면역저하 상태에서 발생하는 감염
nosocomial infection [노소코미얼 인펙션]	nos/o = 질병 + comial = 병원	병원감염	병원 환경에서 획득된 감염
cross-infection [크로스 인펙션]	cross = 교차	교차감염	환자 간, 의료진을 통해 전파되는 감염
reinfection [리인펙션]	re- = 다시 + infection = 감염	재감염	같은 병원체에 다시 감염되는 경우
self-inoculation [셀프 이노큘레이션]	self = 자기 + inoculation = 접종	자가접종	자신의 체액·분비물로 감염 확산

용어 성분

림프계에서 흔히 사용되는 용어 성분과 그 예시는 다음과 같다.

용어 성분(접두어/접미어)	
lymph/o	림프 예) lymphoma 림프종
lymphaden/o	림프절 예) lymphadenopathy 림프절병증
lymphangi/o	림프관 예) lymphangitis 림프관염
splen/o	비장 예) splenomegaly 비장비대
thym/o	흉선 예) thymectomy 흉선절제술
tonsill/o	편도 예) tonsillitis 편도염
aden/o	선, 샘 예) adenoid 아데노이드
-edema	부종 예) lymphedema 림프부종
-phage	먹다, 삼키다 예) macrophage 대식세포
-toxic	독성 예) cytotoxic 세포독성

면역계에서 흔히 사용되는 용어 성분과 그 예시는 다음과 같다.

용어 성분(접두어/접미어)	
immun/o	면역 예) immunology 면역학
tox/o, toxic/o	독, 독성 예) cytotoxic 세포독성
path/o	질병 예) pathogen 병원체
phag/o	먹다 예) macrophage 대식세포
anti-	~에 대항하는 예) antibody 항체
auto-	자기, 자가 예) autoimmunity 자가면역
-gen	생성, 유발 예) antigen 항원
-globulin	단백질 예) immunoglobulin 면역글로불린
-therapy	치료 예) immunotherapy 면역치료
-logy	학문, 연구 예) immunology 면역학
-genic	생성, 원인이 되는 예) pathogenic 병원성의

그림으로 살펴본 림프 및 면역계통

림프 및 주요 면역기관

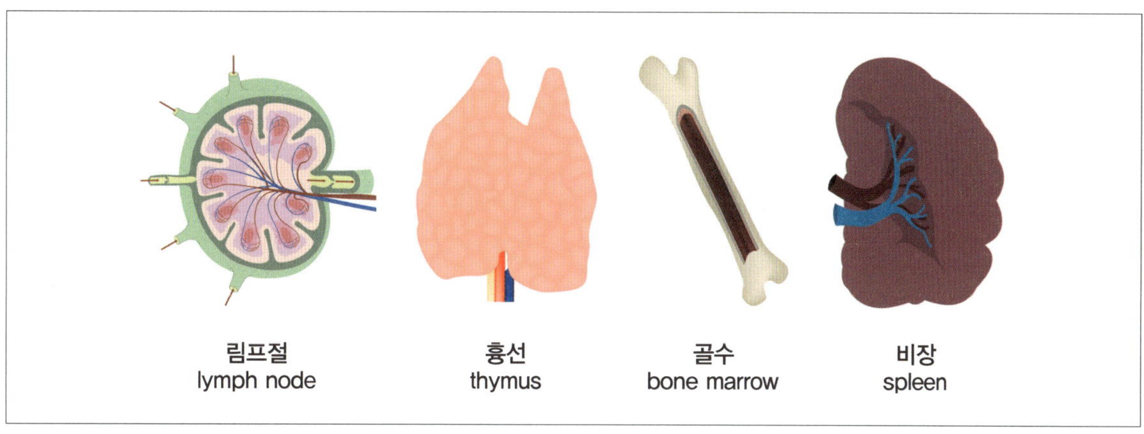

주요 면역기관

lymph node [림프 노드]: 림프절
thymus [싸이머스]: 흉선
bone marrow [본 매로우]: 골수
spleen [스플린]: 비장

개에서의 림프절 위치와 림프 흐름

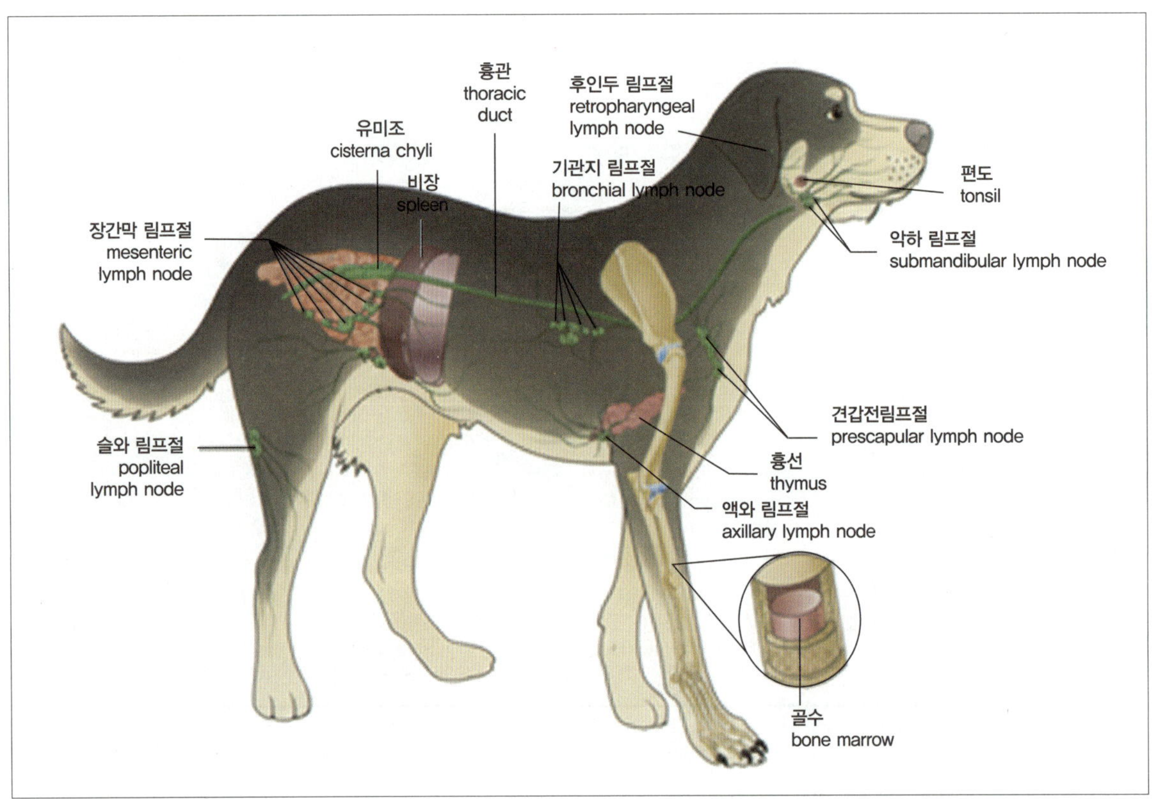

retropharyngeal lymph node [레트로패링지얼 림프 노드]: 후인두 림프절

Bronchial lymph node [브론키얼 림프 노드]: 기관지 림프절

thoracic duct [쏘래식 덕트]: 흉관

cisterna chyli [시스테르나 카일리]: 유미조

spleen [스플린]: 비장

mesenteric lymph node [메젠테릭 림프 노드]: 장간막 림프절

popliteal lymph node [팝리티얼 림프 노드] : 슬와 림프절

bone marrow [본 매로우]: 골수

axillary lymph node [액실러리 림프 노드] : 액와 림프절

thymus [싸이머스]: 흉선

prescapular lymph node [프리스캐퓰러 림프 노드]: 견갑전림프절

submandibular lymph node [섭맨디뷸러 림프 노드]: 악하 림프절

tonsil [톤실]: 편도

림프 및 면역계통에서의 해부생리

림프계통 해부생리

림프계통은 혈관계통과 밀접하게 연결된 순환 보조 체계로, 조직에서 빠져나온 체액을 회수하고 면역 방어에 중요한 역할을 한다. 말초의 모세혈관에서 여과된 체액은 림프 모세혈관을 통해 흡수되어 림프관으로 들어간다. 림프관 내에는 역류를 방지하는 판막이 있으며, 림프절을 거치면서 항원이 걸러지고 면역세포와 접촉한다.

림프는 최종적으로 흉관(thoracic duct)이나 우림프관(right lymphatic duct)을 통해 정맥각으로 유입되어 혈액 순환에 합류한다. 주요 림프기관에는 비장(spleen), 흉선(thymus), 편도(tonsil), 림프절(lymph node)이 있으며, 각각 혈액 여과, T세포 성숙, 국소 면역 방어, 항원 포착 기능을 담당한다.

림프계통의 기능은 크게 네 가지로 요약할 수 있는데 첫째, 체액 회수를 통해 혈액과 조직액의 균형을 유지한다. 둘째, 면역 방어 기능으로 외부 병원체에 대응한다. 셋째, 소장 융모의 유미관을 통해 지방을 흡수한다. 마지막으로, 노폐물 제거와 운반을 통해 항상성을 유지한다.

면역계통 해부생리

면역계통은 외부에서 침입하는 세균, 바이러스, 기생충, 곰팡이와 같은 병원체로부터 신체를 방어하고, 손상된 세포를 제거하며, 암세포의 발생을 억제하는 체계이다. 크게 선천면역(자연면역)과 후천면역(획득면역)으로 구분된다.

선천면역은 태어날 때부터 존재하는 1차 방어 체계로, 피부와 점막, 대식세포, 호중구, 자연살해세포 등이 포함된다. 이 면역은 병원체 종류와 상관없이 빠른 반응을 보이지만, 특이성과 기억 기능은 없다.

후천면역은 항원 노출 후 발달하는 방어 체계로, 특정 항원을 인식하고 기억하여 재노출 시 더 빠르고 강력한 반응을 나타낸다. 체액성 면역은 B세포가 항체를 생산하여 항원을 중화시키는 반응이며, 세포성 면역은 T세포가 감염세포를 직접 공격하거나 면역 반응을 조절한다. NK세포와 대식세포는 선천면역과 후천면역의 연결고리 역할을 한다.

면역계통은 또한 백신을 통한 면역화(immunization)로 강화될 수 있으며, 이는 능동면역을 인위적으로 유도하는 방법이다. 반대로 모체에서 태아로 전달되거나 항체를 직접 투여받아 형성되는 경우는 수동면역에 해당한다.

이처럼 면역계통은 병원체 방어, 종양 감시, 손상 조직 회복 등 신체 항상성을 유지하는 데 핵심적인 역할을 담당한다.

림프 및 면역계통의 증상, 질병, 진단, 치료 관련 용어

증상과 관련된 용어

의학용어	용어 성분	한글용어	뜻
edema [이디마]	edema = 부종	부종	조직에 체액이 과다하게 축적된 상태
lymphadenopathy [림프아데노패씨]	lymph/o = 림프 + aden/o = 림프절 + -pathy = 질병	림프절병증	림프절이 비정상적으로 커진 상태
lymphedema [림프이디마]	lymph/o = 림프 + edema = 부종	림프부종	림프액의 흐름 장애로 인한 부종
splenomegaly [스플레노메갈리]	splen/o = 비장 + -megaly = 비대	비장비대	비장이 비정상적으로 커진 상태

질환을 설명하는 용어

의학용어	용어 성분	한글용어	뜻
lymphoma [림포마]	lymph/o = 림프 + -oma = 종양	림프종	림프조직에서 발생하는 악성 종양
Hodgkin's disease [하지킨스 디지즈]	(고유명사)	호지킨 림프종	특정 Reed-Sternberg 세포가 관찰되는 림프종
non-Hodgkin's lymphoma [논 하지킨스 림포마]	lymph/o = 림프 + -oma = 종양	비호지킨 림프종	호지킨 림프종을 제외한 모든 림프종
thymoma [싸이모마]	thym/o = 흉선 + -oma = 종양	흉선종양	흉선에서 발생하는 종양, 종종 중증근무력증과 연관
tonsillitis [탄실라이터스]	tonsill/o = 편도 + -itis = 염증	편도염	편도 조직의 염증
splenitis [스플리나이티스]	splen/o = 비장 + -itis = 염증	비장염	비장의 염증

진단검사와 관련된 용어

의학용어	용어 성분	한글용어	뜻
lymphangiography [림프엔지오그래피]	lymph/o = 림프 + angi/o = 혈관, 림프관 + -graphy = 조영/기록	림프관 조영술	조영제를 주입하여 림프관 구조를 영상으로 확인
lymph node biopsy [림프 노드 바이옵시]	lymph/o = 림프 + node = 림프절 + biopsy = 생검	림프절 생검	림프절 일부를 절제하여 현미경으로 관찰

치료와 처치 관련 용어

의학용어	용어 성분	한글용어	뜻
lymphadenectomy [림프아데넥토미]	lymph/o = 림프 + aden/o = 림프절 + -ectomy = 절제술	림프절 절제술	암 전이 등을 막기 위해 림프절을 절제하는 수술
splenectomy [스플리넥토미]	splen/o = 비장 + -ectomy = 절제술	비장 절제술	손상·질환으로 비장을 외과적으로 제거
thymectomy [싸이멕토미]	thym/o = 흉선 + -ectomy = 절제술	흉선 절제술	흉선을 외과적으로 절제, 중증근무력증 치료에 사용
tonsillectomy [탄실렉토미]	tonsill/o = 편도 + -ectomy = 절제술	편도 절제술	반복적 편도염, 편도비대로 인한 수술
immunotherapy [이뮤노테라피]	immun/o = 면역 + -therapy = 치료	면역치료	면역 반응을 강화·억제하여 질환 치료
vaccination [백시네이션]	vaccin/o = 백신 + -ation = 과정	예방접종	항원을 투여하여 면역 획득

Ch 5. 소화기계통 의학용어

소화기계통 훑어보기

정의 및 기능

소화기계통(gastrointestinal system)은 구강-인두-식도-위-소장-대장-직장-항문까지 이어지는 소화관과 간, 담낭, 췌장 같은 부속기관으로 이루어져 있으며, 음식물을 섭취하고 분해하여 우리 몸이 활용할 수 있도록 하는 기관이다. 단순히 먹고 배설하는 기능을 넘어, 영양소의 흡수와 대사, 해독, 면역 방어까지 담당한다.

음식은 먼저 구강에서 잘게 부수어지고 침과 섞여 삼키기 쉬운 형태로 만들어진다. 위에서는 위산과 소화효소가 분비되어 단백질을 분해하고, 이어서 소장에서는 췌장효소와 담즙이 작용하여 단백질, 탄수화물, 지방을 각각 아미노산, 단당류, 지방산으로 분해한다. 이렇게 분해된 영양소는 소장의 융모를 통해 흡수되어 혈액과 림프를 따라 전신으로 운반된다. 대장은 수분과 전해질을 흡수해 체액 균형을 유지하고, 남은 찌꺼기는 대변으로 만들어 배출한다.

이 과정에서 간, 담낭, 췌장은 보조적인 소화기관으로 중요한 역할을 한다. 간(liver)은 영양소를 저장하고 필요에 따라 공급하며, 포도당을 글리코겐으로 저장하거나 다시 분해해 혈당을 조절한다. 또한 단백질 대사와 해독 작용을 통해 몸에 해로운 물질을 처리하고, 지방 소화에 필요한 담즙을 생성한다. 담낭(gallbladder)은 간에서 만들어진 담즙을 저장하고 농축했다가 필요할 때 십이지장으로 분비하여 지방을 유화시켜 소화와 흡수를 돕는다. 췌장(pancreas)은 소화효소를 분비해 탄수화물, 단백질, 지방의 화학적 분해를 촉진할 뿐 아니라, 인슐린과 글루카곤 같은 호르몬을 분비해 혈당을 조절하는 내분비 기능도 함께 수행한다. 이와 같이 소화기계통은 음식물의 섭취, 소화, 흡수, 대사와 해독, 배설로 이어지는 전 과정을 담당하며, 우리 몸이 살아가고 성장하는 데 필요한 에너지와 영양을 제공하는 중요 기관이라 할 수 있다.

중요 용어

상부소화기관을 구성하는 주요 용어

의학용어	용어 성분	한글용어	뜻
oral cavity [오럴 캐비티]	–	구강	음식물이 처음 들어와 잘리고 부수어지며, 침과 섞이는 공간
lip [립]	–	입술	구강의 개폐 조절, 음식 보유와 발음 기능
cheek [칙]	–	볼	음식물을 구강 내에서 유지하고 저작을 보조
teeth [티쓰]	–	치아	음식물을 절단·분쇄·분해하는 기관 (절치·견치·소구치·대구치로 구분)
gingiva [진지바]	–	잇몸	치아를 지지하고 둘러싸는 연조직
tongue [텅]	–	혀	미각 감지, 음식물 조작, 연하 작용 시작
hard palate [하드 팰릿]	palat/o = 입천장	경구개	구강과 비강을 나누는 단단한 구조, 음식물 압착에 기여
soft palate [소프트 팰릿]	palat/o = 입천장	연구개	연하 시 비강 통로를 막아 음식물이 역류하지 않도록 함
salivary gland [샐리버리 글렌드]	sial/o = 침 + gland = 샘	타액선	침을 분비하여 소화의 시작(아밀레이스 분비)과 윤활 작용 수행
parotid gland [퍼로팃 글랜드]	parot/o = 귀 근처	이하선	가장 큰 침샘, 귀 앞쪽에 위치
submandibular gland [섭맨디뷰러 글랜드]	sub- = 아래 + mandibul/o = 하악	악하선	턱 아래에 위치, 점액·소화효소 분비
sublingual gland [섭링궐 글랜드]	sub- = 아래 + lingu/o = 혀	설하선	혀 밑에 위치, 점액성 타액 분비
pharynx [페어링(크)스]	pharyng/o = 인두	인두	구강 뒤쪽, 음식물과 공기가 통과하는 길목
oropharynx [오로페어링(크)스]	or/o = 입 + pharyng/o = 인두	구인두	구강과 연결되는 인두 부분

의학용어	용어 성분	한글용어	뜻
laryngopharynx [러링고페어 링크스]	laryng/o = 후두 + pharyng/o = 인두	후두인두	후두와 식도 입구에 연결되는 부위
epiglottis [에피글로티스]	epi- = 위 + glottis = 성문	후두개	연하 시 기도를 닫아 음식물이 기도로 들어가지 않게 하는 구조
esophagus [이소파거스]	esophag/o = 식도	식도	인두와 위를 연결하는 근육성 관, 연동운동으로 음식물 수송
upper esophageal sphincter [어퍼 이소파지얼 스핑크터]	sphincter = 괄약근	상부식도 괄약근	인두와 식도의 경계, 음식물 유입 조절
lower esophageal sphincter [로어 이소파지얼 스핑크터]	sphincter = 괄약근	하부식도 괄약근	식도와 위 사이, 역류 방지
peristalsis [페리스탈시스]	peri- = 주변 + -stalsis = 수축	연동운동	식도 근육의 수축·이완으로 음식물을 아래로 이동시키는 운동
stomach [스터멕]	–	위	음식물을 저장·혼합·산성 소화 시작
fundus [펀더스]	–	위저부	위의 상부, 음식물 저장
body [바디]	–	위체부	위의 중간부, 주 소화 작용
antrum [앤트럼]	–	위전정부	위의 하부, 연동운동 활발, 유미즙 형성
rugae [루지]	–	위주름	위가 팽창할 때 펼쳐지는 점막 주름
chyme [카임]	–	유미즙	위에서 부분 소화된 반유동 음식물
pyloric sphincter [파일로릭 스핑크터]	pylor/o = 유문 + sphincter = 괄약근	유문 괄약근	위에서 소장(십이지장)으로 음식물 배출을 조절

하부소화기관을 구성하는 주요 용어

의학용어	용어 성분	한글용어	뜻
duodenum [듀오디넘]	duoden/o = 십이지장	십이지장	위에서 소장으로 연결되는 첫 부분, 담즙·췌액과 섞여 소화 시작
jejunum [제주넘]	jejun/o = 공장	공장	소장의 중간 부분, 영양분 흡수의 주된 장소
ileum [일리엄]	ile/o = 회장	회장	소장의 마지막 부분, 대장과 연결
cecum [시컴]	cec/o = 맹장	맹장	소장의 끝과 대장의 시작 부분, 충수(appendix)가 붙음
appendix [어펜딕스]	appendic/o = 충수, 막창자꼬리	충수	맹장에 붙어 있는 소기관, 염증 시 충수염 발생
ascending colon [어센딩 콜론]	col/o = 결장 + ascend = 오르다	상행결장	맹장에서 위쪽으로 이어지는 대장 부분
transverse colon [트랜스버스 콜론]	col/o = 결장 + trans- = 가로	횡행결장	대장을 가로지르는 부분
descending colon [디센딩 콜론]	col/o = 결장 + descend = 내려가다	하행결장	횡행결장에서 내려가는 대장 부분
sigmoid colon [시그모이드 콜론]	sigmoid/o = 구불결장	구불결장	S자 모양으로 직장과 연결되는 대장 부분
rectum [렉텀]	rect/o = 직장	직장	대장의 끝 부분, 대변 저장
anus [에이너스]	an/o = 항문	항문	대변이 체외로 배출되는 출구
anal sphincter [애널 스핑크터]	an/o = 항문 + sphincter = 괄약근	항문 괄약근	항문을 여닫아 배변 조절

보조소화기관(간, 담낭, 췌장)을 구성하는 주요 용어

의학용어	용어 성분	한글용어	뜻
liver [리버]	hepat/o = 간	간	소화, 대사, 해독, 담즙 생성 담당

의학용어	용어 성분	한글용어	뜻
hepatic duct [헤패틱 덕트]	hepat/o = 간 + duct = 관	간관	간에서 담즙을 운반하는 관
gallbladder [골블래더]	cholecyst/o = 담낭, 쓸개	담낭	간에서 생성된 담즙을 저장·농축
cystic duct [씨스틱 덕트]	cyst/o = 주머니 + duct = 관	담낭관	담낭과 총담관을 연결
common bile duct(CBD) [커먼 바일 덕트]	chol/e = 담즙 + doch/o = 관	총담관	간관과 담낭관이 합쳐져 십이지장으로 이어지는 관
bile [바일]	chol/e = 담즙	담즙	지방 소화를 돕는 소화액
pancreas [팽크리아스]	pancreat/o = 췌장	췌장	소화효소와 인슐린·글루카곤 같은 호르몬 분비
pancreatic duct [팽크리아틱 덕트]	pancreat/o = 췌장 + duct = 관	췌관	췌장에서 분비된 소화효소가 십이지장으로 배출되는 통로
pancreatic enzyme [팽크리아틱 엔자임]	pancreat/o = 췌장 + enzyme = 효소	췌장 효소	아밀레이스·리파아제·트립신 등, 단백질·지방·탄수화물 소화
emulsification [이멀시피케이션]	emulsify = 유화하다	유화작용	담즙이 지방을 잘게 쪼개 소화효소 작용을 돕는 과정

용어 성분

소화기계통에서 흔히 사용되는 용어 성분과 그 예시는 다음과 같다.

용어 성분(접두어)	
an/o	항문 예) anal 항문의
appendic/o append/o	막창자꼬리, 충수 예) appendectomy 충수절제술
bar/o	무게 예) bariatrics 비만치료학
bucc/o	볼, 뺨 예) buccal 볼의

(계속)

용어 성분(접두어)	
cheil/o, labi/o	입술 예) cheiloplasty 구순성형술
chol/e	담즙 예) cholelithiasis 담석증
cholecyst/o	담낭 예) cholecystitis 담낭염
choledoch/o	총담관 예) choledochotomy 총담관절개술
cirrh/o	황색 예) cirrhosis 간경화
col/o, colon/o	결장 예) colitis 결장염
dent/o, odont/o	치아 예) orthodontics 치과교정학
duoden/o	십이지장 예) duodenoscopy 십이지장내시경
enter/o	소장 예) enteritis 소장염
esophag/o	식도 예) esophagitis 식도염
gastr/o	위 예) gastrectomy 위절제술
gingiv/o	잇몸 예) gingivitis 치은염
gloss/o, lingu/o	혀 예) glossitis 혀염
hepat/o	간 예) hepatitis 간염
ile/o	회장 예) ileostomy 회장루술
jejun/o	공장 예) jejunostomy 공장루술
lapar/o	배, 복부 예) laparoscopy 복강경
or/o	입, 구강 예) oral 구강의
stomat/o	입, 구강 예) stomatitis 구내염
pancreat/o	췌장 예) pancreatitis 췌장염
pharyng/o	인두 예) pharyngitis 인두염
proct/o, rect/o	직장, 곧창자 예) proctology 직장학
pylor/o	유문, 날문 예) pyloroplasty 유문성형술
sialaden/o	타액선 예) sialadenitis 침샘염
sigmoid/o	구불결장 예) sigmoidoscopy 구불창자내시경
uvul/o	구개수, 목젖 예) uvulectomy 구개수절제술
ventr/o, abdomin/o	복부 예) abdominocentesis 복강천자술

용어 성분(접두어)	
a-, an-	없는, 결핍 예) anorexia 식욕부진
anti-	반대, 억제 예) antacid 제산제
brady-	느린 예) bradyphagia 느린 삼킴
dys-	나쁜, 비정상 예) dyspepsia 소화불량
endo-	내부, 안쪽 예) endoscopy 내시경
epi-	~위에 예) epigastric 상복부
hyper-	과다, 과도 예) hyperemesis 과도한 구토
hypo-	부족, 낮은 예) hypoglossal 설하의
intra-	내부의 예) intraabdominal 복강내
peri-	주위 예) perioral 구강 주위
poly-	많은 예) polyphagia 다식증
post-	이후 예) postprandial 식후
retro-	뒤쪽 예) retroperitoneal 후복막의
sub-	아래 예) sublingual 설하의
trans-	가로질러 예) transhepatic 간을 통한

용어 성분(접미어)	
-algia	통증 예) gastralgia 위통증
-centesis	체액을 제거하는 외과적 천자 예) paracentesis 복수천자
-ectomy	절제 예) appendectomy 충수절제술
-emesis	구토 예) hyperemesis 과다구토
-graph	기록하는 기구 예) sonograph 초음파기록장치
-graphy	기록법 예) radiography 방사선촬영법
-iasis	비정상 상태, 질환 예) cholelithiasis 담석증
-ic, al	~의, 관련된 예) gastric 위의, buccal 볼의
-logy	학문, 연구 예) gastroenterology 위장관학
-oma	종양 예) carcinoma 암종

(계속)

용어 성분(접미어)	
-or	~하는 사람, 작용자 예) doctor 의사
-orexia	식욕 예) anorexia 식욕부진
-osis	비정상 상태 예) cirrhosis 간경화증
-ostomy	개구술, 조루술 예) colostomy 결장루술
-otomy	절개 예) laparotomy 개복술
-pepsia	소화 예) dyspepsia 소화불량
-phagia	먹음, 삼킴 예) dysphagia 연하곤란
-plasty	외과적 성형 예) rhinoplasty 코성형술
-ptosis	처짐, 하수 예) gastroptosis 위하수
-rrhea	분비, 유출 예) diarrhea 설사
-rrhagia	출혈 예) gastrorrhagia 위출혈
-rrhexis	파열 예) angiorrhexis 혈관파열
-rrhaphy	봉합 예) herniorrhaphy 탈장봉합술
-scope	시각적 검사기구 예) endoscope 내시경
-scopy	시각적 검사법 예) endoscopy 내시경검사
-stomy	구멍을 내는 수술 예) gastrostomy 위루술
-tic	~의, 관련된 예) hepatic 간의
-tripsy	외과적 분쇄 예) lithotripsy 결석분쇄술

그림으로 살펴본 소화기계통

치아의 해부학적 구조

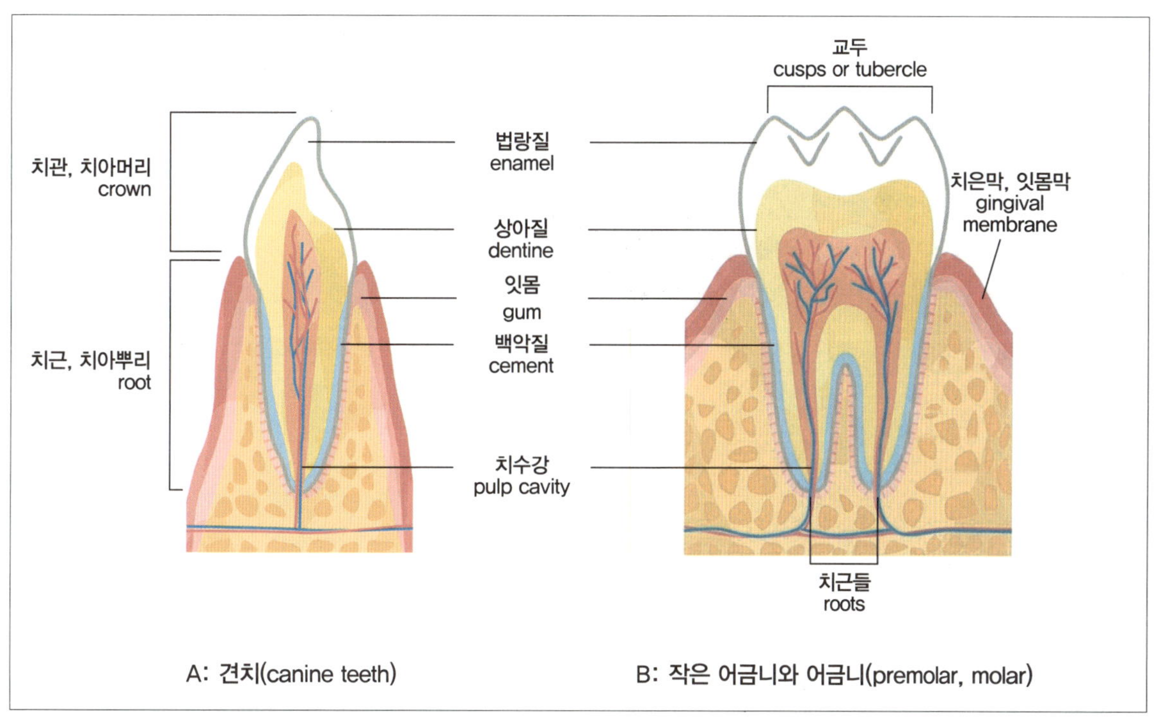

A: 견치(canine teeth)　　B: 작은 어금니와 어금니(premolar, molar)

치아의 단면

crown [크라운]: 치관, 치아머리
root [루트]: 치근, 치아뿌리
enamel [이네멀]: 법랑질(치아의 단단하고 흰 외피층)
dentine [덴틴]: 상아질(치아의 주요 부분을 형성하는 층)
gum [검]: 잇몸
cement [세멘트]: 백악질(치근을 잇몸 속에 고정)
pulp cavity [펄프 캐비티]: 치수강(혈관과 신경섬유가 포함된 공간)
cusps or tubercle [커스프스 / 튜버클]: 교두(치아 표면의 돌기)
gingival membrane [진지벌 맴브레인]: 치은막, 잇몸막
roots [루츠]: 치근들(복수, 뿌리 여러 개 있는 경우)

A: 송곳니(견치, canine teeth [캐나인 티스])
B: 작은 어금니와 어금니(premolar [프리몰라], molar [몰라])

개의 구강 및 인두 구조

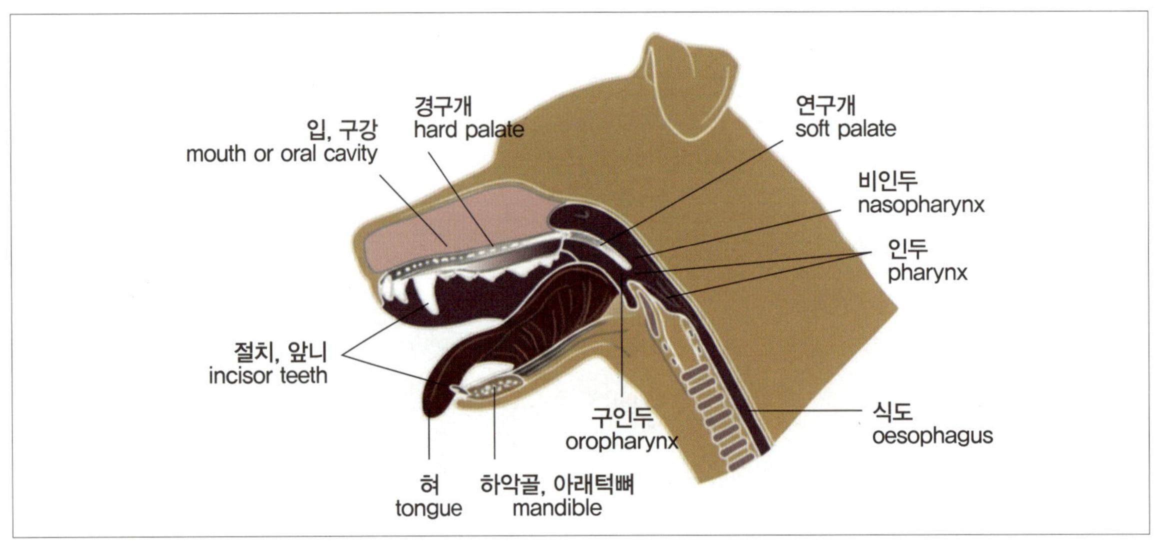

구강 및 인두의 모식도

hard palate [하드 팰리트]: 경구개
mouth or oral cavity [마우스 / 오럴 캐비티]: 입, 구강
soft palate [소프트 팰리트]: 연구개
nasopharynx [내이소페링스]: 비인두
pharynx [페링스]: 인두
esophagus [이소파거스]: 식도
incisor teeth [인사이저 티스]: 절치, 앞니
tongue [텅]: 혀
mandible [맨디블]: 하악골, 아래턱뼈
oropharynx [오로페링스]: 구인두

개의 침샘(salivary gland) 구조

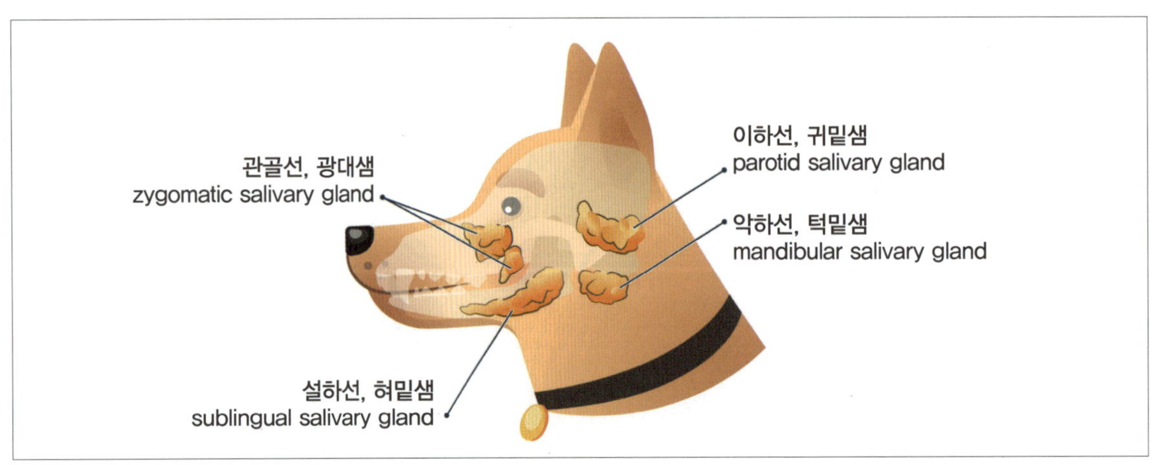

주요 침샘 모식도

zygomatic salivary gland [자이고매틱 샐리버리글랜드]: 관골선, 광대샘
parotid salivary gland [패로티드 샐리버리글랜드]: 이하선, 귀밑샘
sublingual salivary gland [섭링궐 샐리버리글랜드]: 설하선, 혀밑샘
mandibular salivary gland [맨디뷰러 샐리버리글랜드]: 악하선, 턱밑샘

소화관

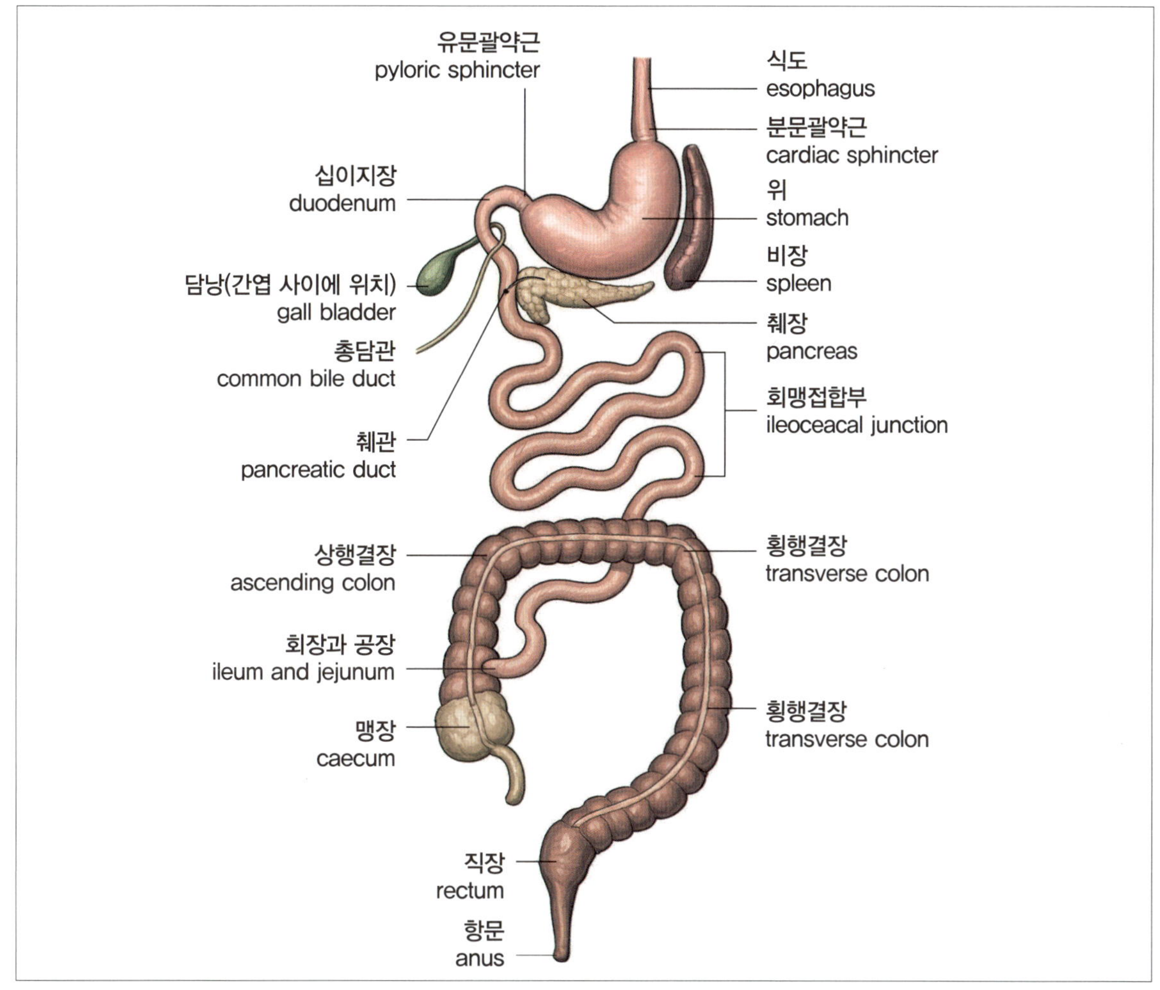

소화기관 모식도

esophagus [이소퍼거스]: 식도
cardiac sphincter [카디악 스핑크터]: 분문괄약근
stomach [스터멕]: 위
pyloric sphincter [파일로릭 스핑크터]: 유문괄약근
duodenum [듀오디넘]: 십이지장
ileum and jejunum [일리엄 앤 제주넘]: 회장과 공장
caecum [시큼]: 맹장
ileoceacal junction [일리오시컬 정크션]: 회맹접합부
ascending colon [어센딩 콜론]: 상행결장
transverse colon [트랜스버스 콜론]: 횡행결장
descending colon [디센딩 콜론]: 하행결장
rectum [렉텀]: 직장
anus [에이너스]: 항문

부속 소화기관

gall bladder [갤 블래더]: 담낭(간엽 사이에 위치)
common bile duct [커먼 바일 덕트]: 총담관
pancreas [팽크리어스]: 췌장
pancreatic duct [팽크리애틱 덕트]: 췌관
spleen [스플린]: 비장

소화기계통의 해부생리

소화기계통은 음식물이 입에서 항문까지 이동하면서 기계적, 화학적 과정을 거쳐 영양소를 흡수하고 노폐물을 배설한다.

구강-인두-식도

음식은 구강에서 치아와 혀에 의해 잘게 부수어지고, 타액선에서 분비되는 침(아밀레이스, 점액)과 섞여 삼키기 좋은 형태로 만든다. 연하가 시작되면 후두개(epiglottis)가 기도를 닫아 음식물이 기도로 들어가는 것을 막고, 식도를 따라 연동운동(peristalsis)으로 위까지 이동한다.

위

위는 음식물을 일시적으로 저장하고, 위산(HCl)과 펩신을 분비하여 단백질 소화를 시작한다. 음식물은 위벽의 운동에 의해 혼합되어 반유동 상태의 유미즙(chyme)으로 변한다. 위의 아래에 있는 유문괄약근(pyloric sphincter)을 통하여 소량씩 십이지장으로 배출된다.

소장(십이지장-공장-회장)

십이지장은 소화효소와 담즙이 합류하는 중요한 부위이다. 췌장에서 분비된 아밀레이스, 리파아제, 프로테아제가 탄수화물 · 지질 · 단백질을 분해하고, 간에서 생성되어 담낭에 저장된 담즙은 지방을 유화하여 소장에서의 흡수를 돕는다.

공장과 회장에서는 흡수가 본격적으로 이루어진다. 소장 내부의 융모(villi)와 미세융모(microvilli)가 표면적을 넓혀, 포도당 · 아미노산 · 지방산 · 비타민 · 전해질을 효율적으로 흡수한다.

대장(맹장-결장-직장)

소장에서 흡수되지 않은 잔사는 대장으로 이동한다. 대장은 수분과 전해질을 재흡수하여 체액 균형을 유지하고, 장내 세균이 남은 물질을 발효시켜 일부 비타민(K, B군 등)을 합성한다. 내용물은 점차 고형화되어 대변(feces)이 된다. 직장에 대변이 저장되면 배변 반사가 일어나고, 내·외항문괄약근의 협력 작용을 통해 항문을 통해 배출된다.

보조 소화기관의 역할

- 간(liver): 소화 후 흡수된 영양소를 가공하고 필요할 때 저장된 형태로 공급하며, 체내에 들어온 약물이나 독성 물질을 해독하는 역할을 한다. 또한 지방 소화에 필요한 담즙을 만들어내는 기관이기도 하다.
- 담낭(gallbladder): 간에서 생성된 담즙을 일시적으로 저장하고 농축하였다가, 음식물이 십이지장에 도달했을 때 분비하여 지방을 유화시킴으로써 소화와 흡수를 원활하게 돕는다.
- 췌장(pancreas): 외분비 기능으로는 아밀레이스, 리파아제, 단백질 분해효소와 함께 중탄산을 분비하여 탄수화물, 지방, 단백질의 소화를 촉진하고 위산을 중화한다.

소화기계통의 증상, 질병, 진단, 치료 관련 용어

증상관련 용어

의학용어	용어 성분	한글용어	뜻
diarrhea [다이어리어]	dia-(흐르다) + -rrhea(배출)	설사	대변의 횟수가 많거나 수분이 많아 묽게 나오는 상태
dysorexia [디소렉시아]	dys-(비정상) + orexia(식욕)	식욕이상	식욕이 비정상적으로 증가하거나 감소하는 상태
dyspepsia [디스펩시아]	dys-(비정상) + pepsia(소화)	소화불량	소화 장애, 속쓰림, 복부 불편감 동반
dysphagia [디스페이자]	dys-(비정상) + phagia(삼킴)	연하곤란	음식을 삼키기 어려운 상태
emesis [에메시스]	em-(vomit) + -esis(과정)	구토	위 내용물이 입을 통해 배출되는 현상
gastralgia [개스트랄지아]	gastr(o)-(위의) + -algia(통증)	위통	위 부위의 통증
hematemeis [헤마테메시스]	hemat(o)-(혈액) + -emesis(구토)	토혈	상부 위장관 출혈로 인해 혈액을 토하는 상태
hematochezia [헤마토키지아]	hemat(o)-(혈액) + -chezia(배설)	혈변	선혈이 섞이거나 선혈 자체가 배출되는 변, 주로 하부 위장관 출혈을 시사
hyperemesis [하이퍼레메시스]	hyper-(과도) + -emesis(구토)	과도한 구토	지속적이고 심한 구토로 탈수·전해질 불균형을 유발할 수 있는 상태

(계속)

의학용어	용어 성분	한글용어	뜻
jaundice [존디스]	jaund-(노랗다) + -ice(상태)	황달	혈중 빌리루빈 증가로 인해 피부, 공막, 점막이 노랗게 변하는 상태
melena [멀리나]	mel-(검다) + -ena(결과)	흑색변	상부 위장관 출혈로 인해 혈액이 소화되어 검고 타르 같은 변이 나오는 상태
nausea [노지아]	nausea(구역질)	오심·구역	메스꺼움(구토를 해야 할 것 같은 불쾌한 기분)
obesity [오비시티]	ob-(과도) + -esity(상태)	비만	체지방이 과도하게 축적되어 건강 위험이 증가한 상태
polyphagia [폴리페이자]	poly-(많은) + phagia(먹다)	다식	정상보다 음식 섭취 욕구가 과도하게 증가한 상태
postprandial [포스트프랜디얼]	post-(이후) + prandial (식사와 관련된)	식후	식사 후 일정 시간 동안의 상태를 지칭
pyrosis [파이로시스]	pyr-(불) + -osis(상태)	가슴쓰림	위산 역류로 인한 흉부 작열감, 통증
regurgitation [리거지테이션]	re-(다시) + gurgit-(흐르다) + -ation(과정)	역류	내용물이 정상적인 진행 방향과 반대로 되돌아오는 현상(구토와 달리 복압 상승 없이 수동적으로 역류하는 경우가 많음)
gingivitis [진지바이티스]	gingiv(o)-(잇몸) + -itis (염증)	치은염	잇몸의 염증
herpes labialis [허피스 라비알리스]	herpes(단순포진) + labialis(입술)	입술포진	단순포진바이러스 감염으로 인한 발진
periodontal disease [페리오돈털 디지즈]	periodont-(치주) + -al(관련된)	치주질환	잇몸과 치아 주위 조직의 염증성 질환
gastric carcinoma [개스트릭 칼시노마]	gastr(o)-(위의) + -carcinoma(암종)	위암	위에 발생하는 악성 종양
gastritis [개스트라이티스]	gastr(o)-(위의) + -itis(염증)	위염	위 점막의 염증

의학용어	용어 성분	한글용어	뜻
gastroenteritis [개스트로 엔터라이티스]	gastr(o)-(위의) + enter(o)-(소장) + -itis(염증)	위장염	위와 소장의 염증(주로 바이러스·세균 감염)
constipation [컨스티페이션]	con-(함께) + stip-(눌리다) + -ation(과정)	변비	대변이 잘 배출되지 않는 상태
ascites [어사이츠]	ascit-(물, 액체) + -es(상태)	복수	복강 내에 체액이 비정상적으로 축적
cholecystalgia [콜레시스탤지아]	cholecyst(o)-(담낭) + -algia(통증)	담낭통	담낭 부위의 통증

진단 및 검사 관련 주요 용어

의학용어	용어 성분	한글용어	뜻
endoscopy [엔도스코피]	endo-(내부) + -scopy(검사)	내시경	카메라 장비로 위·장 내부를 관찰하는 검사
colonoscopy [코로노스코피]	colon(o)-(대장) + -scopy(검사)	대장 내시경	대장의 병변을 확인하는 검사
biopsy [바이옵시]	bio-(생명) + -opsy(검사)	생검	조직을 채취해 현미경으로 검사
barium enema [바리움 에니마]	barium(바륨) + enema(관장)	바륨 관장 검사	조영제를 이용한 대장 방사선 검사

치료와 관련된 주요 용어

의학용어	용어 성분	한글용어	뜻
antacid [앤타시드]	anti-(반대) + acid(산)	제산제	위산을 중화해 속쓰림 완화
proton pump inhibitor [프로톤 펌프 이니비터]	proton(양성자) + pump(펌프) + inhibitor(억제제)	위산분비 억제제	위산 생성을 억제해 GERD, 위궤양 치료

(계속)

의학용어	용어 성분	한글용어	뜻
laxative [랙서티브]	lax(완화) + -ative (형용사형 접미어)	설사제	변비 치료제로 대변 배출 촉진
antiemetic [앤티에메틱]	anti-(반대) + emetic (구토를 유발하는)	구토억제제	오심·구토 완화
cholecystectomy [콜레시스텍토미]	chole-(담즙) + cyst(낭) + -ectomy(절제술)	담낭절제술	담석증이나 담낭염 치료를 위해 담낭 제거

Ch 6. 호흡기계통 의학용어

호흡기계통 훑어보기

정의 및 기능

호흡기계통(respiratory system)은 동물의 몸에서 공기를 받아들이고 여과하며, 산소(oxygen)와 이산화탄소(carbon dioxide)의 교환을 담당하는 기관들을 말한다. 호흡기계통은 크게 상부 호흡기(upper respiratory tract)와 하부 호흡기(lower respiratory tract)로 나눌 수 있다.

- **상부 호흡기:** 비강(nasal cavity), 인두(pharynx), 후두(larynx)
- **하부 호흡기:** 기관(trachea), 기관지(bronchi), 세기관지(bronchiole), 폐포(alveoli), 폐(lung), 흉막강(pleural cavity)

이들 기관은 각각 공기 여과, 발성, 가스 교환, 폐 보호 등 다양한 기능을 수행하며, 생명 유지에 필수적인 역할을 한다.

- **비강(nasal cavity):** 외부 공기가 처음 통과하는 부위로, 점막과 섬모를 통해 공기를 따뜻하고 습하게 하며 먼지와 병원체를 걸러낸다. 후각 수용체가 있어 냄새를 감지하고, 부비동(sinus)과 연결되어 점액 배출 통로를 제공한다.
- **인두(pharynx):** 비강·구강과 후두가 연결되는 근육성 통로로, 공기를 후두로 전달하고 음식은 식도로 유도한다. 편도선(tonsil)이 위치해 면역 방어 역할을 한다.
- **후두(larynx):** 인두와 기도를 연결하는 구조물로, 성대(vocal cords)가 있어 발성을 담당한다. 후두덮개(epiglottis)는 음식물이 기도로 들어가는 것을 막아 기도를 보호한다.
- **기관(trachea):** 후두와 기관지를 연결하는 관으로, C자형 연골로 이루어져 기도의 개방성을 유지한다.
- **기관지(bronchi):** 기관에서 좌우 폐로 나뉘며, 점차 세기관지로 분지된다.
- **세기관지(bronchiole):** 연골이 없고 평활근으로 이루어져 있으며, 폐포로 공기를 전달한다.
- **폐포(alveoli):** 폐의 가장 작은 단위로, 얇은 벽을 통해 산소와 이산화탄소의 교환이 이루어진다.
- **폐(lung):** 좌우로 나뉘며 여러 폐엽(lobes)으로 구성되어 가스 교환의 중심 역할을 한다.
- **흉막강(pleural cavity):** 흉벽과 폐 사이의 공간으로, 소량의 액체가 존재해 호흡 시 마찰을 줄이고 원활한 폐의 움직임을 돕는다.

중요 용어

상부 호흡기	
nasal cavity	비강
sinus	부비동
pharynx	인두
larynx	후두
tonsil	편도선
epiglottis	후두덮개

하부 호흡기	
trachea	기관
bronchi	기관지
bronchiole	세기관지
alveoli	폐포
lung	허파(폐)
pleural cavity	흉막강

용어 성분

용어 성분(접두어)	
pneum(o)-, pneumon(o)-	폐, 공기 예) pneumonia 폐렴
bronch(o)-	기관지 예) bronchitis 기관지염
laryng(o)-	후두 예) laryngitis 후두염
trache(o)-	기관 예) tracheotomy 기관절개술
rhino-	코, 비강 예) rhinitis 비염
ox(i)-	산소 예) hypoxia 저산소증

용어 성분(연결어)	
alveol(o)-	폐포 예) alveolitis 폐포염

용어 성분(연결어)	
capn(o)-	이산화탄소 예) capnography 이산화탄소 측정
spir(o)-	호흡 예) spirometry 폐활량 측정

용어 성분(접미어)	
-pnea	호흡 예) dyspnea 호흡곤란
-oxia	산소 상태 예) hypoxia 저산소증
-capnia	이산화탄소 상태 예) hypercapnia 고탄산혈증
-itis	염증 예) bronchitis 기관지염
-ectomy	절제 예) lobectomy 폐엽절제술
-plasty	성형, 재건 예) rhinoplasty 비성형술
-stomy	창냄, 개구술 예) tracheostomy 기관개구술

그림으로 살펴본 호흡기계통

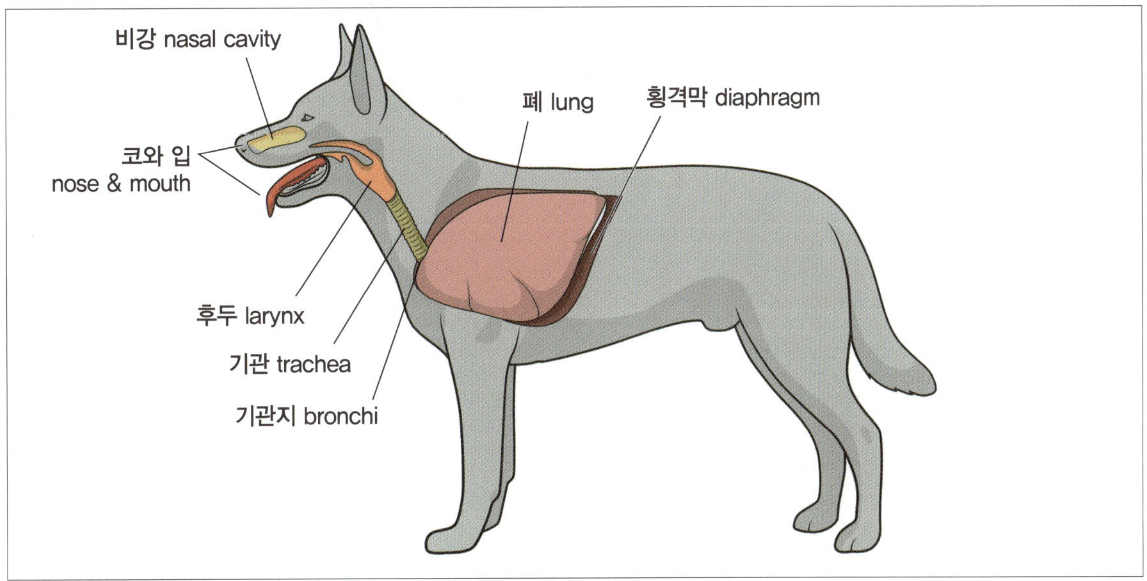

nasal cavity [네이절 캐비티]: 비강
nose & mouth [노우즈 앤드 마우스]: 코와 입
larynx [래링스]: 후두
lung [렁]: 폐
trachea [트레이키아]: 기관
bronchi [브롱카이]: 기관지
diaphragm [다이어프램]: 횡격막

폐의 구조

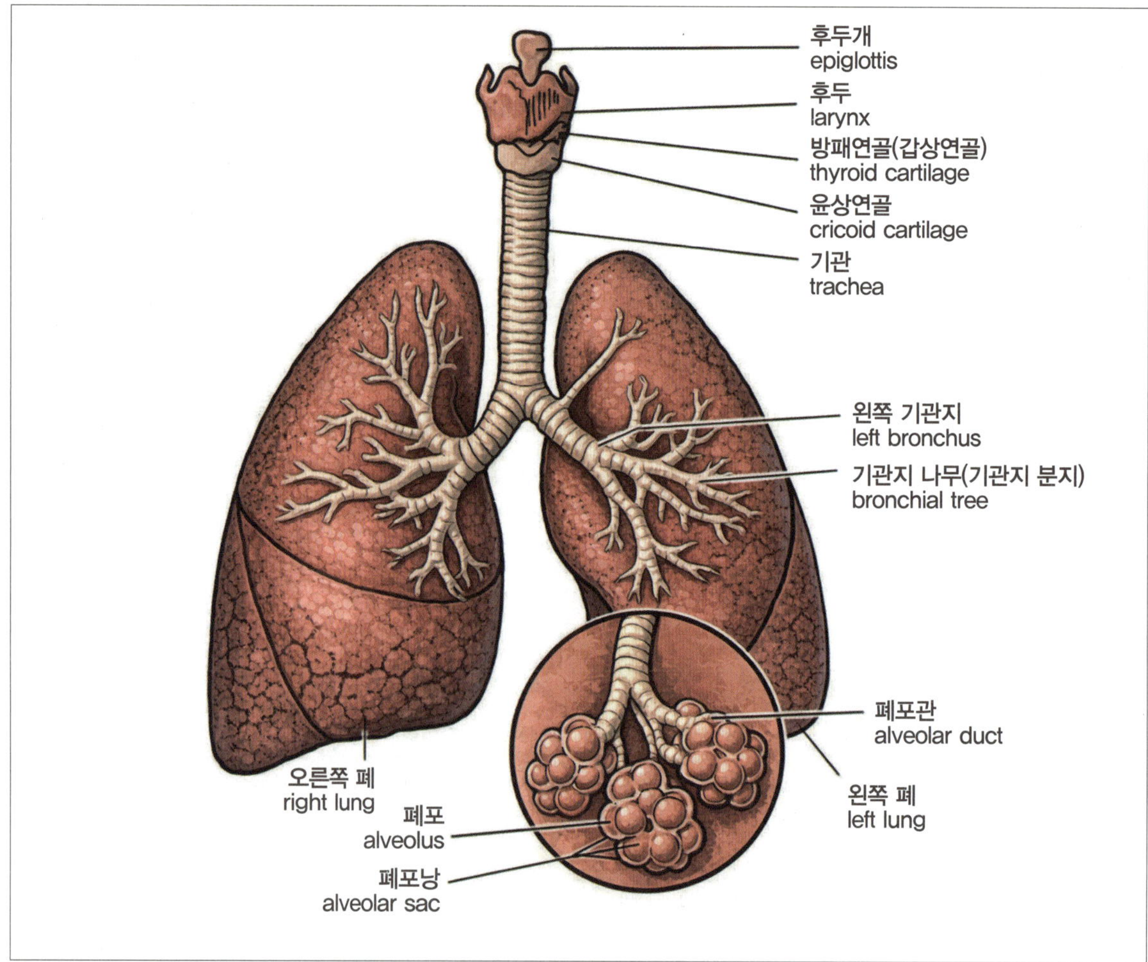

epiglottis [에피글라티스]: 후두개
larynx [래링크스]: 후두
thyroid cartilage [싸이로이드 카틸리지]: 방패연골(갑상연골)
cricoid cartilage [크라이코이드 카틸리지]: 윤상연골
trachea [트레이키아]: 기관
left bronchus [레프트 브롱커스]: 왼쪽 기관지
bronchial tree [브롱키얼 트리]: 기관지 나무(기관지 분지)
right lung [라이트 렁]: 오른쪽 폐
left lung [레프트 렁]: 왼쪽 폐
alveolus [앨비올러스]: 폐포
alveolar sac [앨비올러 색]: 폐포낭
alveolar duct [앨비올러 덕트]: 폐포관

호흡기계통 해부생리학

비강(nasal cavity)은 호흡기의 상부에 위치하며, 외부에서 들어오는 공기가 가장 먼저 지나가는 주요 통로이다. 공기는 콧구멍을 통해 비강으로 들어가고, 이곳에서 공기는 따뜻해지고 습기가 더해지며, 먼지나 병원균이 걸러진다. 비강 내부는 점막으로 덮여 있어 공기의 온도와 습도를 조절하며, 후각 수용체가 있어 냄새를 감지하는 기능도 한다. 또한 비강은 부비동(sinus)과 연결되어 있어 부비동에서 생성된 점액이 비강을 통해 배출된다. 부비동은 비강과 연결된 공기주머니로, 주로 두개골의 무게를 감소시키고, 비강 내의 점액 배출을 돕는다. 부비동에는 여러 종류가 있으며, 염증이 생기면 부비동염을 일으켜 호흡에 영향을 미칠 수 있다.

인두(pharynx)는 비강, 구강, 후두와 연결된 근육성 통로로, 호흡과 소화에 중요한 역할을 한다. 공기는 비강을 통해 인두로 이동하며, 인두는 이를 후두로 전달한다. 인두는 또한 음식을 소화기로 유도하며, 호흡기와 소화기가 나뉘는 중요한 역할을 한다. 면역체계의 일부로서, 인두에 위치한 편도선(tonsil)이 병원균에 대한 방어 기능을 수행한다.

후두(larynx)는 인두와 기도를 연결하는 부분으로, 가장 중요한 기능은 성대의 진동을 통한 발성이다. 후두에는 성대가 위치해 있어, 공기가 지나가면서 진동을 일으켜 소리를 만든다. 또한 후두는 기도에 음식물이 들어가지 않도록 보호하는 역할도 한다. 후두의 구조적 변화나 질환은 호흡과 발음에 큰 영향을 미칠 수 있다.

후두덮개(epiglottis)는 후두의 개구부를 덮는 구조물로, 기도가 음식물이나 액체가 들어가지 않도록 보호하는 역할을 한다. 후두덮개는 호흡 시 열려서 공기가 통과하도록 하고, 식사할 때는 닫혀 음식이 후두와 기도로 들어가는 것을 방지한다.

기관(trachea)은 후두와 기관지 사이에 위치한 기도로, 공기가 폐로 유입되는 주요 경로이다. 기관은 견고한 C자형 연골로 구성되어 있어 기도가 무너지지 않도록 유지된다. 기관 내부에는 점막이 있어 이물질을 걸러내고 공기를 따뜻하고 습하게 유지한다.

기관지(bronchi)는 기관에서 분기된 두 개의 큰 관으로, 각각 왼쪽과 오른쪽 폐로 이어진다. 기관지는 점차적으로 더 작은 세기관지로 나뉘며, 공기가 폐에 도달할 수 있도록 돕는다. 기관지는 점막과 연골로 덮여 있어 공기가 원활히 흐르도록 돕는다.

세기관지(bronchiole)는 기관지에서 나뉘어 더 작은 통로로 이어지는 기도의 부분이다. 세기관지는 연골이 없고, 주로 평활근으로 구성되어 있어 호흡 시 기도를 조절하고, 폐포까지 공기를 전달하는 중요한 역할을 한다.

폐포(alveoli)는 폐의 가장 작은 공기 주머니로, 가스 교환이 이루어지는 장소이다. 폐포 내에서는 산소와 이산화탄소가 교환되며, 혈액 속 산소를 공급하고 이산화탄소를 제거한다. 폐포의 구조는 매우 얇은 벽으로 되어 있어, 기체가 쉽게 확산될 수 있도록 되어 있다.

허파(폐, lung)는 가슴 안에 위치한 중요한 호흡 기관으로, 기관지, 세기관지, 폐포를 포함한다. 폐는 공기 중의 산소를 흡수하고, 혈액에서 이산화탄소를 배출하는 기능을 수행한다. 좌우 폐는 각각 왼쪽과 오른쪽에 위치하며, 여러 개의 폐엽으로 나누어져 있다.

흉막강(pleural cavity)은 폐를 둘러싼 공간으로, 폐와 흉벽 사이에 존재한다. 이 공간에는 소량의 액체가 있어, 폐가 호흡할 때 마찰 없이 잘 움직일 수 있도록 한다. 흉막강은 흉막(폐를 덮고 있는 막)으로 둘러싸여 있어 폐를 보호하고, 폐의 팽창과 수축이 원활하도록 압력 균형을 유지하는 역할을 한다.

호흡은 생명 유지에 필수적인 생리 작용으로, 폐를 통해 산소를 흡수하고 이산화탄소를 배출하는 과정이다. 정상적인 호흡은 규칙적이고 자동적으로 이루어지나, 다양한 병리적 상태에서는 호흡의 속도, 깊이, 형태에 이상이 발생할 수 있다. 이러한 호흡의 이상은 임상에서 중요한 징후로 간주되며, 각각의 유형은 특정 용어로 정의된다.

무호흡(apnea)은 일정 시간 동안 호흡이 완전히 멈춘 상태를 의미한다. 호흡 중추 기능 저하, 기도 폐쇄, 신경학적 손상 등 다양한 이유로 발생할 수 있다. 반면, 호흡곤란(dyspnea)은 환자가 숨쉬기 어렵다고 느끼는 주관적인 증상으로, 심혈관계 또는 호흡기계통 질환에서 흔히 나타난다. 특히 심부전이나 폐렴, 천식 등에서는 호흡 시 불편함이 두드러지며, 이를 객관적인 평가와 병행하여 관리해야 한다.

호흡의 속도 변화도 중요한 진단 지표이다. 빈호흡(tachypnea)은 정상보다 빠른 호흡 상태로, 열, 대사성 산증, 폐 질환 등에서 흔히 보이며 얕고 빠른 호흡이 특징이다. 이에 반해 서호흡(bradypnea)은 호흡 속도가 비정상적으로 느린 상태로, 중추신경계 억제, 마취, 약물 중독 등에서 발생할 수 있다.

특정 체위에서 악화되는 호흡 곤란도 있으며, 이를 기좌호흡(orthopnea)이라 한다. 이는 누운 자세에서 호흡이 악화되고, 상체를 세우면 호흡이 개선되는 특징을 보이며, 주로 좌심부전과 관련이 있다. 또한 과호흡(hyperpnea)은 신체 대사 요구가 증가할 때 나타나는 깊고 빠른 호흡으로, 격렬한 운동이나 스트레스, 대사성 산증 상태에서 흔하다. 이와는 달리 저호흡(hypopnea)은 호흡 깊이와 양이 감소한 상태로, 특히 수면 중 발생하면 산소포화도 감소로 피로·두통 등을 유발할 수 있다.

호흡 관련 용어

의학용어	용어 성분	한글용어	뜻
apnea [앱니아]	a-(없음, 무) + -pnea(호흡)	무호흡, 호흡정지	숨이 멈춘 상태
dyspnea [디스프니아]	dys-(어려움, 장애) + -pnea(호흡)	호흡곤란	숨쉬기 어려움
tachypnea [태킵니어]	tachy-(빠름) + -pnea(호흡)	빈호흡	빠른 호흡
bradypnea [브래디프니아]	brady-(느림) + -pnea(호흡)	서호흡	느린 호흡
orthopnea [오쏘프니아]	ortho-(곧은, 바른) + -pnea(호흡)	기좌호흡	앉아야 숨쉬기 쉬움
hyperpnea [하이퍼프니아]	hyper-(과도한) + -pnea(호흡)	과호흡	깊고 빠른 호흡
hypopnea [하이포프니아]	hypo-(불충분한) + -pnea(호흡)	저호흡	얕고 느린 호흡

호흡이 어려워질 때, 체내 산소 공급이 부족해지면 청색증(cyanosis)이 발생할 수 있다. 이는 혈액 내 산소가 충분하지 않아 피부나 점막이 푸른빛을 띠는 증상으로, 호흡기나 순환계에 문제가 있을 때 나타난다. 이러한 증상이 나타나면, 체내 산소 부족이 심각해질 수 있기 때문에 신속한 치료가 필요하다.

호흡이 더 어렵게 만드는 원인 중 하나는 흉수(pleural effusion)이다. 흉막강에 비정상적으로 액체가 축적되어 폐가 압박을 받으면, 호흡이 더욱 어려워지며, 주로 심장질환, 감염, 암 등 여러 원인으로 발생할 수 있다. 또 다른 원인으로는 폐출혈(pulmonary hemorrhage)이 있다. 폐 조직 내에서 출혈이 발생하면 기침이나 호흡곤란을 동반할 수 있으며, 이는 외상, 감염, 혈액 응고 장애 등 여러 원인에 의해 발생할 수 있다.

호흡장애가 지속되면 호흡부전(respiratory failure)으로 이어질 수 있다. 호흡부전은 체내에 산소를 충분히 공급하거나 이산화탄소를 적절히 제거하지 못하는 상태로, 급성과 만성 형태 모두 존재한다. 호흡기계가 제 기능을 하지 못하면 생명을 위협할 수 있는 심각한 상태가 된다.

외상성 호흡곤란(traumatic respiratory distress)은 사고나 외상으로 인해 폐나 기도가 손상되면서 호흡이 어려워지는 상태를 말한다. 특히 기도 폐쇄나 폐 손상이 주요 원인으로 작용하며, 즉각적인 응급 치료가 필요하다. 후두 또는 기관 외상(laryngeal or tracheal trauma)은 외부 충격이나 손상으로 후두나 기관이 다쳐 기도가 좁아지거나 막히면서 호흡이 어려워지는 상태이다. 이런 경우에도 신속한 응급 처치가 요구된다.

호흡기계통 증상 관련 용어

의학용어	용어 성분	한글용어	뜻
cyanosis [사이아노시스]	cyano-(파란색) + -osis(상태)	청색증	산소 부족으로 피부나 점막이 푸르게 변하는 상태
pleural effusion [플로럴 이퓨전]	pleural(흉막) + effusion(삼출)	흉수	흉막강에 비정상적인 액체가 축적된 상태
pulmonary hemorrhage [펄머너리 헤모리지]	pulmonary(폐) + hemorrhage(출혈)	폐출혈	폐에서 출혈이 발생하는 상태
respiratory failure [레스피러토리 페일리어]	respiratory(호흡) + failure(기능 상실)	호흡부전	폐가 충분한 산소를 공급하지 못하거나 이산화탄소를 제거하지 못하는 상태
traumatic respiratory distress [트라우매틱 레스피러토리 디스트레스]	traumatic(외상) + respiratory(호흡) + distress(곤란)	외상성 호흡곤란	교통사고, 추락 등으로 인해 기도, 폐 또는 흉벽에 손상을 입어 발생
laryngeal or tracheal trauma [래링지얼 오어 트레이키얼 트라우마]	laryngeal(후두) + tracheal(기관) + trauma(외상)	후두 또는 기관 외상	외상으로 인해 후두나 기관이 손상된 상태

호흡기 질환은 해부학적 구조와 기능의 이상으로 인해 다양한 증상을 유발하며, 그 원인과 병변의 위치에 따라 상부호흡기와 하부호흡기로 구분된다.

상부호흡기에서는 비염(rhinitis)과 부비동염(sinusitis)이 대표적이다. 비염은 비강 점막에 염증이 생기는 질환으로, 알레르기나 바이러스 감염이 원인이 되며 재채기, 콧물, 코막힘 등이 나타난다. 비강과 연결된 부비동에 염증이 확산되면 부비동염으로 진행되어, 얼굴 통증, 농성 콧물, 두통 등이 동반된다. 이러한 염증이 인두와 림프조직으로 퍼지면 편도염(tonsillitis)이 발생할 수 있으며, 이때는 인후통, 삼킴 곤란, 고열 등이 나타난다.

염증이 후두까지 퍼지면 후두염(laryngitis)으로 이어져 목소리가 쉬거나, 발성에 어려움이 생기고 기침이 동반된다. 감염이 기도를 지나 하부로 내려가면 기관지염(bronchitis)이 발생하며, 거친 기침, 가래, 호흡곤란이 흔한 증상이다. 기관지염이 폐포까지 확산되면 폐렴(pneumonia)으로 진행되고, 이때는 발열, 무기력, 호흡곤란이 심해진다.

기도 자체의 구조적 문제도 호흡에 영향을 미친다. 기관 허탈(collapsing trachea)은 기관이 연골 약화로 인해 부분적으로 붕괴되는 질환으로, 특히 소형견에서 흔하며 마른 기침과 흡기 시 쌕쌕거림이 특징이다. 유사하게, 후두 마비(laryngeal paralysis)는 후두를 여는 근육의 마비로 인해 기도가 좁아지는 질환으로, 노령 대형견에서 흔하며 호흡 시 협착음이 들리고 운동 시 호흡곤란이 악화된다.

폐 실질 조직이 손상받으면 폐부종(pulmonary edema)이나 폐출혈(pulmonary hemorrhage)이 발생할 수 있다. 폐부종은 주로 심부전이나 염증, 외상에 의해 폐에 액체가 차는 상태로, 심한 호흡곤란과 거품 섞인 분비물이 나타난다. 폐출혈은 출혈로 인해 폐 내에 혈액이 고이면서 기침과 함께 혈액이 배출되고, 폐기능이 급격히 저하된다.

폐 자체에 병변이 생기는 경우, 폐종양(pulmonary neoplasm)은 양성 또는 악성으로 구분되며, 기침, 체중 감소, 만성 호흡곤란 등을 유발한다. 또한, 폐를 둘러싸고 있는 흉막에 이상이 생기면 폐의 팽창을 직접적으로 방해하게 된다. 기흉(pneumothorax)은 흉막강 내 공기 누출로 인해 폐가 수축되는 상태이고, 혈흉(hemothorax)은 혈액이 차는 상태로 둘 다 심각한 호흡곤란과 생명 위협을 초래할 수 있다. 흉막삼출(pleural effusion)은 감염, 심부전, 종양 등 다양한 원인으로 흉막강에 액체가 고이는 상태로, 폐의 물리적 팽창이 제한되어 숨쉬기가 어려워진다.

특정 품종에서는 구조적 문제로 인해 단두종 호흡곤란 증후군(brachycephalic airway syndrome)이 발생한다. 퍼그·불도그 같은 단두종은 짧은 코와 좁은 기도 구조로 인해 비협착, 연구개 과장, 후두낭종 등 여러 문제가 동반되어 정상적인 호흡이 어렵다. 더운 날씨나 흥분 시 급성 호흡곤란에 빠지기 쉽다.

고양이에서는 사람의 천식과 유사한 고양이 천식(feline asthma)이 발생할 수 있다. 알레르기나 환경적 자극에 의해 기도에 염증이 생기고, 기관지가 수축되며, 이로 인해 천명음, 기침, 호흡곤란이 나타난다. 만성화되면 폐 손상이 지속되어 호흡 기능 저하로 이어질 수 있다.

이처럼 호흡기 질환은 해부학적 부위와 병리적 변화에 따라 다양한 증상과 예후를 보이며, 서로 유기적으로 연결되어 상부에서 하부로 진행되거나 여러 병태가 동시에 나타날 수 있기 때문에 종합적인 진단과 관리가 중요하다.

호흡기계통 염증 관련 용어

의학용어	용어 성분	한글용어
rhinitis [라이나이티스]	rhin-(코) + -itis(염증)	비염
sinusitis [사이너사이티스]	sinus-(부비동) + -itis(염증)	부비동염
tonsillitis [톤실라이티스]	tonsill-(편도) + -itis(염증)	편도염
laryngitis [래링자이티스]	laryng-(후두) + -itis(염증)	후두염
bronchitis [브롱카이티스]	bronch-(기관지) + -itis(염증)	기관지염

흉강 및 폐 관련 질환 용어

의학용어	용어 성분	한글용어
pneumothorax [뉴모쏘랙스]	pneumo-(공기) + thorax(흉강)	기흉
hemothorax [헤모쏘랙스]	hemo-(혈액) + thorax(흉강)	혈흉
pyothorax [파이오쏘랙스]	pyo-(고름) + thorax(흉강)	농흉
hydrothorax [하이드로쏘랙스]	hydro-(물) + thorax(흉강)	수흉
chylothorax [카일로쏘랙스]	chylo-(유미, 림프액) + thorax(흉강)	유미흉
pneumonia [뉴모니아]	pneumo-(폐)	폐렴

의학용어	용어 성분	한글용어	뜻
pneumonia [뉴모니아]	pneumo-(폐, 공기) + -ia(상태)	폐렴	폐에 염증이 생겨 공기 교환이 어려운 상태
pulmonary edema [펄머너리 에디마]	pulmonary(폐) + edema(부종)	폐부종	폐에 체액이 축적되어 호흡곤란을 유발함
collapsing trachea [콜랩싱 트레이키아]	collapsing(붕괴) + trachea(기관)	기관 허탈	기관의 유리질 연골이 약해져 폐쇄되는 현상
pulmonary neoplasm [펄머너리 네오플라즘]	pulmonary(폐) + neoplasm(신생물, 종양)	폐종양	폐에 발생하는 종양
pleural effusion [플로럴 이퓨전]	pleural(흉막) + effusion(삼출)	흉막삼출	흉막강에 비정상적으로 액체가 축적된 상태

의학용어	용어 성분	한글용어	뜻
brachycephalic airway syndrome [브래키세팔릭 에어웨이 신드롬]	brachy-(짧은) + cephalic(머리) + airway(기도) + syndrome(증후군)	단두종 호흡곤란 증후군	단두종(짧은 코)의 해부학적 구조로 인해 호흡곤란이 발생하는 상태
laryngeal paralysis [래링지얼 패랄리시스]	laryngeal(후두) + paralysis(마비)	후두 마비	후두의 피열연골이 마비되어 기도가 좁아지거나 폐쇄되는 상태
feline asthma [펠라인 애스마]	feline(고양이) + asthma(천식)	고양이 천식	고양이에서 발생하는 천식으로, 기관지 수축으로 인해 호흡이 어려워짐

호흡기계통은 외부의 유해물질이나 기계적 손상으로부터 자신을 보호하고, 손상 시 이를 회복하기 위한 다양한 방어 및 처치 메커니즘을 가지고 있다.

먼저, 점막섬모 청소(mucociliary clearance)는 호흡기 점막에 존재하는 섬모가 점액 위를 움직이면서 이물질·미생물·먼지를 상기도에서 제거하는 가장 기본적인 방어 기전이다. 이 작용은 폐를 청결하게 유지하고 감염이나 자극에 대한 노출을 최소화한다.

이와 함께 보호 반사(protective reflexes)는 기침, 재채기, 후두 반사 등을 통해 이물질이 기도나 폐로 들어가는 것을 방지한다. 예를 들어, 인두나 후두가 자극을 받으면 반사적으로 기침이나 재채기가 일어나 기도를 보호한다.

그러나 이러한 기전이 과도하게 반응하거나 비정상적으로 나타나는 경우도 있다. 역재채기(reverse sneeze)는 주로 개에서 발생하는 현상으로, 일시적인 기도 자극에 의해 흡기 시 코로 공기를 급하게 빨아들이는 소리와 함께 경련성 호흡이 나타난다.

외부 물리적 손상으로 인해 발생할 수 있는 응급 상황도 있다. 연가양 흉곽(flail chest)은 흉곽의 여러 갈비뼈가 골절되어 흉벽의 일부분이 정상 호흡과 반대로 움직이는 상태로, 호흡 효율이 크게 떨어지고 산소 공급에 문제가 생긴다. 이와 유사하게 흡입성 흉부 변형(sucking chest wound)은 외상으로 인해 흉벽이 외부와 연결되면서 흉강 내 음압이 유지되지 못해 기흉이 발생하며, 숨을 들이쉴 때마다 공기가 흉강으로 유입되는 위험한 상태이다.

이러한 외상은 폐좌상(pulmonary contusion)으로 이어질 수 있다. 이는 둔상 등으로 폐조직 자체가 손상되어 혈액이나 체액이 폐 안에 고이고, 산소 교환 기능이 떨어지는 상태이다. 사고 직후보다 수 시간 후에 증상이 악화될 수 있어 주의가 필요하다. 연기 흡입(smoke inhalation) 또한 폐 손상을 유발하는 요인 중 하나로, 화재 시 발생하는 열과 유독가스를 들이마시면 기도 화상, 점막 부종, 화학성 폐렴이 발생할 수 있다.

심각한 호흡부전 상황에서는 신속 기도 삽관(rapid sequence intubation, RSI)이 필요할 수 있다. 이는 환자가 저산소증 상태에 빠지기 전에 약물 투여 후 빠르고 안전하게 기관내삽관을 시행하여 기도를 확보하는 절차이다. 만약 RSI를 시행하기 어렵거나 기도 확보가 오래 필요할 경우에는 기관절개술(tracheostomy)을 시행한다. 이는 목 부위의 기관을 외부와 직접 연결해 호흡을 유지하도록 하는 수술적 방법이다.

또한 흉강 내 병리적인 공기나 액체(혈액, 삼출액 등)를 제거하기 위해 흉강천자(thoracentesis)가 시행된다. 이는 얇은 바늘을 흉막강에 삽입해 액체를 제거하여 폐가 다시 팽창하도록 돕는 시술이다. 만약 기흉이나 흉막 삼출이 심하거나, 흉강 내 수술적 접근이 필요한 경우에는 흉곽개구술(thoracostomy)을 시행한다. 이는 흉벽을 절개해 흉관을 삽입하거나 병변 부위를 직접 치료하는 방법이다.

의학용어	용어 성분	한글용어	뜻
mucociliary clearance [뮤코실리어리 클리어런스]	muco-(점액) + ciliary(섬모) + clearance(제거)	점액과 섬모에 의한 이물 제거	섬모의 움직임을 통해 점액에 묻힌 이물질을 제거하는 작용
protective reflexes [프로텍티브 리플렉시스]	protective(보호) + reflexes(반사)	기침, 재채기 등 보호 반사	기침, 재채기, 역재채기 등의 반응으로 이물질을 배출함
reverse sneeze [리버스 스니즈]	reverse(역행) + sneeze(재채기)	역재채기 현상	호흡기 자극으로 인해 갑작스럽게 코로 공기를 빨아들이는 현상
flail chest [플레일 체스트]	flail(흔들리는) + chest(흉부)	흉부 외상으로 늑골 다발 골절	인접한 갈비뼈 여러 곳이 골절되면서 흉벽의 안전성이 손상된 상태
sucking chest wound [서킹 체스트 운드]	sucking(공기 빨림) + chest(흉부) + wound(상처)	공기가 드나드는 개방성 흉부상	흉벽에 구멍이 생겨 흡기 시 공기가 내부로 유입되는 상태
pulmonary contusion [펄모너리 컨투전]	pulmonary(폐) + contusion(타박상)	폐좌상	가슴에 강한 외상으로 인해 폐조직에 출혈이 발생한 상태
smoke inhalation [스모크 인헬레이션]	smoke(연기) + inhalation(흡입)	연기 흡입 손상	화재 시 발생한 연기를 흡입하여 호흡기 손상이 발생한 상태
rapid sequence intubation(RSI) [래피드 시퀀스 인튜베이션]	rapid(빠른) + sequence(연속) + intubation(삽관)	응급 상황에서 빠른 삽관 기법	신속하게 기도 확보를 위해 삽관하는 응급 시술

의학용어	용어 성분	한글용어	뜻
tracheostomy [트레이키오스토미]	tracheo-(기관) + -stomy(구멍 내기)	기관절개술	기도가 막힌 경우 직접 기관을 절개하여 호흡을 돕는 시술
thoracentesis [쏘라센티시스]	thora-(흉부) + -centesis(천자, 흡인)	흉강천자	흉강에 축적된 공기 또는 액체를 제거하기 위해 바늘을 삽입하는 시술
thoracostomy [쏘라코스토미]	thora-(흉부) + -stomy(구멍 내기)	흉강 개구술, 흉관 삽입	흉강 내 다량의 공기나 액체를 배출하기 위해 관을 삽입하는 시술

의학용어	용어 성분	한글용어
tracheostomy [트레이키오스토미]	tracheo-(기관) -stomy(개구술)	기관절개술
thoracostomy [쏘라코스토미]	thorac-(흉곽) -stomy(개구술)	흉강삽관(술)
thoracentesis [쏘라센티시스]	-centesis(천자)	흉강천자

Ch 7. 비뇨, 생식기계통 의학용어

7-1. 비뇨기계통

비뇨기계통 훑어보기

정의 및 기능

비뇨기계통(urinary system)은 신장(kidney), 요관(ureter), 방광(urinary bladder), 요도(urethra)로 이루어진 체계로, 체내의 노폐물을 걸러내고 소변으로 배설하여 생명 유지와 항상성(homeostasis)에 중요한 역할을 한다.

- 기본 기능: 혈액 속에서 생성된 대사 노폐물(예: 요소, 크레아티닌)을 걸러 소변으로 배출하여 체내 독성 물질의 축적을 방지하고 대사 균형을 유지한다.
- 항상성 유지: 수분과 전해질 농도를 조절하여 체액의 삼투압과 혈압을 일정하게 유지한다. 신장은 나트륨, 칼륨, 칼슘 등 주요 전해질을 세밀하게 조절하고 산-염기 균형을 유지하여 혈액 pH를 안정적으로 조절한다.
- 내분비 기능: 에리트로포이에틴(erythropoietin), 레닌(renin), 활성형 비타민 D 등을 분비하여 적혈구 생성, 혈압 조절, 칼슘 대사와 뼈 건강에 기여한다.
- **신장(kidney):** 혈액을 여과하여 노폐물과 불필요한 수분을 소변으로 배출한다. 전해질 농도와 산-염기 균형을 조절하며, 다양한 호르몬을 분비한다.
- **요관(ureter):** 신장에서 생성된 소변을 방광으로 운반하는 관으로, 연동 운동에 의해 소변을 이동시킨다.
- **방광(urinary bladder):** 소변을 일시적으로 저장하는 근육성 주머니로, 소변이 일정량 이상 차면 배뇨 반사를 유발한다.
- **요도(urethra):** 방광에 저장된 소변을 체외로 배출하는 통로이다. 성별에 따라 길이와 구조가 다르다.

중요 용어

비뇨기계통을 구성하는 주요 단어는 다음과 같다.

비뇨기계통의 주요 기관	
kidney	신장
ureter	요관
urinary bladder	방광
urethra	요도

신장의 주요 구조	
renal cortex	신피질
renal medulla	신수질
renal pyramid	신수체(신장피라미드)
renal pelvis	신우
nephron	네프론(신장단위)
glomerulus	사구체
Bowman's capsule	보우만(토리)주머니
proximal tubule	근위세뇨관
loop of Henle	헨레고리
distal tubule	원위세뇨관
collecting duct	집합관

신장의 주요 혈관과 기능	
renal artery	신동맥
renal vein	신정맥
filtration	여과
reabsorption	재흡수
secretion	분비
excretion	배설

용어 성분

용어 성분(연결어)	
nephr/o-	신장, 콩팥 예) nephritis 신염
ren/o-	신장, 콩팥 예) renal 신장의
pyel/o-	신우(신장깔때기) 예) pyelitis 신우염
glomerul/o-	사구체 예) glomerulonephritis 사구체신염
ureter/o-	요관 예) ureterectomy 요관절제술
cyst/o-	방광 예) cystitis 방광염
vesic/o-	방광 예) vesicoureteral 방광요관의
ur/o-	소변, 요 예) urology 비뇨기학
urin/o-	소변, 요 예) urinalysis 요검사
urethr/o-	요도 예) urethritis 요도염

그림으로 살펴본 비뇨기계통

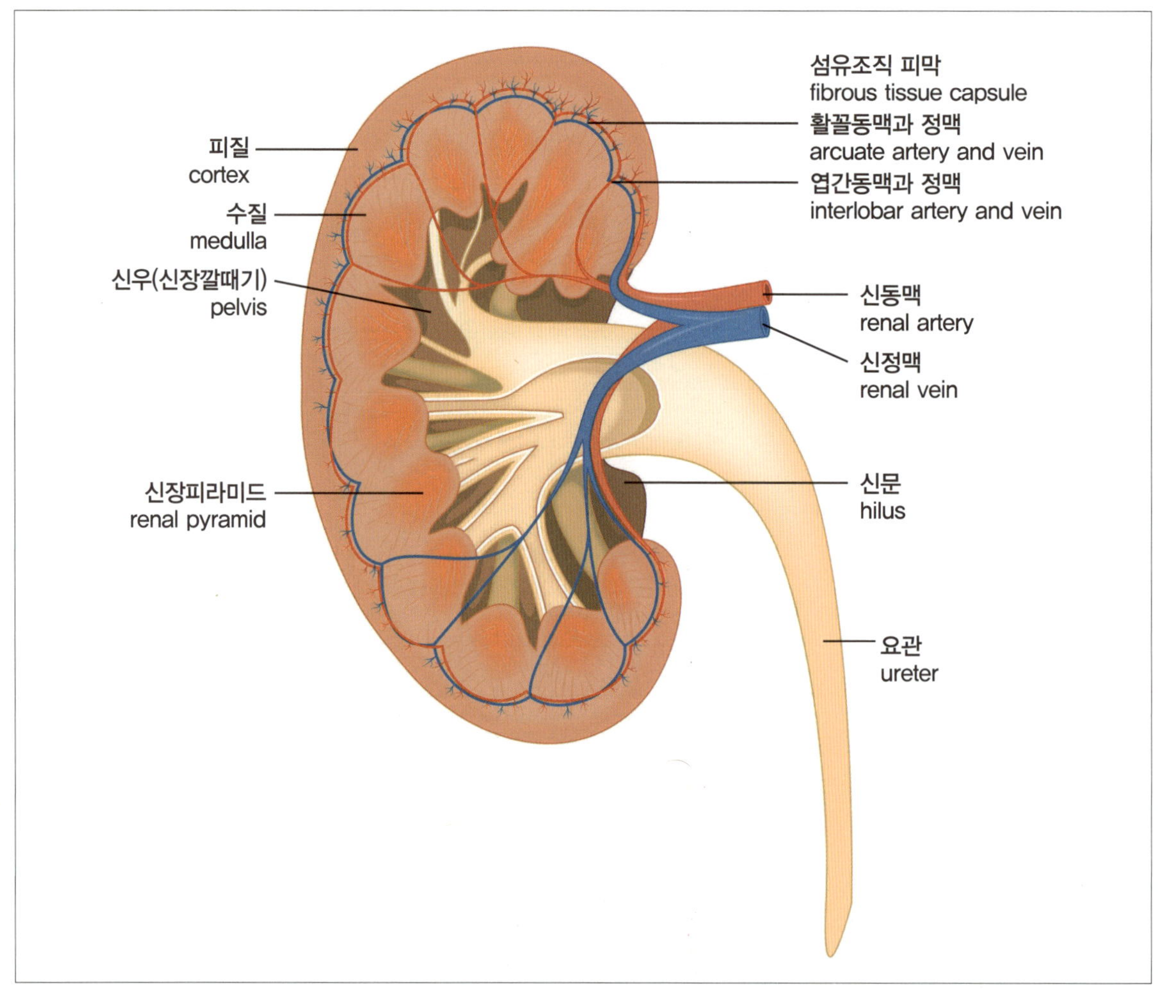

fibrous tissue capsule [파이브러스 티슈 캡슐]: 섬유조직 피막
arcuate artery and vein [아큐에이트 아터리 앤드 베인]: 활꼴동맥과 정맥
cortex [코르텍스]: 피질
medulla [메둘라]: 수질
interlobar artery and vein [인터로우바 아터리 앤드 베인]: 엽간동맥과 정맥
pelvis [펠비스]: 신우(신장깔때기)
renal artery [리널 아터리]: 신동맥
renal vein [리널 베인]: 신정맥
hilus [하일러스]: 신문
ureter [유리터]: 요관
renal pyramid [리널 피라미드]: 신장피라미드

개의 비뇨기계통

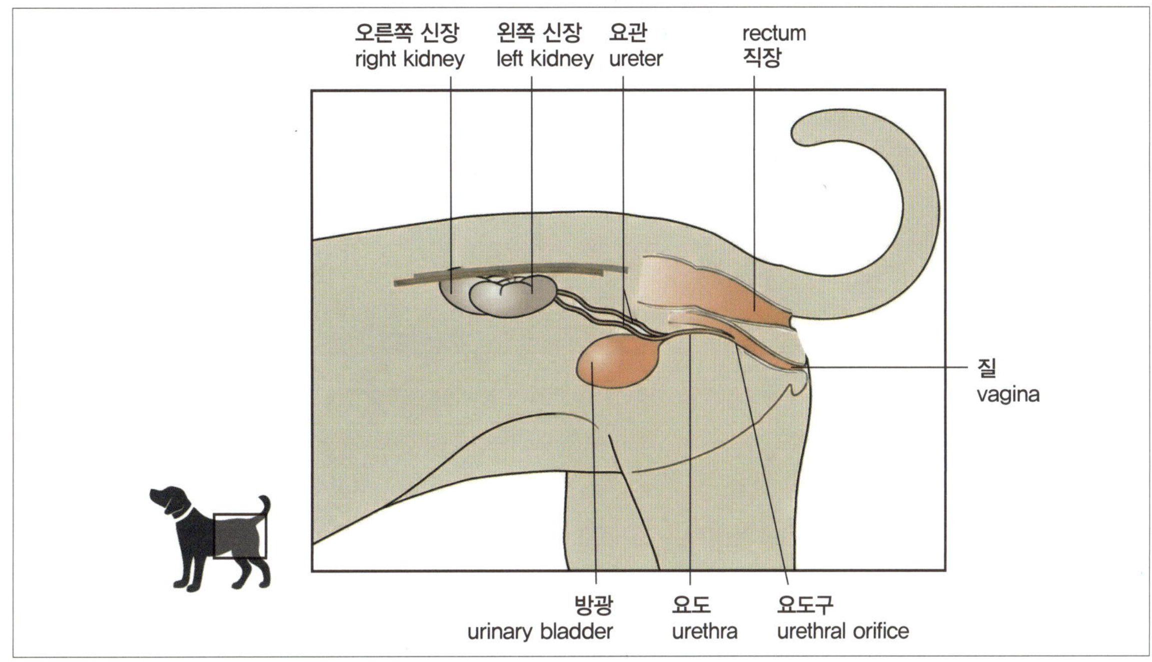

right kidney [라이트 키드니]: 오른쪽 신장
left kidney [레프트 키드니]: 왼쪽 신장
ureter [유리터]: 요관
rectum [렉텀]: 직장
vagina [버자이나]: 질
urethral orifice [유리쓰럴 오리피스]: 요도구
urethra [유리쓰라]: 요도
urinary bladder [유리너리 블래더]: 방광

비뇨기계통 해부생리

비뇨기계통은 체액량과 전해질 균형, 산·염기 균형을 유지하며 체내 항상성을 조절하는 중요한 역할을 한다. 이 계통은 신장(kidney), 요관(ureter), 방광(urinary bladder), 요도(urethra)로 구성되며, 혈액에서 대사산물과 과도한 수분을 걸러 소변(urine)으로 배출한다.

신장은 피막(capsule), 겉질(cortex), 속질(medulla), 신장깔때기(renal pelvis)로 이루어져 있다. 피막은 불규칙한 치밀섬유성 결합조직으로 신장을 보호하고 겉질에는 신장소체(renal corpuscle)와 세뇨관(tubule)이 분포하며 암적색을 띤다. 속질은 신장피라미드(renal pyramid)로 구획되며, 각 피라미드 사이에는 혈관(arcuate artery and vein)이 지나간다. 신장깔때기(renal pelvis)는 소변이 외부 요도로 이동하기 전에 잠시 모이는 부위다. 혈액은 대동맥에서 분지된 신장동맥(renal artery)을 통해 공급되며, 소엽(interlobar) · 활꼴(arcuate) 동맥을 거쳐 토리모세혈관(glomerular capillary)으로 흐른 뒤 토리주머니(glomerular capsule)에서 여과된다.

신단위(네프론, nephron)는 토리주머니, 근위세뇨관(proximal convoluted tubule), 헨레고리(loop of Henle), 원위세뇨관(distal convoluted tubule), 집합관(collecting duct)으로 구성된다. 토리주머니에서는 혈액성분 중 작은 분자들만 여과되고 적혈구나 단백질은 배제된다. 근위세뇨관에서는 전체 여과액의 약 65%가 재흡수되며, 나트륨(Na^+)과 염소(Cl^-) 이온이 능동 수송되고 물은 삼투에 의해 뒤따라 재흡수된다. 또한 포도당(glucose)은 거의 전부 재흡수되어 소변에는 거의 존재하지 않는다. 헨레고리에서는 내림고리(descending limb)가 높은 물 투과성을 통해 수분을 재흡수해 여과액을 농축시키고, 오름고리(ascending limb)는 물 투과성이 없으나 나트륨 이온 펌프를 통해 Na^+을 능동적으로 재흡수해 여과액 농도를 낮춘다. 원위세뇨관에서는 알도스테론(aldosterone)의 작용으로 Na^+ 재흡수와 K^+ 분비가 조절되며, 집합관에서는 항이뇨호르몬(antidiuretic hormone, ADH)의 자극을 받아 최종 수분 재흡수를 결정한다.

소변(urine)은 토리 여과(filtration), 세뇨관 재흡수(reabsorption), 분비(secretion)를 거쳐 형성된다. 토리 여과액의 약 99%는 재흡수되어 혈류로 돌아가고, 남은 1%의 화학물질과 수분이 최종 소변이 된다. 이 과정에서 삼투압조절(osmoregulation)과 산 · 염기 조절(acid-base balance)이 이루어지며, 혈액 pH 유지와 전해질 농도 조절에 핵심적인 역할을 한다.

의학용어	한글용어	뜻
filtration [필트레이션]	여과	사구체(토리)에서 혈액이 여과되어 물과 노폐물이 세뇨관으로 이동
reabsorption [리앱소압션]	재흡수	세뇨관에서 필요한 물질을 다시 흡수하는 과정
secretion [시크리션]	분비	혈액에서 세뇨관으로 대사산물을 배출하는 과정
osmoregulation [오스모레귤레이션]	삼투압조절	체내 수분과 전해질 농도를 일정하게 유지하는 과정
acid-base balance [애시드-베이스 밸런스]	산-염기 조절	체액의 pH를 일정하게 유지하는 과정
micturition [미크튜리션]	배뇨	방광에 저장된 오줌을 체외로 배출하는 과정

의학용어	한글용어	뜻
aldosterone [알도스테론]	알도스테론	신장에서 나트륨 재흡수를 촉진하여 체내 수분을 유지
renin [레닌]	레닌	혈압을 조절하고 나트륨 재흡수를 조절하는 호르몬

의학용어	용어 성분	한글용어	뜻
antidiuretic hormone(ADH) [안타이다이유리틱 호르몬]	anti(반대) + diuretic(이뇨)	항이뇨호르몬	체내 수분을 재흡수하여 오줌량을 감소시키는 호르몬
angiotensin [안지오텐신]	angio(혈관) + tensin(긴장)	안지오텐신	혈관을 수축시켜 혈압을 높이고, 알도스테론 분비를 유도

요관은 이행상피(transitional epithelium)로 된 연동운동(peristalsis)으로 신장에서 만들어진 소변을 방광으로 운반한다. 방광은 민무늬근(smooth muscle)과 이행상피로 이루어진 주머니로, 방광삼각(trigone)에 판막이 있어 요관에서 유입된 소변이 역류하지 않도록 한다. 방광 경부에는 속조임근(internal sphincter)과 바깥조임근(external sphincter)이 있어 배뇨 시 요도의 개폐를 조절한다. 요도는 암컷(female)과 수컷(male) 구조가 다르며, 암컷은 짧아 요도 결석이 드물고 수컷은 골반요도(pelvic urethra)와 음경요도(penile urethra)로 구분된다.

의학용어	한글용어	뜻
kidney [키드니]	신장	체내의 수분량과 전해질을 조절하고 노폐물을 배출하는 기관
nephron [네프론]	신장단위 (네프론)	신장의 기능적 단위로, 혈액을 여과하여 오줌을 생성하는 기본 구조
glomerulus [글로메룰러스]	사구체(토리)	모세혈관이 뭉쳐진 구조로, 여과를 통해 혈액에서 노폐물과 물을 걸러냄
glomerular capsule [글로메룰러 캡슐]	보우만주머니 (토리주머니)	사구체를 둘러싸고 있는 구조로, 여과된 액체가 모여 세관으로 전달됨
proximal convoluted tubule [프로시멀 컨볼루티드 튜뷸]	근위세뇨관	여과된 물질의 재흡수가 일어나는 곳

(계속)

의학용어	한글용어	뜻
loop of henle [루프 옵 헨리]	헨레고리	신장의 속질을 통과하며 물과 염분의 재흡수를 조절함
distal convoluted tubule [디스털 컨볼루티드 튜뷸]	원위세뇨관	물과 나트륨의 재흡수를 조절하여 최종 오줌 농도를 결정함
collecting duct [컬렉팅 덕트]	집합관	여러 네프론에서 생성된 오줌을 모아 신우로 전달
renal pelvis [리널 펠비스]	신우	집합관에서 모인 오줌이 요관으로 이동하기 전 저장되는 공간
ureter [유리터]	요관	신장에서 생성된 오줌을 방광으로 운반하는 근육성 관
urinary bladder [유리너리 블래더]	방광	오줌을 일시적으로 저장하는 기관
urethra [유리쓰라]	요도	방광에서 오줌을 체외로 배출하는 관
cortex [코텍스]	신피질	신장의 바깥 부분으로 사구체와 근위세뇨관, 원위세뇨관이 위치
medulla [메듈러]	신수질	신장의 안쪽 부분으로 헨레고리와 집합관이 위치
hilus [하일러스]	신문	혈관과 신경이 신장으로 출입하는 부위
renal pyramid [리널 피라미드]	신수체 (신장피라미드)	속질에 위치한 원뿔형 구조로 집합관이 모여 신우로 연결됨
bladder neck [블래더 넥]	방광경부	방광의 아랫부분으로 요도가 시작되는 부위

임상적으로는 다뇨(polyuria), 핍뇨(oliguria), 무뇨(anuria), 빈뇨(pollakiuria), 혈뇨(hematuria), 단백뇨(proteinuria), 요석증(urolithiasis), 요로폐색(urinary obstruction) 등 다양한 이상 소견이 관찰된다. 소변검사(urinalysis)에서는 색, 투명도, pH(57), 비중(개 1.016~1.060, 고양이 1.020~1.040)뿐 아니라 포도당(glucosuria), 케톤(ketonuria), 빌리루빈(bilirubinuria) 등을 확인해 전신 및 비뇨기계통 질환 여부를 평가한다.

요로계 배뇨 이상 증상 용어

의학용어	용어 성분	한글용어	뜻
polyuria [폴리유리아]	poly-(많은)	다뇨증	소변량이 많음
oliguria [올리규리아]	olig-(적은)	핍뇨	소변량이 적음
anuria [아뉴리아]	an-(없는)	무뇨	소변이 거의 없음또는 배설되지 않음
pollakiuria [폴라키유리아]	pollaki-(빈번한)	빈뇨	소변을 자주 보지만 양은 적음
hematuria [헤마투리아]	hemat-(혈액)	혈뇨	소변에 혈액이 섞여 있음
stranguria [스트랭규리아]	Strang-(압박, 통증)	통증배뇨	배뇨 시 통증을 느끼는 증상

요로 결석 관련 의학 용어

의학용어	용어 성분	한글용어	뜻
ureterolith [유리터로리쓰]	uretero-(요관) + -lith(돌, 결석)	요관결석	요관 내에 형성된 결석 (소변의 흐름을 방해함)
nephrolith [네프로리쓰]	nephro-(신장) + -lith(돌, 결석)	신장결석	신장 내부에 형성된 결석
urolith [유로리쓰]	uro-(요로) + -lith(돌, 결석)	요로결석	요로(신장, 요관, 방광, 요도)에 생기는 다수의 결석
urolithiasis [유로리싸이아시스]	uro-(요로) + -lith(돌, 결석) + -iasis(결석인한 병적 상태)	요로결석증	요로계에 결석이 생겨 소변 배출에 장애를 일으키는 질병 상태

호르몬 조절에서는 혈압이 떨어지면 신장의 들세동맥(afferent arteriole)에 작용해 토리 혈압을 유지하는 레닌(renin)이 분비되고, 안지오텐신(angiotensin)이 혈관 수축과 알도스테론 분비를 촉진한다. 알도스테론은 원위세뇨관에서 Na^+ 재흡수를 촉진하고 K^+ 분비를 증가시키며, ADH는 집합관에서 물 재흡수를 높여 탈수 시 혈장량을 보전한다.

필요 시 방광천자(cystocentesis), 방광조영술(cystography), 방광초음파(bladder ultrasound), 요도 카테터 삽입(catheterization) 및 복막투석(peritoneal dialysis), 혈액투석(hemodialysis)과 같은 진단·치료법을 활용해 비뇨기계통 질환을 관리한다.

비뇨기계통 질환은 개와 고양이에서 흔히 발생하는 임상적 문제 중 하나로, 단순한 요로 감염에서부터 신장 기능 부전에 이르기까지 다양한 병태를 포함한다. 비뇨기계통은 요 생성과 배출, 전해질 및 수분 균형 조절, 노폐물 제거 등 생명 유지에 필수적인 기능을 수행하며, 이 부위에 이상이 생기면 전신적 문제로 빠르게 진행될 위험이 있다.

비뇨기계통 이상에서 가장 흔히 접하게 되는 응급 상황 중 하나는 요로폐색(urinary obstruction)이다. 이는 요의 흐름이 방해받는 상태로, 주로 고양이에서 더 흔히 발생하며 특히 수컷 고양이는 해부학적 구조상 위험이 높다. 폐색의 원인은 다양하지만 대표적으로 요도 플러그(urethral plug)와 요결석(urinary calculi)이 있다. 요도 플러그는 단백질, 세포잔해, 미네랄이 뭉쳐져 형성되며, 방광과 요도의 염증이 동반되는 경우가 많다. 요결석은 요 내 무기질이 결정화되어 형성되는 구조물로, 결석의 종류와 해부학적 위치에 따라 치료 접근이 달라진다.

요로폐색이 지속되면 요정체로 인해 방광 내 압력이 상승하고, 결국 역류로 인해 신장 손상이 초래될 수 있다. 심한 경우 급성 신부전(acute kidney injury, AKI)으로 이어져 혈중 노폐물 농도가 급격히 상승하고, 전해질 불균형, 산증, 탈수가 동반된다. 만성적으로 진행된 경우에는 만성 신부전(chronic kidney failure, CKF)이 나타나며, 이때는 신장질환(kidney disease)이 전반적으로 진행된 상태로 신장의 회복이 어려운 경우가 많다. 이는 식욕부진, 체중 감소, 구토, 탈수, 다뇨/빈뇨 등의 임상 증상으로 나타난다.

진단적으로는 혈액화학검사(BUN, 크레아티닌), 요검사 외에도 방광 기능 확인과 요폐색 위치 파악이 중요하다. 특히 요도 협착(urethral stricture)은 반복되는 염증이나 외상, 수술 후 유착 등에 의해 요도가 좁아지는 병태로, 만성적인 배뇨장애의 원인이 된다.

이러한 상황에서 즉각적인 카테터 삽입(catheterization)은 필수적이다. 이는 요로 폐색을 제거하고 방광 내 소변을 배출하여 신장에 가해지는 압력을 낮추는 처치로, 수술적 개입 없이 폐색을 해소할 수 있다. 특히 플러그나 결석을 제거할 때는 역분사(retrograde flush)가 사용되며, 이는 멸균 식염수나 요도 세정액을 이용해 요도를 역방향으로 세척하여 이물질을 방광 안으로 밀어넣는 시술이다.

폐색 완화 이후에도 신장 기능이 정상적으로 회복되지 않는 경우에는 보다 적극적인 신장 대체 요법이 필요하다. 대표적인 방법으로 복막투석(peritoneal dialysis)과 혈액투석(hemodialysis)이 있으며, 이들 치료는 신장에서 제거해야 할 노폐물을 인공적으로 걸러주는 방식이다. 복막투석은 복강 내에 투석액을 주입하여 삼투 및 확산을 통해 노폐물을 제거하는 방식으로, 시설이 제한된 상황에서도 비교적 간단히 시행할 수 있다. 반면, 혈액투석은 전문 장비와 고도의 기술을 필요로 하며, 심각한 신부전 환자에서 가장 효과적인 제거 능력을 보인다.

신장 기능이 회복 불가능한 수준에 이르렀을 경우에는 신장 이식(renal transplantation)이 유일한 치료법이다.

비뇨기계통 질환 중 감염성 병태인 방광염(cystitis)도 흔히 동반된다. 이는 세균성 감염, 결석, 종양, 해부학적 이상 등 다양한 요인으로 유발되며, 빈뇨, 배뇨통, 혈뇨, 불완전 배뇨 등의 증상이 나타난다. 진단을 위해서는 멸균적 방식의 소변 채취가 중요한데, 이때 방광천자(cystocentesis)가 사용된다. 이는 복부를 통해 바늘을 이용해 직접 방광에서 소변을 채취하는 방법으로, 세균 오염 없이 정확한 요배양 검사를 시행할 수 있는 이점이 있다.

이와 함께 요실금(urinary incontinence)도 비뇨기계통 질환에서 자주 발생하는 문제 중 하나로, 이는 배뇨 조절의 기능 부전으로 인해 비의도적으로 소변이 배출되는 상태를 의미한다. 특히 고양이와 개에서 발생할 수 있으며, 원인으로는 신경학적 이상, 요도 기능 부전, 복압 증가 등이 있다. 이 상태가 지속되면 환자는 지속적인 소변 누출과 불편을 겪게 되며, 치료는 원인에 따라 약물 요법, 수술적 개입, 행동 치료 등을 통해 이루어진다.

이처럼 비뇨기계통 질환은 요로의 물리적 폐색에서 시작하여 신장 기능 저하로, 나아가 전신적 대사 이상까지 초래할 수 있는 질환군이다. 각 병태는 원인, 병리기전, 진단, 치료에 있어 밀접한 연관성을 가지며, 환자의 상태에 따라 복합적인 접근이 요구된다. 비뇨기계통 질환의 조기 발견과 정확한 평가, 빠른 중재는 환자의 생명을 구하는 데 결정적인 요소이며, 이를 위해 동물보건사는 각 용어의 병태생리적 의미와 임상적 활용을 정확히 이해해야 한다.

의학용어	한글용어	뜻
urinary obstruction [유리너리 옵스트럭션]	요로폐색	소변이 체외로 정상적으로 배출되지 않는 상태
urinary incontinence [유리너리 인컨티넌스]	요실금	자의적인 배뇨 조절이 불가능한 상태
kidney disease [키드니 디지즈]	신장질환	신장의 기능이 손상되어 대사 조절, 노폐물 배출 등이 어려워진 상태
kidney failure [키드니 페일러]	신부전	신장의 배설 및 대사 조절 기능이 제대로 작동하지 못하는 상태

(계속)

의학용어	한글용어	뜻
acute kidney injury(AKI) [어큐트 키드니 인저리]	급성 신부전	단기간에 신장 기능이 급격히 저하되는 상태
chronic kidney failure(CKF) [크로닉 키드니 페일러]	만성 신부전	신장 기능이 서서히 저하되는 진행성 질환
urethral plug [유리스럴 플러그]	요도 플러그	요도의 내강을 막아 소변 배출을 어렵게 하는 물질
urinary calculi [유리너리 캘큘라이]	요결석	신장, 요관, 방광 또는 요도에 형성된 단단한 미네랄 덩어리
urethral stricture [유리스럴 스트릭처]	요도 협착	요도의 협소화로 인해 소변 배출이 어려워지는 상태
cystitis [시스타이타스]	방광염	방광에 염증이 생기는 질환
cystocentesis [시스토센티시스]	방광천자	방광에 바늘을 삽입하여 소변을 채취하거나 압력을 감소시키는 응급 처치
peritoneal dialysis [퍼리토니얼 다이알리시스]	복막투석	복막을 이용해 체내 노폐물과 수분을 제거하는 치료법
hemodialysis [히모다이알리시스]	혈액투석	인공 신장을 통해 혈액을 정화하는 치료법
renal transplantation [리널 트랜스플랜테이션]	신장 이식	손상된 신장을 대체하기 위해 다른 신장을 이식하는 수술
catheterization [카테터리제이션]	카테터 삽입	요도에 카테터를 삽입하여 소변을 배출하거나 방광을 세척하는 시술
retrograde flush [레트로그레이드 플러시]	역분사	카테터를 통해 물을 역방향으로 주입하여 요도 폐색을 제거

7-2. 생식기계통

생식기계통 훑어보기

정의 및 기능

생식기계통(reproductive system)은 종족 보존을 위해 생식세포(gamete)를 생산·운반하고, 수정(fertilization)과 임신(gestation), 분만(parturition), 수유(lactation) 등을 담당하는 체계이다. 암컷과 수컷은 해부학적 구조와 기능에서 차이를 가지며, 발정주기(estrous cycle)에 따라 생식활동이 조절된다.

암컷 생식기계통(female reproductive system)

- **난소(ovary):** 난자(oocyte)를 배출하고 에스트로겐(estrogen), 프로게스테론(progesterone) 등 호르몬을 분비한다.
- **난관(fallopian tube; uterine tube):** 난자가 이동하는 통로이며, 수정이 이루어지는 장소이다.
- **자궁(uterus)**
  자궁내막(endometrium): 수정란이 착상(implantation)하고 태반(placenta)을 형성한다.
  자궁근층(myometrium): 분만 시 강력한 수축을 통해 태아를 배출한다.
- **질(vagina) 및 외음부(vulva):** 교미(copulation)와 분만의 통로 역할을 한다.

수컷 생식기계통(male reproductive system)

- **고환(testis):** 정자(sperm)와 테스토스테론(testosterone)을 생산한다.
- **부고환(epididymis):** 정자가 성숙하고 저장되는 부위이다.
- **정관(vas deferens):** 성숙한 정자가 요도(urethra)로 이동하는 통로이다.
- **부속생식샘(accessory gland)**
  전립샘(prostate gland)
  망울요도샘(bulbourethral gland)
  이들의 분비물이 정자와 합쳐져 정액(semen)을 형성한다.
- **음경(penis):**
  개(dog): 음경뼈(os penis)가 있어 교미 시 강직을 유지한다.
  고양이(cat): 음경귀두(glans penis)의 돌기(papillae)로 인해 교미 자극 시 배란이 유도된다.

중요 용어

암컷 생식기	
uterine tube; fallopian tube	난관
ovary	난소
vulva	음부
uterus	자궁
cervix	자궁목
vagina	질
vestibule	질어귀

수컷 생식기	
testis	고환
bulbourethral gland	망울요도샘
epididymis	부고환
penis	음경
prostate gland	전립샘
deferent duct(=vas deferens)	정관

용어 성분

용어 성분(접두어)	
hyster(o)-	자궁 예) hysterectomy 자궁절제술
oophor(o)-, ovar(i)-	난소 예) oophorectomy 난소절제술
vagin(o)-	질 예) vaginitis 질염
metr(o)-	자궁 예) metritis 자궁염
andr(o)-	수컷, 남성 예) androgen 남성호르몬

용어 성분(연결어)	
salping(o)-	난관, 자궁관 예) salpingitis 난관염
pen(i)-	음경 예) penile 음경의
testicul(o)-, orch(i)-	고환 예) orchitis 고환염
prostat(o)-	전립선 예) prostatitis 전립선염

용어 성분(접미어)	
-cyesis	임신 예) pseudocyesis 가짜임신
-partum	분만 예) postpartum 분만 후
-tocia	분만, 난산 예) dystocia 난산
-pexy	고정, 봉합 예) ovariopexy 난소고정술
-plasty	성형, 재건 예) vaginoplasty 질성형술
-rrhea	분비, 유출 예) metrorrhea 자궁출혈
-cele	탈출, 탈장 예) hydrocele 음낭수종

그림으로 살펴본 생식기계통

암컷 생식기계통

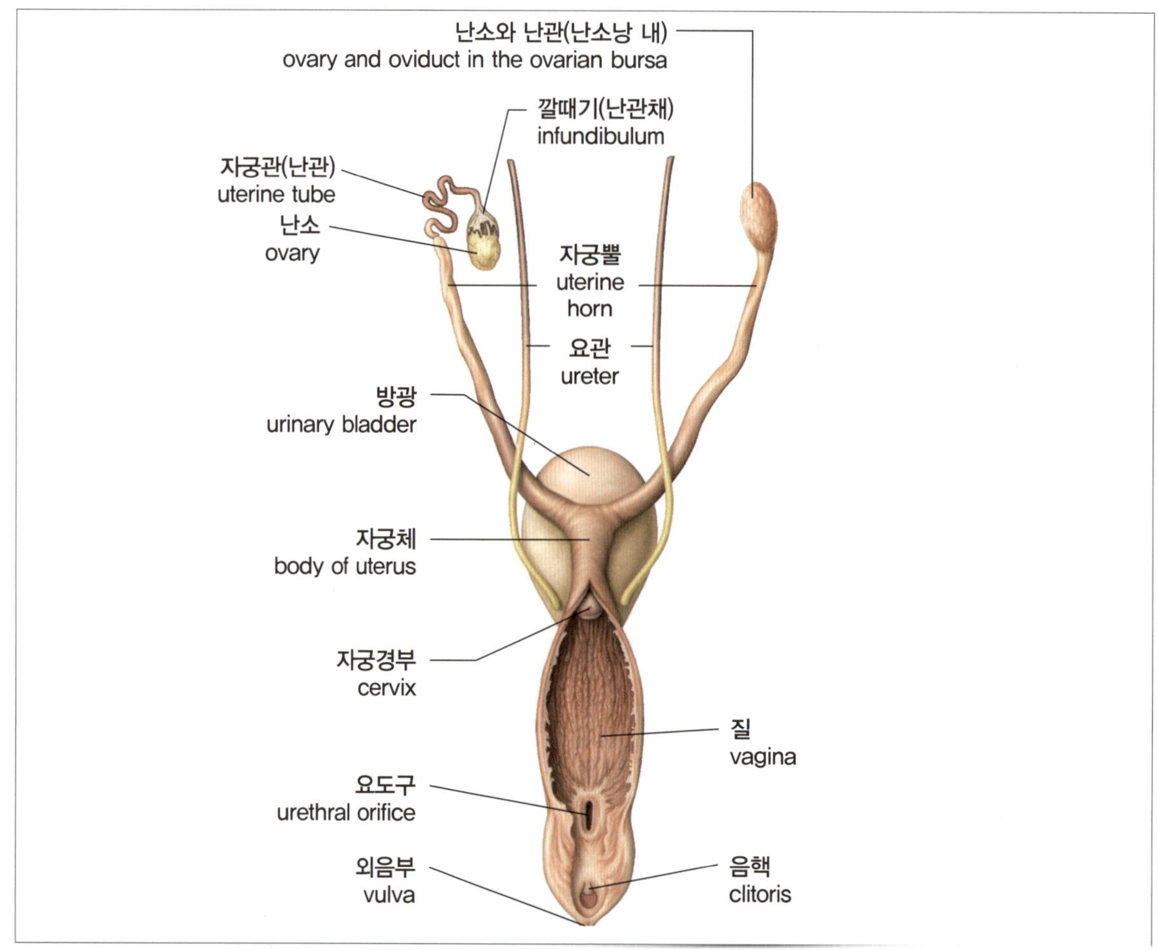

ovary and oviduct in the ovarian bursa [오버리 앤드 오비덕트 인 디 오버리언 버르사]
: 난소와 난관(난소낭 내)

infundibulum [인펀디불럼]: 깔때기(난관채)

uterine tube [유터라인 튜브]: 자궁관(난관)

ovary [오버리]: 난소

uterine horn [유터라인 혼]: 자궁뿔

ureter [유리터]: 요관

urinary bladder [유리너리 블래더]: 방광

body of uterus [바디 오브 유터러스]: 자궁체

cervix [서빅스]: 자궁경부

vagina [버자이나]: 질

urethral orifice [유리쓰럴 오리피스]: 요도구

clitoris [클리토리스]: 음핵

vulva [벌바]: 외음부

수컷 생식기계통

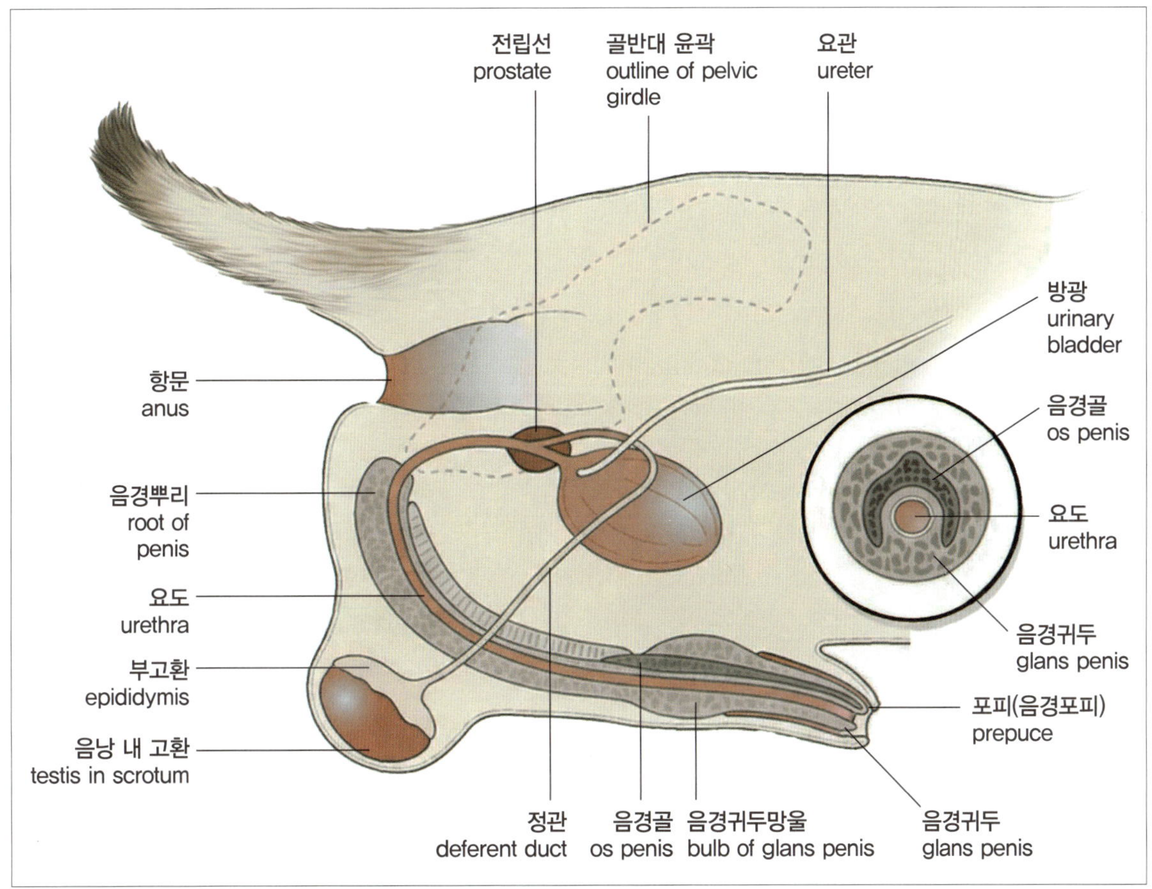

prostate [프로스테이트]: 전립선
outline of pelvic girdle [아웃라인 오브 펠빅 거들]: 골반대 윤곽
ureter [유리터]: 요관
urinary bladder [유리너리 블래더]: 방광
anus [에이너스]: 항문
root of penis [루트 오브 페니스]: 음경뿌리
urethra [유리쓰라]: 요도
epididymis [에피디디미스]: 부고환
testis in scrotum [테스티스 인 스크로텀]: 음낭 내 고환
deferent duct [데퍼런트 덕트]: 정관
os penis [오스 페니스]: 음경골
bulb of glans penis [벌브 오브 글랜스 페니스]: 음경귀두망울
glans penis [글랜스 페니스]: 음경귀두
prepuce [프리퓨스]: 포피(음경포피)

암컷 해부생리학

암컷의 생식기계통은 난소(ovary)에서 난자를 배출하고 에스트로겐(estrogen) · 프로게스테론(progesterone)을 분비하는 생식샘과, 난관(fallopian tube)을 거쳐 수정이 이루어지는 수정관, 수정란의 착상과 태아 발육이 이루어지는 자궁(uterus), 자궁경부(cervix) · 질(vagina) · 질어귀(vestibule) · 외음부(vulva)의 배출관계로 구성된다. 난소는 난소인대(suspensory ligament)와 난소주머니(ovarian bursa)에 의해 복강의 뒤쪽에 부착되고, 여포(follicle)의 발달 단계에 따라 에스트로겐을 분비하다 배란 후 황체(corpus luteum)를 형성해 프로게스테론을 분비한다. 난관의 깔때기(infundibulum)와 섬모(epithelial cilia)가 배란된 난자를 자궁뿔(uterine horn) 쪽으로 유도하며, 자궁내막(endometrium)은 배아 착상 전후로 두꺼워져 태반(placenta)을 지지한다. 자궁근층(myometrium)은 분만 시 강한 수축을 통해 태아를 밖으로 배출하는 역할을 한다.

수컷 해부생리학

발정주기(estrous cycle)는 발정전기(proestrus), 발정기(estrus), 발정후기(metestrus), 무발정기(anestrus)의 네 단계로 구분되며, 뇌하수체에서 분비되는 난포자극호르몬(Follicle-Stimulating Hormone, FSH) · 황체형성호르몬(Luteinizing Hormone, LH)과 시상하부의 생식샘자극호르몬(Gonadotropin-Releasing Hormone, GnRH), 그리고 난소 호르몬(에스트로겐·프로게스테론)의 상호작용으로 조절된다. 개는 계절에 상관없이 1년에 1~2회 발정을 겪는 자연배란동물이지만, 고양이는 봄 · 여름 등 일조량이 긴 시기에만 발정을 반복하는 계절성 유도배란동물이며, 교미 자극에 의해 배란이 일어난다.

의학용어	용어 성분	한글용어	뜻
anestrus [애네스트러스]	an-(없음)	무발정기	생식활동이 비활성상태
proestrus [프로에스트러스]	pro-(이전)	발정전기	발정 전 단계, 혈액성 분비물 시작
estrus [에스트러스]	없음(기본형)	발정기	발정이 일어나는 시기, 교미 수용
metestrus [메테스트러스]	meta-(다음)	발정후기	발정 직후 짧은 전환기 단계
diestrus [다이에스트러스]	di-(이중 또는 이후)	발정휴지기	발정 후의 황체기

발정과 성호르몬 관련 용어

의학용어	용어 성분	한글용어	뜻
estrous cycle [에스트러스 사이클]	estrous(발정 관련) + cycle(주기)	발정주기	암컷이 임신 가능 시기에 들어가는 주기
follicular phase [폴리큘러 페이즈]	follicular(난포 관련) + phase(단계)	난포기	난포가 성숙하고 에스트로겐이 분비되는 시기
follicle-stimulating hormone(FSH) [폴리큘스티- 스티뮬레이팅 호르몬]	follicle(난포) + stimulating(자극) + hormone(호르몬)	난포자극 호르몬	난포의 성숙을 유도하는 호르몬
prostaglandin [프로스타글랜딘]	prosta-(전립선) + -glandin(샘 분비물)	프로스타글란딘	자궁 근육을 수축시켜 분만을 유도하는 물질
luteal phase [루티얼 페이즈]	luteal(황체 관련) + phase(단계)	황체기	배란 후 황체가 형성되고 프로게스테론이 분비되는 시기
luteinizing hormone (LH) [루티나이징 호르몬]	luteinizing(황체화) + hormone(호르몬)	황체형성호르몬	배란을 유도하고 황체 형성을 촉진하는 호르몬
ovulation [오블레이션]	ovum(난자) + lation(배출)	배란	난자가 난소에서 방출되는 현상
gonadotropin [고나도트로핀]	gonad(생식샘) + tropin(자극)	생식샘자극 호르몬	생식샘(난소, 고환)을 자극하여 호르몬을 생성하는 호르몬
fertilization [퍼틸라이제이션]	fertilis(생산성 있는)	수정	정자와 난자가 결합하여 접합자가 형성되는 과정
estrogen [에스트로겐]	estrus(발정) + gen(생성)	에스트로겐	난포에서 생성되어 발정 행동과 생식 기관의 성숙을 유도
oxytocin [옥시토신]	oxys(빠른) + tokos(출산)	옥시토신	자궁 수축을 촉진하여 분만을 돕는 호르몬
progesterone [프로제스테론]	pro(before) + gestation(임신)	프로게스테론	황체에서 생성되어 임신을 유지하는 호르몬

임신 기간(gestation)은 개·고양이 모두 약 63일로, 수정 후 접합자는 난관을 거쳐 자궁뿔에 착상(implantation)한 뒤 배아·태아 단계로 발달하고, 이 과정에서 태반으로부터 영양·산소를 공급받으며, 분만(parturition) 전후에는 옥시토신(oxytocin)에 의해 자궁 수축이 촉진된다. 출생 직후 초유(colostrum) 섭취는 어미의 항체를 전달받아 신생동물(neonate)의 생존에 필수적이다.

유즙 분비 관련 용어

의학용어	용어 성분	한글용어	뜻
agalactia [어갤랙티아]	a(없음) + galactia(젖)	무유증	젖이 생성되지 않거나 매우 적게 나오는 상태
galactostasis [갤럭토스태시스]	galacto(젖) + stasis(정체)	유즙정체	유즙이 정상적으로 분비되지 않고 정체되어 염증이 발생하는 상태
colostrum [콜로스트럼]	colostrum(초유)	초유	출산 직후에 분비되는 진한 영양분이 많은 젖

암캐의 생식기 질환은 단순히 생식 기능의 이상에 그치지 않고, 건강 전반과 생명 유지에 직접적인 영향을 미친다. 이러한 질환은 해부학적 구조와 호르몬 변화, 번식 주기, 외상, 감염 등 다양한 요인들이 복합적으로 작용하여 발생하며, 질병 간 상호 연관성과 진행 과정이 유기적으로 연결되어 있다는 점에서 통합적인 이해가 요구된다.

대표적인 생리적 현상이면서 병적 상태로 발전할 수 있는 예가 가임신(pseudopregnancy)이다. 이는 임신하지 않은 암캐가 발정 후 황체기 동안 프로락틴의 작용으로 유방이 발달하고 모성 행동을 보이며, 유즙 분비까지 나타나는 상태다. 대부분 자연 소실되지만 반복되거나 증상이 심하면 병적 가임신으로 간주되어 치료가 필요할 수 있다. 이와 유사하게, 호르몬의 불균형은 난소낭종(ovarian cyst)의 원인이 되며, 이는 난포가 정상적으로 배란되지 못하고 난소 내에 액체를 축적하는 병태이다. 이 현상이 다발성으로 나타나면 다낭성 난소 증후군(polycystic ovarian syndrome, PCOS)으로 진단되며, 발정 장애나 불임을 유발할 수 있다.

이러한 생식기 내분비 질환과 함께, 임신 및 분만 과정에서 발생하는 다양한 병태들도 중요한 임상적 관심 대상이다. 예를 들어, 난산(dystocia)은 태아의 크기, 자세 이상, 자궁 무력증 등으로 인해 정상적인 분만이 진행되지 않는 상태이며, 조기 인식이 늦어질 경우 산모와 태아 모두에게 위협이 된다. 자궁꼬임(uterine torsion)은 임신 중 또는 비임신 상태에서도 자궁이 비틀려 혈류가 차단되며, 이는 급성 복통, 태아 사망, 쇼크로 이어질 수 있는 응급 상황이다. 또한, 드물지만 자궁외임신(ectopic pregnancy)이 발생하면 수정란이 자궁 외부인 난관이나 복강 내에 착상하여 심한 복강 내 출혈을 유발할 수 있다.

정상적인 임신이 유지되더라도 태아가 자궁 내에서 생존하지 못하고 사망할 경우 태아사망(fetal death)으로 진단되며, 이는 감염, 저산소증, 기형 등이 원인이며, 적절한 조치가 없을 경우 산모의 건강에도 위험을 줄 수 있다. 태아가 사망하거나 자궁 환경에 감염이 발생하면 유산(abortion)이 자연스럽게 일어나거나 인위적으로 유도해야 하며, 감염병(예: 브루셀라)이나 외상이 흔한 원인이다. 또 다른 응급 질환으로 자간증(eclampsia)이 있으며, 이는 수유 중인 암캐에서 혈중 칼슘 농도가 급격히 저하되어 근육 경련, 고열, 정신 혼미가 나타나는 상태로, 즉각적인 칼슘 보충[예: 글루콘산칼슘 정맥 주사(calcium gluconate IV)]이 필요하다.

이러한 질환들과 관련하여 자궁 내 감염성 질환 중 가장 위험한 상태는 자궁축농증(pyometra)이다. 이는 호르몬 변화(주로 프로게스테론)와 세균 감염이 복합적으로 작용하여 자궁 내에 고름이 축적되는 병태로, 치료하지 않으면 패혈증, 신부전으로 이어질 수 있다. 특히 중성화하지 않은 암캐에서 흔히 발생하며, 대부분 외과적 자궁적출술이 요구된다.

이처럼 자궁의 상태는 전신 건강과 직결되며, 출산 직후 발생할 수 있는 자궁탈출(uterine prolapse)도 위중한 상황 중 하나이다. 자궁이 질을 통해 체외로 돌출되는 병태로, 심한 출혈과 감염을 동반하며 빠른 외과적 처치가 요구된다. 유사하게, 질탈출증(vaginal prolapse)은 주로 발정기나 분만 직전 개체에서 호르몬 영향으로 질 조직이 외부로 탈출되는 현상이다.

이외에도, 암컷 생식기에 발생할 수 있는 종양성 병변(female genital tumors)은 질, 자궁, 외음부 등에서 발생할 수 있으며, 양성과 악성이 혼재하므로 조직검사와 영상 진단을 통한 평가가 필요하다. 또한 유선에 관련된 질환들도 중요하다. 유방염(mastitis) 은 수유 중 세균 감염에 의해 유선이 붓고 통증을 유발하는 염증성 질환이며, 감염이 심할 경우 전신 증상과 패혈증으로 악화될 수 있다. 반면, 유선 종양(mammary gland tumor)은 중년 이후 중성화 안 된 암컷에서 흔히 발생하는 질환으로, 조기 진단과 외과적 절제가 가장 효과적인 치료법이며, 악성 종양의 경우 전이 가능성을 고려해야 한다.

한편, 생식기 구조물의 해부학적 이상으로 인해 발생하는 병태도 존재한다. 대표적인 예가 요도탈출증(urethral prolapse)으로, 주로 소형견에서 요도 점막이 외부로 돌출되며, 출혈과 배뇨장애를 동반할 수 있다. 이는 외상, 반복적 배뇨, 호르몬 영향 등 여러 요소가 복합적으로 작용한 결과이다. 질염(vaginitis) 또한 감염이나 외상, 해부학적 기형에 의해 발생할 수 있으며, 특히 미성숙 암컷에서 흔히 나타나며 점액성 또는 농성 분비물이 주요 증상이다.

암컷 생식기계통 질환 관련 용어

의학용어	용어 성분	한글용어	뜻
ovarian cyst [오버리언 시스트]	ovary(난소) + an(…의) /cyst(낭종, 주머니)	난소낭종	난포가 성숙하지 못하고 난소에 고이는 상태
female genital tumors [피메일 제니털 튜머스]	female(암컷) /genital(생식의) /tumor(종양)	암컷 생식기 종양	암컷의 질, 외음부, 자궁 등에 발생하는 종양
urethral prolapse [유리스럴 프로랩스]	urethra(요도) + al(…의) /prolapse(탈출)	요도 탈출증	요도의 끝이 밖으로 돌출되는 현상
mammary gland tumor [매머리 글랜드 튜머]	mamma(유방) + ary(…의)/gland(샘) /tumor(종양)	유선 종양	유선에 발생하는 종양, 특히 암컷에서 흔함
calcium gluconate [칼슘 글루코네이트]	calcium(칼슘)/gluconic acid(포도당 유래 산) + ate(염)	글루콘산 칼슘	자간증으로 인한 저칼슘혈증을 치료하기 위한 칼슘 보충제
uterine torsion [유터린 토션]	uterus(자궁) + ine(…의) /torsio(비틀림)	자궁꼬임	자궁이 비틀리면서 혈액 공급이 차단되는 상태
uterine prolapse [유터린 프로랩스]	uterus(자궁) + ine(…의) /prolapse(탈출)	자궁탈출	자궁이 질을 통해 외부로 돌출되는 현상
vaginal prolapse [배시날 프로랩스]	vagina(질) + al(…의) /prolapse(탈출)	질탈출증	질이 외부로 돌출된 상태
fetal death [피털 데쓰]	fetus(태아) + al(…의) /death(죽음)	태아사망	임신 중 태아가 자궁 내에서 사망하는 현상
pseudopregnancy [슈두프레그넌시]	pseudo(가짜) + pregnancy(임신)	가임신	임신하지 않은 암캐에서 발정 주기 동안 호르몬 변화로 유사한 임신 증상이 나타나는 상태
dystocia [디스토시아]	dys(어려움) + tokos(출산)	난산	정상적인 분만이 진행되지 않는 상태
polycystic ovarian syndrome(PCOS) [폴리시스틱 오버리언 신드롬]	poly(많은) + cystic(낭성)	다낭성 난소 증후군	여러 개의 난포가 난소에 축적되어 배란이 어려운 상태

의학용어	용어 성분	한글용어	뜻
mastitis [매스티타이츠]	mastos(유방) + -itis(염증)	유방염	유선에 염증이 생기는 질환
abortion [어버션]	–	유산	임신 중 태아가 생존하지 못하고 배출되는 현상
eclampsia [이클램프시아]	–	자간증	산후 저칼슘혈증으로 발생하는 응급 상황
ectopic pregnancy [엑토픽 프레그넌시]	ectopic(비정상 위치) + pregnancy(임신)	자궁외임신	수정란이 자궁이 아닌 다른 부위에 착상하는 현상
pyometra [파이어미트라]	pyo(고름) + metra(자궁)	자궁축농증	자궁에 고름이 쌓이는 질환
vaginitis [배저나이티스]	vagina(질) + -itis(염증)	질염	질의 염증으로, 어린 강아지에서 흔하게 발생하며 성견에서도 감염, 외상, 해부학적 이상으로 발생

수캐의 생식기 질환은 단순히 생식 기관의 이상에 국한되지 않고, 전신적인 건강 상태, 행동 변화, 그리고 번식 능력에까지 영향을 미친다. 이러한 질환들은 대부분 서로 유기적으로 연결되어 있으며, 해부학적 위치와 생리적 기능의 밀접한 관계 속에서 다양한 임상 증상으로 나타난다.

예를 들어, 고환하강(testicular descent)은 태생기 또는 출생 직후 정상적으로 고환이 복강에서 음낭으로 내려오는 중요한 과정이다. 이 과정이 정상적으로 이루어지지 않을 경우 고환잠복증(cryptorchidism)이 발생하며, 이는 수컷 생식기 질환의 중요한 출발점이 된다. 잠복고환은 고환 종양(testicular tumor)의 발병 위험을 현저히 증가시키며, 특히 세르톨리세포종이나 라이디히세포종과 같은 종양을 유발할 수 있다.

고환 및 그 부속기관의 염증성 질환도 주의가 필요하다. 고환염(orchitis)과 부고환염(epididymitis)은 종종 세균 감염이나 전립선 질환과 연관되어 발생하며, 고환과 부고환의 통증, 부종, 발열을 동반한다. 이러한 감염은 방치될 경우 정자 형성에 악영향을 미쳐 불임으로 이어질 수 있다. 이와 더불어 음낭 종양(scrotal tumor) 역시 발생할 수 있으며, 이는 음낭 조직 자체에 생기는 종양성 병변으로 고환 종양과 구분되어야 한다.

음경과 포피 역시 다양한 질환에 취약하다. 감돈포경(paraphimosis)은 교미나 자가 손질 후 음경이 포피 밖으로 돌출된 채로 돌아가지 못하는 상태로, 혈류 장애를 유발하며 조직

괴사까지 초래할 수 있는 응급 상황이다. 이 상태가 반복되거나 장시간 지속되면 지속발기증(priapism)과 유사한 병태로 진행되기도 한다. 음경 자체에 발생하는 음경 종양(penile tumor)은 전염성 생식기 종양(Transmissible Venereal Tumor, TVT)과 같이 직접 접촉에 의해 전파될 수 있는 경우도 있으며, 출혈성 궤양, 분비물, 통증을 유발한다. 이와 유사하게 포피 종양(preputial tumor)도 외부 구조물에서 종양이 발생하는 병태로, 육안적 변화가 쉽게 관찰되어 조기 진단이 가능하다.

수캐의 생식기계통에서 가장 중심적인 역할을 하는 장기인 전립샘(전립선)은 고령에서 다양한 이상을 보인다. 전립선 비대증(benign prostatic hyperplasia)은 대부분의 중년 이후 수컷에서 나타나는 자연스러운 노화 변화로, 호르몬 불균형으로 인해 전립선이 커지며 배뇨 곤란, 배변 장애, 혈뇨 등의 증상이 동반된다. 이러한 비대는 세균 감염이 동반될 경우 전립선염(prostatitis)으로 진행되고, 심화되면 고름이 축적되어 전립선 농양(prostatic abscess)을 형성하기도 한다. 반면, 전립선 종양(prostatic neoplasia)은 예후가 매우 불량한 악성 질환으로, 주변 장기 침습 및 원격 전이를 일으키며, 전립선계 질환 중 가장 공격적인 형태로 분류된다.

이처럼 수캐의 생식기 질환은 해부학적 구조와 생리적 기능이 긴밀하게 연결되어 있어, 하나의 질환이 다른 기관의 병태를 유발하거나 악화시키는 방식으로 상호 작용한다. 예를 들어, 고환에 생긴 종양이 호르몬 분비를 변화시키고, 이는 전립샘 비대나 전신적인 대사 이상으로 이어질 수 있다. 음경 외상의 경우 감돈포경이나 지속발기증 같은 2차적인 병태를 유발하며, 이는 다시 전립샘 긴장이나 배뇨장애를 초래할 수 있다.

따라서 수캐의 생식기 질환은 단편적으로 진단하고 치료할 것이 아니라, 전체 생식기계통과 내분비계통, 전신 증상을 아우르는 통합적 관점에서 접근해야 한다. 정기적인 생식기 검진과 조기 중성화 수술은 많은 질환의 예방에 기여하며, 이미 발생한 병변은 병리적 연관성을 고려해 체계적으로 관리되어야 한다.

수컷 생식기계통 질환 관련 용어

의학용어	용어 성분	한글용어	뜻
penile tumor [페닐 튜머]	penis(음경) + ile(…의) /tumor(종양)	음경 종양	음경에 발생하는 악성 또는 양성 종양
penile trauma [페닐 트라우마]	penis(음경) + ile(…의) /trauma(외상)	음경외상	교배나 외상으로 인해 음경이 손상되는 경우
scrotal tumor [스크로털 튜머]	scrotum(음낭) + al(…의) /tumor(종양)	음낭 종양	음낭에 발생하는 종양

의학용어	용어 성분	한글용어	뜻
testicular tumor [테스티큘러 튜머]	testis(고환) + cular(…의) /tumor(종양)	고환 종양	고환에 발생하는 종양, 특히 잠복고환(cryptorchid)에서 빈발
testicular descent [테스티큘러 디센트]	testis(고환) + cular(…의)/de(아래) + scendere(내려가다)	고환하강	배 안에서 생성된 고환이 음낭으로 내려오는 과정
prostate disorder [프로스트레이트 디스오더]	prostate(전립선) /disorder(질환)	전립샘 장애	전립샘의 염증, 비대, 또는 종양 발생
prostatic abscess [프로스태틱 앱세스]	prostate(전립선) + ic(…의)/abscess(농양)	전립선 농양	전립선 내부에 화농성 삼출물이 고이는 상태
benign prostatic hyperplasia [비나인 프로스태틱 하이퍼플라지아]	benign(양성) /prostate(전립선) + ic(…의)/hyper(과다) + plasia(형성)	전립선 비대증	고령의 수컷에서 전립선이 비대해지는 질환
prostatic neoplasia [프로스태틱 니오플라지아]	prostate(전립선) + ic(…의)/neo(새로운) + plasia(형성)	전립선 종양	전립선에 발생하는 악성 종양
preputial tumor [프리퓨셜 튜머]	pre(앞) + putium(덮개, 포피) + ial(…의)/tumor(종양)	포피 종양	포피에 생기는 종양
paraphimosis [패러피모시스]	para(옆에) + phimosis(좁아짐)	감돈포경	포피가 음경을 덮지 못해 노출된 상태가 지속되는 현상
orchitis [오카이타이티스]	orchis(고환) + -itis(염증)	고환염	고환에 염증이 생기는 질환
cryptorchidism [크립토르키디즘]	kryptos(숨겨진) + orchis(고환)	고환 잠복증	고환이 음낭으로 내려오지 못한 상태
epididymitis [에피디디미타이티스]	epididymis(부고환) + -itis(염증)	부고환염	부고환에 염증이 생기는 질환
prostatitis [프로스태타이타이츠]	prostate(전립선) + -itis(염증)	전립선염	전립선의 염증으로 급성과 만성으로 나뉨
priapism [프리아피즘]	priapos(그리스 신)	지속 발기증	발기 상태가 비정상적으로 지속되는 현상

암캐의 번식 생리와 임신, 출산 과정은 정교한 호르몬 조절과 해부학적 구조의 협응을 통해 진행되며, 각 단계에서 다양한 생리적 사건들이 유기적으로 연결된다. 이 장에서는 암캐의 발정 주기부터 수태, 임신, 출산, 그리고 산후 처리까지의 주요 개념과 전문 용어를 중심으로 체계적으로 서술한다.

암캐의 번식 주기는 일반적으로 난포기(follicular phase)에서 시작된다. 이 시기는 에스트로겐의 증가로 특징지어지며, 난소 내에서 여러 개의 난포(follicle)가 성숙하고 발정기 행동(예: 수컷에 대한 수용성 증가, 출혈성 외음부 분비물)이 관찰된다. 이 시기의 암캐는 둥지 틀기(nesting)와 같은 초기 모성 행동을 보이기도 한다. 난포기의 말미에는 배란(ovulation)이 일어나며, 성숙한 난자가 난소를 빠져나와 수정을 준비한다.

유도배란(induced ovulation)은 고양이와 같은 종에서 더 전형적이지만, 일부 암캐에서도 성적 자극에 의해 배란 시점이 영향을 받을 수 있다. 배란된 난자는 수컷의 정자와 만나 수정(fertilization)이 이루어지면, 접합자(zygote)를 형성한다. 이 접합자는 세포 분열을 거쳐 배아(embryo)로 발달하며, 이후 자궁 내벽에 착상(implantation)된다. 이 과정을 통해 암캐는 본격적인 임신(gestation) 상태에 들어서게 된다.

임신 초기에는 배아가 정상적으로 착상하지 못하거나 자궁의 환경이 적절하지 않으면 재흡수(reabsorption)가 일어나기도 한다. 이는 배아가 조기 흡수되어 임상적으로 인지되지 않으며, 종종 자연적인 번식 실패로 간주된다.

임신이 정상적으로 유지되면 배아는 점차 태아(fetus)로 발달하고, 자궁 내에서 자리를 잡는다. 임신 말기에는 출산을 준비하는 일련의 생리적 변화가 나타나며, 이는 점진적인 자궁 수축(uterine contraction)의 증가와 관련이 있다. 이러한 자궁의 활동은 결국 출산(parturition)으로 이어지며, 이 과정은 크게 세 단계로 구분된다: 자궁경부 이완과 초기 수축, 태아만출(fetal expulsion), 그리고 태반 배출(placental expulsion)이다.

출산 중 또는 직후에는 다양한 개입이 필요할 수 있다. 예를 들어, 태아의 위치 이상이나 난산이 발생한 경우 수동 처치(manual manipulation)를 통해 태아 자세를 교정하거나, 질문을 통한 태아 인출이 시도된다. 필요에 따라 외음절개술(episiotomy)이 시행되어 산도를 넓히고 조직 손상을 최소화하기도 한다.

자연분만이 불가능하거나 태아 또는 모체의 생명이 위협받는 경우, 제왕절개(caesarean section)가 시행된다. 이는 복부와 자궁을 절개하여 태아를 분만시키는 외과적 수술로, 응급 상황뿐 아니라 계획적 수술로도 고려될 수 있다. 반대로, 번식 계획이 없거나 자궁 질환(예: 자궁축농증)이 있는 경우 자궁적출술(hysterectomy)이 시행되어 자궁과 난소를 제거하게 된다.

출산 직후에는 산모 안정화(maternal stabilization)가 이루어져야 한다. 이는 체온, 심박수, 자궁 수축 상태, 태반의 완전 배출 여부 등을 점검하는 과정으로, 산후 출혈, 패혈증 등 합병증의 조기 발견을 위해 중요하다. 이 시기에는 모성이 유도되어야 하는데, 일부 개체에서는 부적절한 모성행동(inappropriate maternal behavior)이 나타날 수 있다. 예를 들어, 자견을 돌보지 않거나 공격하는 행동 등이 이에 해당하며, 신속한 교정 또는 인공 포유가 필요할 수 있다.

한편, 인공수정(artificial insemination)은 수컷 없이 암캐의 수태를 유도하는 기술로, 정액을 직접 자궁 또는 질 내로 주입하여 수정 가능성을 높인다. 이 방법은 특히 유전적 계획 교배, 원거리 수컷의 정액 사용, 불임 방지 등의 목적으로 활용된다.

임신 출산 관련 용어

의학용어	용어 성분	한글용어	뜻
follicular phase [폴리큘러 페이즈]	follicle(여포) + ar(…의) /phase(단계)	난포기	난포가 성숙하고 에스트로겐이 분비되는 시기
nesting [네스팅]	nest(둥지) + ing(행위)	둥지틀기	출산 전 본능적으로 안락한 장소를 만드는 행동
ovulation [오뷸레이션]	ovum(난자) + lation(배출)	배란	난자가 난소에서 방출되는 현상
embryo [엠브리오]	embryon(싹, 배아)	배아	세포분열 후 초기 발달 단계의 생명체
zygote [자이고트]	zygo(결합) + te(생성물)	접합자	수정된 난자로, 세포분열을 시작하여 배아로 발달
fertilization [퍼틸라이제이션]	fertilis(생산성 있는) + ation(과정)	수정	정자와 난자가 결합하여 접합자가 형성되는 과정
induced ovulation [인듀스트 오뷸레이션]	inducere(이끌다) + d(된)/ovum(난자) + lation(배출)	유도배란	교배 시 자극에 의해 배란이 유도되는 현상
artificial insemination [아티피셜 인세미네이션]	artificialis(인위적)/in(안) + semen(정액) + ation(과정)	인공수정	수컷의 정자를 암컷의 생식기에 인위적으로 주입하는 기술
fetus [피터스]	fetus(태아, 자라나는 것)	태아	배아가 주요 기관을 형성한 후 출산 전까지의 단계

(계속)

의학용어	용어 성분	한글용어	뜻
reabsorption [리애브소프션]	re(다시) + absorb(흡수하다) + tion(과정)	재흡수	초기 임신 중 태아가 흡수되는 현상
gestation [제스테이션]	gestare(나르다, 임신하다) + tion(과정)	임신	수정 후 배아가 자궁에서 발달하는 기간
uterine contraction [유터린 컨트랙션]	uterus(자궁) + ine(…의) /con(함께) + trahere(끌다)	자궁 수축	자궁 근육이 수축하여 태아를 밀어내는 과정
hysterectomy [하이스트렉토미]	hyster(자궁) + ectomy(절제)	자궁적출술	자궁을 외과적으로 제거하는 수술
caesarean section [시저린 섹션]	caesar(이름 유래) + an(…의)/sectio(절개)	제왕절개	자연 분만이 어려울 때 배를 절개하여 새끼를 출산하는 수술
implantation [임플랜테이션]	im(안에) + plantare(심다) + tion(과정)	착상	수정란이 자궁벽에 부착하여 발달을 시작하는 과정
parturition [파트리션]	parturire(출산하다) + tion(과정)	출산	태아가 모체로부터 나오는 과정
placental expulsion [플레이센탈 익스펄전]	placenta(태반) + al(…의) /ex(밖으로) + pellere(밀다)	태반 배출	분만 후 태반이 체외로 나오는 과정
fetal expulsion [퓨털 익스펄전]	fetus(태아) + al(…의) /ex(밖으로) + pellere(밀다)	태아만출	태아가 산도를 통해 체외로 나오는 과정
inappropriate maternal behavior [인인프로프리에잇 매터널 비헤이비어]	inappropriate (부적절한) /mater(어머니) + nal(…의) + behavior(행동)	부적절한 모성행동	어미가 새끼를 거부하거나 공격하는 이상 행동
maternal stabilization [머터널 스태빌러제이션]	mater(어머니) + nal(…의) /stabilize(안정) + tion(과정)	산모 안정화	분만 전 또는 중에 산모의 상태를 안정화하는 과정
manual manipulation [매뉴얼 매니퓰레이션]	manus(손) + al(…의) /manipulation (처치)	수동 처치	손을 사용하여 태아를 조정하거나 배출을 돕는 방법
episiotomy [에피시오토미]	epision(외음부) + tomy(절개)	외음절개술	질을 넓히기 위해 외음부를 절개하는 수술

Ch 8. 피부계통 의학용어

피부계통 훑어보기

정의 및 기능

피부(skin, integument)는 포유류에서 가장 큰 기관으로, 외부 환경으로부터 신체를 보호하고 체온 조절, 감각, 대사 및 분비 기능을 담당한다. 피부는 표피(epidermis), 진피(dermis), 피하조직(hypodermis/subcutis)으로 이루어져 있으며, 다양한 부속기관(skin appendage)과 함께 생리적 항상성과 행동적 기능을 조절한다.

피부층 구조

- **표피(epidermis):** 혈관이 없는 무혈관층으로, 주로 각질형성세포(keratinocyte)로 구성되어 물리적 장벽을 형성한다.
  기저층(stratum basale): 세포 분열과 재생 담당
  과립층(stratum granulosum): 각화 진행
  투명층(stratum lucidum): 두꺼운 피부에서 관찰
  각질층(stratum corneum): 무핵의 각질세포가 층을 이루어 보호 기능 수행
- **진피(dermis):** 결합조직층으로 혈관, 신경, 피지선, 땀샘, 모낭 등이 위치한다.
  피부에 영양과 감각을 공급
  탄력과 강도를 부여
- **피하조직(hypodermis, subcutis):** 지방조직과 결합조직으로 구성된다.
  외부 충격 흡수
  체온 유지
  에너지 저장

피부 부속기관

- **모발(hair):** 체온 유지, 감각, 보호 기능 담당
  모간(hair shaft), 모근(hair root)으로 구성
  모유두(hair papilla): 혈관·신경 연결로 성장 조절
- **모낭(hair follicle):** 모발 형성 단위

입모근(arrector pili muscle), 피지선(sebaceous gland), 아포크린선(apocrine gland)과 기능 단위 형성

- **피지선(sebaceous gland):** 피지를 분비하여 피부와 털의 윤활 및 수분 증발 방지
- **한선(sweat gland)**
  아포크린선(apocrine gland): 점성 분비물, 페로몬 기능
  에크린선(eccrine gland): 수분성 땀 분비, 체온 조절
- **유선(mammary gland):** 젖을 분비하여 새끼 생존 보장
- **항문선(anal gland):** 배변 시 분비물 방출, 개체 식별 및 사회적 의사소통에 기여

중요 용어

피부계통(skin system)	
epidermis	표피층
stratum basale	기저층
stratum granulosum	과립층
stratum lucidum	투명층
stratum corneum	각질층
dermis	진피

피부 부속기관(skin appendages)	
hair	모발
hair follicle	모낭
sebaceous gland	피지선
sweat gland	한선
mammary gland	유선
anal gland	항문선

용어 성분

용어 성분(접두어)	
derm(o)-, dermat(o)-	피부 예) dermatitis 피부염
cuti-	피부 예) cuticle 큐티클, 피부 표층
melan(o)-	검은색, 멜라닌 예) melanoma 흑색종
erythr(o)-	빨강, 적색 예) erythroderma 피부적색증
leuk(o)-	흰색 예) leukoderma 백피증

용어 성분(연결어)	
kerat(o)-	각질, 뿔 예) keratosis 각화증
pil(o)-, trich(o)-	털, 모발 예) trichomycosis 털진균증
seb(o)-	피지 예) seborrhea 지루, 피지과다
hidr(o)-, sudor(i)-	땀 예) hyperhidrosis 다한증

용어 성분(접미어)	
-itis	염증 예) dermatitis 피부염
-osis	병적 상태 예) dermatosis 피부질환
-oma	종양 예) lipoma 지방종
-ectomy	절제 예) excision of skin 피부절제술
-plasty	성형, 재건 예) dermaplasty 피부재건술
-derma	피부 상태 예) scleroderma 피부경화증
-algia	통증 예) dermatodynia 피부통

그림으로 살펴본 피부계통

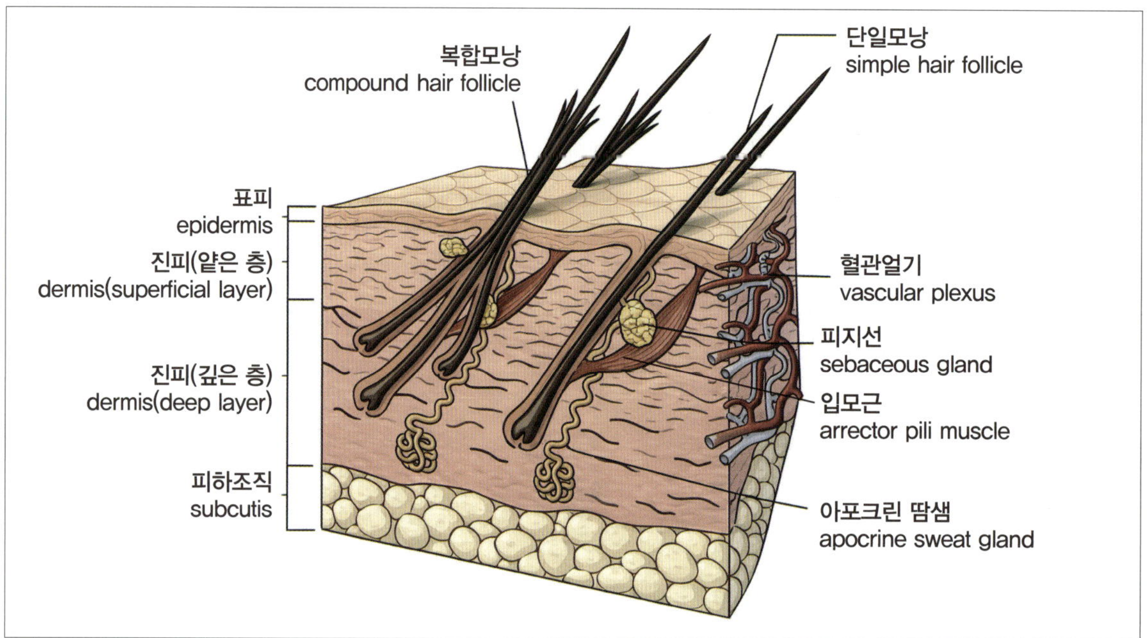

epidermis [에피더미스]: 표피
dermis(superficial layer) [더미스(수퍼피셜 레이어)]: 진피(얕은 층)
dermis(deep layer) [더미스(딥 레이어)]: 진피(깊은 층)
subcutis [섭큐티스]: 피하조직
compound hair follicle [컴파운드 헤어 폴리클]: 복합모낭
simple hair follicle [심플 헤어 폴리클]: 단일모낭
vascular plexus [배스큘러 플렉서스]: 혈관얼기
sebaceous gland [서베이셔스 글랜드]: 피지선
arrector pili muscle [어렉터 파일리 머슬]: 입모근
apocrine sweat gland [아포크라인 스웻 글랜드]: 아포크린 땀샘

피부의 해부생리학

가장 바깥쪽 층은 표피(epidermis, 피부의 바깥층)로, 상피조직으로 구성되어 있으며 주로 각질형성세포(keratinocyte)로 이루어져 있다. 표피는 혈관이 없는 무혈관층으로, 외부 자극을 막아내는 물리적 방어벽 역할을 한다. 표피는 다시 네 개의 세포층으로 세분된다. 가장

바깥층은 각질층(stratum corneum, 죽은 각질세포층)으로, 세포핵이 없는 편평한 죽은 세포들이 겹겹이 쌓여 강한 보호 기능을 수행한다. 그 아래에는 투명층(stratum lucidum, 맑고 투명한 층)이 위치하며, 이 층은 손바닥이나 발바닥처럼 마찰이 많은 부위에만 존재한다. 다음으로는 과립층(stratum granulosum, 과립성 세포층)으로, 여기에서 세포들은 각화유리질(keratohyaline) 과립을 형성하며 각질화 과정이 활발히 일어난다. 가장 깊은 층은 기저층(stratum basale, 세포분열층)으로, 지속적인 세포분열을 통해 새로운 표피세포를 생성한다.

표피 아래에는 진피(dermis, 피부 중심층)가 위치하며, 이는 혈관, 신경, 피지선, 땀샘, 모낭 등 다양한 부속기관을 포함하는 결합조직 층이다. 진피는 피부의 탄력성과 강도를 제공하며, 영양 공급, 감각 전달, 체온 조절에 핵심적인 기능을 수행한다.

가장 아래층은 피하조직(hypodermis 또는 subcutis, 피부 아래층)으로, 주로 지방세포와 결합조직으로 구성되어 있으며 외부 충격을 흡수하고 체온을 유지하는 데 기여한다. 이 층은 내부 장기 보호와 지방 형태의 에너지 저장 기능도 담당한다.

피부 구조 관련 용어

의학용어	용어 성분	한글용어	뜻
epidermis [에피더미스]	epi-(위) + -dermis(피부)	표피	피부의 바깥층
dermis [더미스]	-dermis(피부)	진피	피부 중심층
hypodermis [하이포더미스]	hypo-(아래)+-dermis(피부)	피하조직	피부 아래층

피부 구조 관련 용어

의학용어	용어 성분	한글용어	뜻
stratum corneum [스트라툼 코르눔]	stratum: 층(layer), corneum: 뿔, 각질(horny)	각질층	죽은 각질세포층
stratum lucidum [스트라툼 루시둠]	stratum: 층, lucidum: 빛나는, 맑은(clear, bright)	투명층	맑고 투명한 층

(계속)

의학용어	용어 성분	한글용어	뜻
stratum granulosum [스트라툼 그라뉼로숨]	stratum: 층, granulosum: 과립 있는(grainy)	과립층	과립성 세포층
stratum basale [스트라툼 바살레]	stratum: 층, basale: 기저, 바닥(base)	기저층	세포분열층

포유류의 피부에는 다양한 부속 구조물이 존재하며, 그중 모발(hair)은 체온 유지, 감각 기능, 피부 보호 등의 중요한 역할을 수행한다. 모발은 크게 피부 밖으로 돌출된 부분인 모간(hair shaft)과 피부 속에 위치한 모근(hair root)으로 구성된다. 모근은 진피 내의 모낭(hair follicle)에 의해 둘러싸이며, 그 기저부에는 혈관과 신경이 풍부한 모유두(hair papilla)가 존재하여 털의 성장과 영양 공급을 조절한다.

모낭에 부착된 입모근(arrector pili muscle)은 평활근으로 구성되어 있으며, 교감신경의 자극을 받으면 수축하여 털을 세운다. 이 작용은 추위나 감정적 자극 시 발생하며, 일명 '닭살' 현상을 일으키는 원인이 된다. 모낭에는 또한 피지선(sebaceous gland)이 연결되어 있어 피지(sebum)를 분비한다. 피지는 모발과 피부를 부드럽게 하고 수분 손실을 막는 보호막 역할을 한다.

포유류의 털은 기능과 형태에 따라 분류되며, 그 중 경모(guard hair)는 굵고 단단한 보호털로서 외부 자극으로부터 피부를 보호하고, 양모(wool hair)는 부드럽고 얇으며 체온 유지에 중요한 역할을 한다. 대부분의 동물은 이 두 가지 털을 동시에 갖추고 있으며, 털의 밀도와 분포는 종과 품종에 따라 다양하게 나타난다.

모발 및 털 관련 용어

의학용어	용어 성분	한글용어	뜻
hair [헤어]	hair(털)	털, 모발	피부에서 자라는 케라틴성 구조
hair shaft [헤어 샤프트]	hair(털) + shaft(축, 줄기)	모간, 피부 밖으로 나온 부분	피부 밖으로 드러난 모발 부분
hair root [헤어 루트]	hair(털) + root(뿌리)	모근, 피부 속 부분	피부 속에 위치한 모발의 뿌리 부분
hair papilla [헤어 퍼필라]	hair(털) + papilla(작은 돌기, 라틴어)	모유두, 모발 성장 영양공급부	모근 안에 위치, 영양 공급과 성장 관여

의학용어	용어 성분	한글용어	뜻
arrector pili muscle [어렉터 파일리 머슬]	arrector(세우는) + pili(털, pilus) + muscle(근육)	입모근, 털을 세우는 근육	추위나 자극에 반응해 털을 세우는 근육
guard hair [가드 헤어]	guard(보호) + hair(털)	경모, 보호털	보호 기능을 하는 길고 거친 털
wool hair [울 헤어]	wool(양모, 부드러운 털) + hair(털)	연모, 속털	보온 기능을 하는 부드러운 털
sebum [시범 / 세범]	sebum (피지, 라틴어 sebum=지방)	피지, 피부 분비물	피지선에서 분비되는 기름 성분으로, 털과 피부를 윤활함

포유류의 피부는 단순히 표면을 덮는 구조물이 아니라, 다양한 기능을 수행하는 여러 부속기관을 포함하고 있다. 이러한 피부 부속기관(skin appendage)은 모두 외배엽에서 유래하며, 체온 조절, 피지 및 땀의 분비, 감각, 번식 등 생리학적으로 중요한 역할을 담당한다. 대표적인 부속기관으로는 모낭(hair follicle), 피지선(sebaceous gland), 한선(sweat gland), 유선(mammary gland), 항문선(anal gland) 등이 있다.

모낭은 털을 형성하는 구조물로, 표피가 진피로 함입되어 만들어지며 털줄기와 모구, 모유두로 구성되어 있다. 이 구조는 털의 성장과 탈모 주기를 조절하며, 털과 함께 입모근(arrector pili muscle), 피지선, 아포크린선과 함께 하나의 기능 단위(pilo-sebaceous-apocrine unit)를 이룬다. 피지선은 모낭과 연결되어 있으며, 피지를 분비하여 피부와 털을 윤활하고 수분 손실을 방지하는 데 기여한다. 피지선은 완전분비(holocrine) 방식으로 분비되며, 세포가 파괴되면서 그 내용물이 바로 피지가 된다.

한선은 땀을 분비하는 선으로, 체온 조절과 대사산물의 배출에 관여한다. 이에는 아포크린선(apocrine gland)과 에크린선(eccrine gland)이 있으며, 아포크린선은 대부분의 동물에서 주요한 땀샘으로 모낭에 연결되어 점성이 있는 분비물을 만든다. 이러한 분비물은 종종 페로몬 기능을 갖기도 한다. 반면, 에크린선은 모낭과 연결되지 않고 피부 표면으로 직접 개구하며, 주로 발바닥이나 코패드 등 특정 부위에 제한적으로 존재한다. 이 샘은 묽은 수분 형태의 땀을 분비하여 체온을 낮추는 데 직접적으로 기여한다.

유선은 진화적으로 아포크린선에서 유래한 특수한 분비샘으로, 포유류의 중요한 생식 관련 기관이다. 젖을 생성하여 새끼에게 영양분을 공급하는 기능을 하며, 호르몬의 자극에 따라 발달하고 기능이 활성화된다. 유선은 젖샘소엽과 배출관으로 구성되어 있으며, 출산 후에는 젖의 분비가 증가한다.

항문선은 개와 고양이 등 일부 동물에서 잘 발달되어 있으며, 항문 주위의 양쪽에 위치한다. 점성이 있는 분비물을 생성하여 배변 시 분출되며, 이는 개체 식별, 사회적 의사소통, 영역 표시 등의 기능을 한다. 항문선은 감염, 염증 또는 분비물 정체로 인해 수의학적 문제를 일으킬 수 있으며, 경우에 따라 압박이나 외과적 처치가 필요하다.

이처럼 피부 부속기관은 피부의 보호 기능을 보조할 뿐만 아니라, 생리적 항상성 유지와 행동적 의사소통에도 중요한 역할을 담당한다.

피부 부속기 관련 용어

의학용어	용어 성분	한글용어	뜻
hair follicle [헤어 폴리클]	hair(털) + follicle (작은 주머니, 라틴 folliculus)	모낭	털이 자라는 구조로, 표피가 함입되어 형성됨
sebaceous gland [세바셔스 글랜드]	sebaceous (피지의, sebum+aceous) + gland(샘)	피지선	피지를 생성하여 피부와 털을 보호하고 윤활함
sweat gland [스웻 글랜드]	sweat(땀) + gland(샘)	땀샘	땀을 분비하여 체온을 조절하는 샘
apocrine gland [아포크린 글랜드]	apo-(떨어져) + -crine(분비하다) + gland(샘)	아포크린샘 (냄새 분비샘)	겨드랑이, 항문 등 특정 부위에 위치, 점성 있는 땀 분비
eccrine gland [에크린 글랜드]	ec-(밖으로) + -crine(분비하다) + gland(샘)	에크린샘 (일반 땀샘)	전신에 분포하며 수분 위주의 땀을 분비
mammary gland [매머리 글랜드]	mammary(유방의, mamma=젖) + gland(샘)	유선	젖을 생성하여 새끼에게 영양을 공급
anal gland [에이널 글랜드]	anal(항문의) + gland(샘)	항문샘	항문 주변에 위치, 분비물로 영역 표시 역할

피부는 신체를 외부 환경으로부터 보호하는 장벽일 뿐만 아니라, 다양한 생리적 기능을 수행하는 복합적인 기관이다. 피부의 가장 바깥층인 표피(epidermis)에서 각질이 만들어지는 과정인 각질화(keratinization)가 계속 일어나며, 이는 케라틴(keratin)을 생산하는 각질형성세포(keratinocyte)에 의해 조절된다. 이 과정은 단단한 보호막을 형성하여 병원체, 화학물질, 수분 손실로부터 신체를 보호하는 핵심 역할을 한다.

또한 피부는 색소침착(pigmentation) 기능을 통해 자외선으로부터의 손상을 예방한다. 멜라닌(melanin)은 멜라닌세포(melanocyte)에 의해 생성되어 표피 내에 분포하며, 자외선을 흡수하거나 산란시켜 자외선으로부터 피부를 보호하는 역할을 한다. 이로 인해 DNA 손상을 방지하고, 피부암의 발생 위험을 줄일 수 있다.

더불어 피부는 체온조절(thermoregulation)에도 중요한 기능을 한다. 땀샘(sweat gland)과 혈관의 수축 및 확장을 통해 체온을 유지하며, 환경 변화에 맞춰 항상성을 유지한다. 예를 들어, 고온에서는 땀 분비와 혈관 확장을 통해 열을 방출하고, 저온에서는 혈관 수축을 통해 열 손실을 줄인다.

손상된 피부는 일정한 주기로 재생되며, 피부재생(skin regeneration) 기능은 상처 치유 및 표피의 유지에 필수적이다. 표피의 기저층에서 활발히 분열하는 세포들이 위로 밀려 올라가면서 점진적으로 각질화되고 탈락되며, 이 과정은 외부 자극으로부터 피부를 회복시키는 데 중요한 생리적 메커니즘이다.

정상적인 피부 조절 관련 용어

의학용어	용어 성분	한글용어	뜻
keratinization [케라터나이제이션]	keratin(케라틴, 단백질) + -ization(~화, 과정)	각질화	표피 세포가 단단한 각질로 변화하여 보호막을 형성하는 과정
pigmentation [피그멘테이션]	pigment(색소) + -ation(작용, 과정)	색소침착	멜라닌에 의해 피부 색이 형성되는 생리적 과정
thermoregulation [써머레귤레이션]	thermo-(열) + regulation(조절)	체온조절	땀 분비와 혈관 수축/이완을 통해 체온을 일정하게 유지
UV protection [유브이 프로텍션]	UV(ultraviolet, 자외선) + protection(보호)	자외선 차단	자외선으로부터 피부를 보호하는 기능
skin regeneration [스킨 리제너레이션]	skin(피부) + re-(다시) + generation(생성)	피부재생	손상된 피부가 새로운 세포로 대체되는 자연 회복 과정

창상의 치유(wound healing)는 신체가 손상된 조직을 복구하고 기능을 회복하는 복잡하고 정교한 생물학적 과정이다. 이 과정은 일반적으로 염증기(inflammatory phase), 복구기(repair phase), 성숙기(maturation phase)의 세 단계로 나뉘며, 각각의 단계는 시간적·기능적으로 서로 연속적이다.

첫 번째 단계인 염증기(inflammatory phase)는 창상이 발생한 직후부터 시작되며, 혈관 수축과 혈소판 응집을 통해 지혈이 이루어진다. 이어서 혈관이 확장되고 백혈구가 침윤하여 병원균 제거와 손상된 부위를 정돈한다. 이 단계는 보통 수일간 지속되며, 이후 조직 복구를 위한 기반을 마련한다.

두 번째 단계는 복구기(repair phase)로, 이 시기에는 섬유아세포와 혈관내피세포의 활발한 증식이 일어나며 육아조직(granulation tissue)이 형성된다. 육아조직은 신생 혈관, 섬유모세포, 염증세포 등으로 구성되어 손상 부위를 채우고 새로운 조직과 피부세포가 자라도록 돕는다. 이 시기에는 또한 상피화(epithelialization)와 콜라겐 침착이 동시에 진행되어 상처의 구조적 회복이 이루어진다.

마지막 단계는 성숙기(maturation phase)로, 새로 형성된 조직이 재구성되고 정렬되며, 콜라겐이 재배열되고 불필요한 세포가 제거된다. 이 과정은 수주에서 수개월에 걸쳐 진행되며, 최종적으로 상처 조직이 강해지고 기능을 회복하게 된다.

창상의 치유 양상은 1기 유합(primary intention healing)과 2기 유합(secondary intention healing)으로 나뉜다. 1기 유합은 절개창이나 외과적 상처처럼 가장자리가 정밀하게 맞닿는 경우로, 염증 반응이 적고 빠른 치유가 가능하다. 반면, 2기 유합은 조직 손실이 크거나 감염된 상처처럼 가장자리가 벌어진 경우에 해당하며, 많은 육아조직이 필요하고 치유 기간도 더 길다.

이처럼 창상 치유는 조직 손상 후 일련의 단계적 과정을 거쳐 손상 부위가 복구되는 생리적 반응으로, 각 단계가 서로 유기적으로 작용함으로써 정상적인 조직 회복이 이루어진다.

상처 치유 단계

의학용어	한글용어	뜻
inflammatory phase [인플래머토리 페이즈]	염증기	상처 초기, 혈관 확장·백혈구 반응 등 염증이 활발히 일어나는 단계
repair phase [리페어 페이즈]	복구기	새로운 조직이 형성되어 손상된 부위가 재구성되는 단계
maturation phase [매츄레이션 페이즈]	성숙기	조직이 재구성되고 강해지며 상처가 단단해지는 마지막 단계
granulation tissue [그라뉼레이션 티슈]	육아조직	복구기 중 형성되는 새로운 결합조직, 모세혈관이 풍부함
wound [운드]	창상	열상, 찰과상, 절개 등으로 인한 피부의 손상

의학용어	한글용어	뜻
primary intention healing [프라이머리 인텐션 힐링]	1기유합	깨끗한 상처를 봉합하여 빠르게 치유되는 경우
secondary intention healing [세컨더리 인텐션 힐링]	2기유합	감염되거나 큰 상처가 자연적으로 육아조직을 형성하여 치유되는 경우

피부 질환은 반려동물에서 흔히 발생하는 문제로, 다양한 형태와 증상을 보이며, 질환의 원인에 따라 치료 접근이 달라진다. 가장 기초적인 반응으로는 발적 또는 홍반(erythema)이 있는데, 이는 염증 또는 자극에 의해 피부 혈관이 확장되면서 피부가 붉게 보이는 현상이다. 이러한 염증 반응은 다양한 피부 질환의 초기 증상으로 나타날 수 있다.

여드름(comedo, acne)은 모낭과 피지선에서 각질이 과도하게 쌓이고 피지가 축적되면서 발생하며, 개에서는 특히 입 주변이나 턱에 흔하게 나타난다. 이와 관련해 각질용해(keratolytic) 제제는 비정상적으로 축적된 각질을 분해하여 제거하는 데 사용되며, 반대로 각질 형성(keratoplastic) 작용은 표피의 정상적인 각질 형성을 촉진하여 피부 장벽을 안정화하는 데 활용된다. 표피의 자연스러운 탈락 과정인 표피탈락(desquamation)은 이러한 각질 작용의 결과로 일어나며, 이상이 생기면 비듬 또는 과각화 증상으로 나타난다.

아토피 피부염(atopic dermatitis)은 유전적 소인이 있는 개에서 흔히 발생하는 만성 염증성 알레르기 질환으로, 가려움증, 피부 발적, 이차 감염이 동반된다. 습기가 많은 계절이나 환경에서 악화되는 경우도 있으며, 심한 경우 급성 습윤성 피부염(acute moist dermatitis)으로 진행되면 피부에 진물, 탈모, 표면 궤양이 빠르게 생긴다. 이는 흔히 'hot spot'이라고도 불리며, 빠른 소독과 항생제 치료가 필요하다.

세균성 피부감염에는 농피증(pyoderma)이 대표적이며, 표재성 또는 심부성으로 나눌 수 있다. 고름이 차거나 농가진 형태로 나타날 수 있으며, 종종 종기증(furunculosis)과 같이 모낭에 화농성 염증이 침투하면 통증과 부종이 심해질 수 있다. 농가진(impetigo)은 특히 어린 동물에서 볼 수 있는 표재성 감염으로, 복부나 겨드랑이에 물집이나 고름이 생긴다.

진균성 피부병 중 대표적인 질환은 피부사상균증(dermatophytosis)으로, 진균이 모낭이나 각질층에 감염되어 탈모와 원형 병변을 유발한다. 이는 사람에게도 전염될 수 있으므로 치료 시 각별한 주의가 필요하다.

피지 분비 이상으로 인한 질환으로는 지루(seborrhea)가 있으며, 이는 건성 지루(seborrhea sicca)와 지성 지루(seborrhea oleosa)로 나뉜다. 건성 지루는 피부가 건조하고 비듬이 많으며, 가려움이 동반되기 쉽다. 반면 지성 지루는 피지가 과다하게 분비되어 피부가 기름지고 특유의 냄새가 나며, 이차 감염의 위험도 크다.

의학용어	용어 성분	한글용어	뜻
atopic dermatitis [아토픽 더마타이티스]	atopy(알레르기성 체질) + dermatitis(derma 피부 + -itis 염증)	아토피 피부염	알레르겐에 대한 과민반응으로 발생하는 만성 염증성 피부질환
acute moist dermatitis [어큐트 모이스트 더마타이티스]	acute(급성) + moist(습한) + dermatitis(피부염)	급성 습성 피부염 (hot spot)	핫스팟(Hot Spots)이라 불리며, 피부에 급성으로 습윤성 염증이 발생
pyoderma [파이오더마]	pyo-(고름) + derma(피부)	화농성 피부염	피부에 고름이 차는 염증성 질환
furunculosis [퓨룽큘로시스]	furuncle(종기) + -osis(병적 상태)	종기증, 농양성 피부질환	모낭이 감염되어 농양이 형성되는 피부 질환
erythema [에리스마]	erythro-(붉은) + -ema(상태)	홍반, 피부 발적	염증이나 알레르기 등으로 피부가 붉게 변하는 현상
keratolytic [케라톨리틱]	kerato-(각질) + -lytic(용해, 분해)	각질용해제	두꺼워진 각질을 분해·제거하는 작용
keratoplastic [케라토플라스틱]	kerato-(각질) + -plastic(형성, 재생)	각질 형성 촉진제	각질세포의 성장을 촉진하여 피부를 두껍게 만드는 작용
desquamation [데스콰메이션]	des-(떼어냄) + squama(비늘) + -tion(과정)	각질 탈락, 피부 벗겨짐	각질층이 떨어져 나가며 표피가 벗겨지는 현상
pyoderma [파이오더마]	pyo-(고름) + derma(피부)	화농성 피부염	피부에 고름이 차는 염증성 질환
furunculosis [퓨룽큘로시스]	furuncle(종기) + -osis(병적 상태)	종기증, 농양성 피부질환	모낭이 감염되어 농양이 형성되는 피부 질환
dermatophytosis [더머토파이토시스]	dermato-(피부) + -phyte(진균) + -osis(병적 상태)	피부사상균증 (백선)	곰팡이류 감염으로 인해 피부에 병변이 발생하는 질환
impetigo [임페티고]	impetere (라틴어, 급습하다 → 피부 발진)	농가진	어린 개에서 주로 발생하는 농피증의 일종
seborrhea [세보리아]	sebo-(피지) + -rrhea(흘러나옴)	지루, 피지 분비 이상	피지 분비가 과도하거나 부족하여 각질이 쌓이는 피부 상태
seborrhea sicca [세보리아 시카]	seborrhea(지루) + sicca(건조한)	건성 지루	피부가 건조하고 벗겨지는 형태의 지루

의학용어	용어 성분	한글용어	뜻
seborrhea oleosa [세보리아 올레오사]	seborrhea(지루) + oleosa(기름진)	지성 지루	피부가 기름지고 각질이 두꺼워지는 형태의 지루

외부기생충(ectoparasite)은 동물의 피부나 체표에 기생하며 다양한 피부 질환과 전염성 문제를 유발하는 주요 원인이다. 이들 기생충은 피를 빨거나 조직을 손상시키며, 심한 가려움증, 염증, 이차 감염, 빈혈, 전염병 매개 등 여러 임상적 문제를 일으킬 수 있다.

가장 흔한 외부기생충 중 하나는 벼룩(flea)으로, 피부를 물어 피를 빨며 강한 가려움증과 알레르기성 피부염(flea allergy dermatitis, FAD)을 유발할 수 있다. 벼룩은 또한 개조충(*Dipylidium caninum*)과 같은 기생충의 중간숙주 역할을 하며, 번식 속도가 매우 빨라 환경 전체가 감염원이 되기 쉽다.

진드기(tick)는 피부에 부착해 장시간 피를 빨며, 라임병, 바베시아증, 에를리키아증 등 여러 혈액 매개 질환을 전파하는 매개체로 작용한다. 진드기 물림 부위는 국소 염증이나 궤양이 발생할 수 있으며, 심한 경우 독소로 인해 마비가 생기는 진드기 마비증이 나타나기도 한다.

귀진드기(ear mite)는 주로 고양이와 어린 개에서 흔히 발생하는 기생충으로, 외이도 내에 서식하며 심한 가려움증, 검은 귀지, 귀 긁기, 머리 흔들기 등의 증상을 일으킨다. 치료하지 않으면 외이도염이나 이차 세균·진균 감염으로 악화될 수 있다.

옴진드기(mange mite)는 개와 고양이의 피부에 감염되어 옴(sarcoptic mange) 또는 모낭충증(demodectic mange)을 일으킨다. 옴진드기(*Sarcoptes scabiei*)는 극심한 가려움증, 피부 비후, 탈모를 일으키며 전염성이 매우 높다. 반면 모낭충(*Demodex* spp.)은 정상 피부에도 존재하지만 면역저하 시 과증식되어 병변을 일으킨다.

쇠파리유충(warbles)은 곤충(특히 쇠파리)의 유충이 피부 밑으로 침입해 생기는 병변으로, 피부에 혹 모양의 융기와 함께 중앙에 구멍이 생기며, 이 구멍을 통해 유충이 호흡하거나 배설한다. 치료는 유충을 제거하고 감염 부위를 소독하는 것이다.

구더기증(myiasis)은 상처 부위나 습한 부위에 파리류가 알을 낳고, 부화한 유충이 조직을 파먹으며 염증과 조직 괴사를 유발하는 상태이다. 주로 위생 관리가 어렵거나 스스로 몸 관리를 하기 힘든 동물에서 발생한다.

마지막으로, 이(lice)는 털에 붙어 피를 빨거나 피부조직을 갉아먹는 외부기생충으로, 가려움, 비듬, 탈모를 유발하며 주로 접촉으로 전염된다. 개와 고양이 각각에 특이적인 이가 존재하며, 대부분 사람에게는 전염되지 않는다.

이처럼 외부기생충은 단순한 피부 문제를 넘어, 전신 질환의 매개체이자 이차 감염의 주요 원인이 될 수 있으므로, 조기 진단과 철저한 예방이 필수적이다. 정기적인 외부기생충 구제제 투여와 위생적인 환경 관리가 예방의 핵심이다.

외부기생충

의학용어	한글용어	뜻
ectoparasite [엑토패러사이트]	외부기생충	동물의 피부에 기생하는 기생충
ear mite [이어 마이트]	귀 진드기	외이도에 기생하여 염증과 가려움증을 유발하는 진드기
flea [플리]	벼룩	피를 빨아먹으며 심한 가려움증과 피부염을 유발
tick [틱]	진드기	동물의 피부에 부착하여 피를 빨고, 질병을 전파할 수 있음
mange mite [맨지 마이트]	옴 진드기	피부에 기생하여 극심한 가려움증과 탈모를 유발
warbles [워블스]	쇠파리유충	쇠파리의 유충이 피부에 기생하는 질환
myiasis [마이아시스]	구더기증	파리 애벌레가 피부에 기생하여 조직을 파괴
lice [라이스]	이	털에 기생하며 빈혈과 가려움증을 유발

동물의 피부는 다양한 세포와 구조물로 이루어져 있으며, 이들로부터 유래하는 종양들은 매우 다양하게 나타날 수 있다. 이러한 피부종양(skin tumor)은 양성에서 악성까지 여러 단계로 구분되며, 각각의 종양은 발생하는 조직, 성장 방식, 전이 가능성, 예후에 따라 분류되고 치료 계획도 달라진다.

예를 들어, 조직세포종(histiocytoma)은 주로 어린 개에서 흔히 관찰되는 양성 피부 종양으로, 표피 내 랑게르한스 세포에서 유래한다. 이 종양은 빠르게 성장하지만 대부분 자연적으로 사라지기 때문에 특별한 치료 없이 지켜보는 것만으로도 좋아지는 경우가 많다. 반면, 지방종(lipoma)은 피하 지방조직에서 기원하는 가장 흔한 양성종양 중 하나로, 말랑말랑하고 천천히 자라는 경향이 있으며, 기능적 장애나 감각 이상을 일으키면 외과적 제거가 필요할 수 있다.

유두종(papilloma)은 대부분 바이러스(특히 파필로마바이러스)에 의해 유발되며, 입 주변이나 점막에 사마귀 형태로 나타난다. 대부분 면역 반응을 통해 자연 소멸되나, 감염이 반복되거나 크기가 커질 경우 외과적 절제가 필요하다. 피지낭종(sebaceous cyst)은 피지선의 배출구가 막혀 피지와 각질이 피부 속에 쌓이면서 발생하며, 감염되거나 반복 염증이 발생하면 절개 후 배농 또는 수술적 제거가 요구된다.

악성종양으로는 기저세포암(basal cell carcinoma)이 있으며, 이는 표피의 기저세포에서 유래하여 국소 침습성이 강하지만 전이는 드물다. 눈꺼풀, 귀, 입 주변 등 자외선에 자주 노출되는 부위에서 흔히 발생하며 조기 절제가 효과적이다. 반면, 섬유육종(fibrosarcoma)은 결합조직에서 유래하는 악성 종양으로, 빠르게 성장하고 국소 재발이 흔하며, 특히 고양이에서는 백신 부위에서 발생하는 주사 부위 육종으로 잘 알려져 있다. 치료에는 광범위 절제가 필요하며, 방사선이나 항암 치료가 병행되기도 한다.

비만세포종양(mast cell tumor)은 비만세포에서 기원한 개의 대표적인 악성 피부 종양으로, 히스타민 분비로 인해 염증, 부종, 가려움, 위장장애를 유발할 수 있다. 병리학적 등급에 따라 예후가 크게 달라지며, 외과적 절제 외에도 항히스타민제, 항암제 등이 치료에 사용된다. 흑색종(melanoma)은 멜라닌세포에서 유래하며, 입안, 발가락, 항문 등 색소세포가 풍부한 부위에 자주 발생한다. 특히 악성 흑색종은 빠르게 림프절과 폐로 전이되는 특징이 있어 예후가 좋지 않으며 조기 진단과 면역치료·방사선 치료가 중요하다.

마지막으로, 편평세포암(squamous cell carcinoma)은 표피의 편평상피세포에서 유래한 악성종양으로, 자외선 노출이 주요 원인이다. 궤양성 병변으로 나타나며, 귀 끝, 코, 눈꺼풀 등 햇볕에 노출된 부위에서 발생률이 높다. 조기 절제로 완치가 가능하지만, 치료가 늦어지면 주변 조직에 깊게 침투해 예후가 나빠질 수 있다.

피부종양

의학용어	한글용어	뜻
skin tumor [스킨 튜머]	피부종양	양성 또는 악성 형태로 피부에 발생하는 비정상적인 세포 증식
histiocytoma [히스티오사이토마]	조직세포종	주로 어린 개에서 나타나는 양성 피부 종양
lipoma [리포마]	지방종	피하에 발생하는 지방조직의 양성 종양
papilloma [파필로마]	유두종	바이러스에 의해 발생하는 양성 종양

(계속)

의학용어	한글용어	뜻
sebaceous cyst [세바시어스 시스트]	피지낭종	피지선이 막혀 발생하는 낭종
basal cell carcinoma [바잘 셀 카시노마]	기저세포암	표피의 기저세포에서 발생하는 악성 종양
fibrosarcoma [파이브로사르코마]	섬유육종	결합조직에서 발생하는 악성 종양
mast cell tumor [매스트 셀 튜머]	비만세포종양	비만세포가 비정상적으로 증식하는 악성 종양
melanoma [멜라노마]	흑색종	색소세포에서 발생하는 양성 또는 악성 종양
squamous cell carcinoma [스퀘머스 셀 카시노마]	편평세포암	표피의 편평상피에서 발생하는 악성 종양

피부 종양 관련 용어

의학용어	용어 성분	한글용어	뜻
histiocytoma [히스티오사이토마]	histio-(조직) + cyto-(세포)	조직세포종	조직세포에서 기원한 양성 종양
lipoma [라이포마]	lipo-(지방) + -oma(종양)	지방종	지방조직에서 발생한 양성 종양
papilloma [파필로마]	papillo-(유두, 돌기) + -oma(종양)	유두종	표피 돌기성 구조의 양성 종양
carcinoma [카르시노마]	carcino-(암, 암세포) + -oma(종양)	암종	상피세포에서 발생한 악성 종양
melanoma [멜라노마]	melan-(흑색소) + -oma(종양)	흑색종	멜라닌세포에서 발생한 악성 종양
fibrosarcoma [파이브로사르코마]	fibro-(섬유) + -sarcoma(악성 육종)	섬유육종	섬유육종 섬유모세포(결합조직)에서 발생하는 악성 육종

피부 질환 진단을 위한 다양한 검사들이 존재한다. 각 검사는 피부 질환의 정확한 원인과 성격을 파악하는 데 중요한 역할을 한다.

생검(biopsy)은 피부에서 일부 조직을 채취하여 현미경으로 분석하는 검사로, 피부 질환의 원인과 병변의 종류를 파악하는 데 유용하다. 피부검사(dermatologic examination)는 피부의 외관을 평가하여 병변의 형태, 색, 분포 등을 관찰함으로써 초기 진단에 도움을 준다.

알레르기 검사(allergy test)는 피부가 특정 알레르겐에 대해 과민 반응을 보이는지 확인하는 검사로, 알레르기성 피부 질환의 원인을 규명하는 데 필수적이다. 피내주사(intradermal injection)는 피부 아래에 알레르겐을 주사해 피부가 어떻게 반응하는지를 관찰하는 방식으로, 알레르기 원인 물질을 식별하는 데 사용된다.

피부찰과표본(skin scraping)은 피부 표면을 긁어내어 샘플을 채취하고, 이를 현미경으로 검사하여 피부 기생충, 세균, 곰팡이 감염 여부를 확인하는 검사이다. 피부사상균 검사(dermatophyte test)는 피부에 존재하는 피부사상균 감염을 확인하는 검사로, 감염 여부를 정확히 진단하고 치료 방향을 정하는 데 중요하다.

피부진단검사 관련 용어

의학용어	용어 성분	한글용어	뜻
biopsy [바이옵시]	bio-(생명) + -opsy(관찰, 보기)	생검	조직을 채취하여 현미경으로 질병을 검사하는 방법
dermatologic examination [더머털라직 이그재미네이션]	dermato-(피부) + -logic(학문적) + examination(검사)	피부검사	피부 상태를 확인하고 질환을 진단하는 검사
allergy test [앨러지 테스트]	allos(다른) + -ergy(작용, 반응) + test(검사)	알레르기 검사	특정 물질에 대한 알레르기 반응을 확인하는 검사
intradermal injection [인트라더멀 인젝션]	intra-(안쪽) + dermal(피부의) + injection(주사)	피내주사	피부의 진피층에 약물을 주입하는 방법
skin scraping [스킨 스크레이핑]	skin(피부) + scraping(긁기, 긁어냄)	피부 긁기 검사(=피부 소파 검사)	피부 표면에서 세포와 조직을 긁어내어 검사하는 방법
dermatophyte test [더머토파이트 테스트]	dermato-(피부) + -phyte(식물, 진균) + test(검사)	피부사상균 검사	곰팡이 감염 여부를 진단하기 위한 검사

Ch 9. 감각, 신경계통 의학용어

9-1. 감각계통 관련 용어

감각계통 훑어보기

정의 및 기능

감각 기관(sensory organ)은 동물의 몸에서 감각을 담당하는 기관을 말한다.

동물의 신체에는 크게 5가지의 감각 기관이 있다. 이러한 5가지 감각기관은 신체 외부에서 발생한 물리적, 화학적 자극을 뉴런을 활성화시키는 전기적 신호로 바꾸어 준다. 이렇게 발생한 뉴런(neuron)의 전기적 신호는 신경을 통해 뇌와 척수 등의 중추신경계로 이동하고, 이를 통해 자극을 인식하고 분별하며 느낄 수 있다.

- **시각 기관(visual organ)**은 눈이 대표적인 기관으로, 신체 외부의 광자극을 전기적 신호로 바꾸는 역할을 한다.
- **청각 기관(ouditory organ)**은 귀가 대표적인 기관으로, 신체 외부의 공기의 압력 변화(소리)를 전기적 신호로 바꾸는 역할을 한다.
- **촉각 기관(tactile organ)**은 피부가 대표적인 기관으로, 피부의 압력 변화를 전기적 신호로 바꾸는 역할을 한다.
- **미각 기관(gustatory organ)**은 혀가 대표적인 기관으로, 침 또는 수용액에 녹아 있는 화학물질에 따라 서로 다른 전기적 신호를 전달하여 인지하게 된다.
- **후각 기관(olfactory organ)**은 코가 대표적인 기관으로, 공기 중의 화학 물질에 따라 서로 다른 전기적 신호를 전달하여 인지하게 된다.

중요 용어

감각계통을 구성하는 주요 단어는 다음과 같다.

시각계통(visual system)	
eye	눈
retina	망막

(계속)

시각계통(visual system)	
optic nerve	시신경
optic tract	시신경로(시삭)

청각계통(auditory system)	
ear	귀
cochlea	달팽이관
earlobe	귓불
auricle	귓바퀴

촉각계통(tactile system)	
skin	피부
hair	털
nail	발톱
sebaceous gland	피지샘
sweat gland	땀샘

미각계통(taste system)	
tongue	혀
lingual papillae	혀유두
lingual nerve	혀신경
taste bud	미뢰

후각계통(olfactory system)	
nose	코
olfactory bulb	후각망울
olfactory tract	후각신경로

용어 성분

감각계통 각각 흔히 사용되는 용어 성분과 그 의미는 다음과 같다.

시각

용어 성분(연결어)	
ophthalm(o)-	눈 예) ophtalmalgia 눈통증
optic-	눈 예) optic nerve 시신경
opto-	눈 예) optokinetic 눈운동
oculo-	눈 예) oculopathy 눈병증
kerat(o)-	각막 예) keratocentesis 각막천자
retin(o)-	망막 예) retinography 망막촬영, 안저촬영
scler(o)-	공막 예) sclerectomy 공막절제술
irid(o)-	홍채 예) iridoplegia 홍채마비

청각

용어 성분(연결어)	
auri-	귀 예) auricle 귓바퀴
ot(o)-	귀 예) otitis externa 외이도염

촉각

용어 성분(연결어)	
cuti-	피부 예) cuticle 껍질
derm-	피부 예) dermoplasty 피부성형
derma-	피부 예) dermatitis 피부염
demat(o)-	피부 예) dermatology 피부과학
kerat(o)-	굳은, 단단한, 각질의 예) keratosis 각화증
melan(o)-	흑색 예) melanoma 흑색종

용어 성분(접미어)	
-derma	피부 예) ketaroderma 각질피부증

미각

용어 성분(연결어)	
gust-	미각 예) gustatory cell 미각세포
lingu(o)-	혀 예) lingual muscle 혀근육
gloss(o)-	혀 예) glossalgia 혀통증

후각

용어 성분(연결어)	
olfacto-	후각 예) olfactory epithelium 후각상피
rhin(o)-	코 예) rhinitis 비염

그림으로 살펴본 감각계통

5가지 감각기관

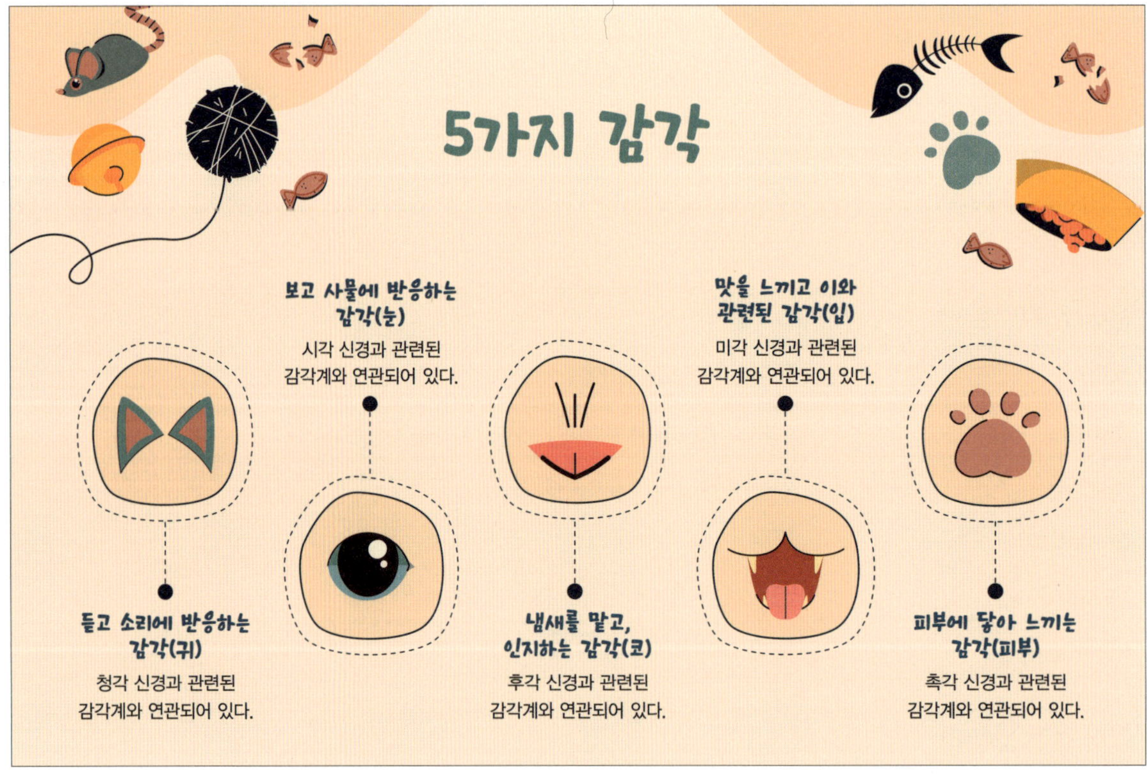

출처: https://www.freepik.com/free-vector/hand-drawn-5-senses-infographic_35915459.htm

smell [스멜]: 후각. **냄새를 맡고, 인지하는 감각**은 후각 신경과 관련된 감각계와 연관되어 있다.
hearing [히어링]: 청각. **듣고 소리에 반응하는 감각**은 청각 신경과 관련된 감각계와 연관되어 있다.
vision [비전]: 시각. **보고 사물에 반응하는 감각**은 시각 신경과 관련된 감각계와 연관되어 있다.
touch [터치]: 촉각. **피부에 닿아 느끼는 감각**은 촉각 신경과 관련된 감각계와 연관되어 있다.
taste [테이스트]: 미각. **맛을 느끼고 이와 관련된 감각**은 미각 신경과 관련된 감각계와 연관되어 있다.

눈의 해부생리학

눈은 개와 고양이 얼굴의 좌, 우에 1쌍으로 위치해 있으며, 여러 단계의 구조를 통해 시각정보를 뇌에 전달하는 시각기관(visual organ)이다. 눈의 구조는 역할에 따라 공막(sclera), 포도막(uvea), 망막(retina)으로 나눌 수 있다.

공막(sclera)은 안구의 가장 바깥 층으로 흰색을 띠고 있으며, 눈의 모양을 유지시켜 주는 역할을 한다. 각막(cornea)과 빛을 굴절시키는 안방수(aqueous humor), 수정체(lens), 유리체액(vitreous humor)이 공막 내에 존재한다.

포도막(uvea)은 혈관막(vascular tunic)이라고도 하며, 홍채(iris)와 맥락막(choroid)을 포함하는 이름으로 포도막에 존재하는 풍부한 혈관으로 눈에 산소와 영양분을 공급해주는 역할을 한다.

망막(retina)은 눈의 가장 안쪽 층에 있으며, 신경이 분포하는 층으로, 망막 중 빛이 직접 도달하여 가장 세밀하게 빛을 감지하는 부분을 황반(macula)이라고 하지만 개와 고양이에서는 사람과 달리 황반이 존재하지 않는다.

눈은 시각정보를 뇌에 전달하는 시각기관으로 기능은 카메라와 유사하다. 시각정보가 들어오면 각막(cornea)과 수정체(lens)는 이미지가 망막에 투영되도록 빛을 굴절시키며, 홍채(iris)는 각막과 수정체 사이에 존재해서 카메라의 조리개처럼 들어오는 빛의 양을 조절하게 된다. 들어온 빛은 유리체(vitreous body)를 통과해서 최종 망막에 초점이 맞추어지며, 망막에 맺힌 이미지는 시신경(optic nerve)을 통해 뇌로 전달되어 본 것을 인지하게 된다. 눈꺼풀(palpebra, eyelid)은 외부자극으로부터 눈을 보호하고 빛의 양을 조절하는 역할을 하며, 눈물샘(lacrimal gland)은 각막의 표면을 유지하고, 이물질을 세척해주는데 필요한 눈물을 배출해준다.

눈을 구성하는 구조물은 다음과 같다.

눈의 해부학

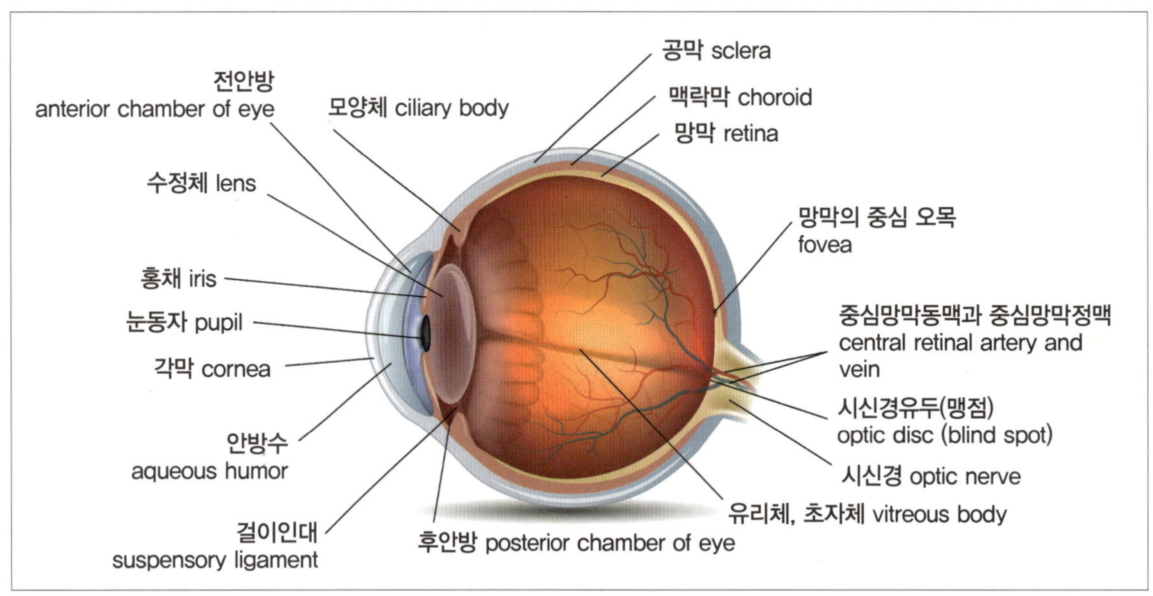

ciliary body [실리어리 바디]: 모양체
lens [렌즈]: 수정체
iris [아이리스]: 홍채
pupil [퓨플] : 눈동자
cornea [코니아]: 각막
aqueous humor [에이큐어스 휴머]: 안방수
suspensory ligament [서스펜서리 리가먼트]: 걸이인대
sclera [스클레라]: 공막
choroid [코로이드]: 맥락막
retina [레티나]: 망막
fovea [포비아]: 망막의 중심 오목
central retinal artery and vein [센트럴 레티널 아터리 앤드 베인]: 중심망막동맥과 중심망막정맥
optic disc (blind spot) [옵틱 디스크(블라인드 스팟)]: 시신경유두(맹점)
optic nerve [옵틱 널브]: 시신경
anterior chamber of eye [안테리어 챔버 오브 아이]: 전안방(각막과 홍채 사이에 위치한 공간으로, 방수(aqueous humor)가 차 있는 부위)
posterior chamber of eye [포스테리어 챔버 오브 아이]: 후안방(홍채와 수정체 사이에 있는 좁은 공간으로, 안방수가 생성되어 전방으로 흘러가는 통로 역할을 함)
vitreous body [비트리스 바디]: 유리체, 초자체

귀의 해부생리학

귀(ear)는 개와 고양이에서 청각 기관(auditory organ)이자 균형 기관(vestibular organ)으로 소리를 들을 수 있게 하고 신체의 평형 감각을 유지하도록 해준다. 크게 외이(external ear), 중이(middle ear), 내이(inner ear)로 구분할 수 있다.

청각 신호 전달의 경우, 소리가 공기를 통해 외이에 도달하면 내이의 고막(tympanic membrane)을 진동시키게 되며, 고막은 이소골(ossicles)을 진동시키게 된다. 이러한 뼈의 진동은 달팽이관(cochlea)의 청세포(hair cell)를 자극하며, 청세포는 전기신호를 발생시키고, 청신경(cochlear nerve, auditory nerve)이 뇌에 전기신호를 보내어 이 신호를 소리로 느끼게 된다.

균형 신호 전달의 경우 내이의 전정기관(vestibular system)과 반고리관(semicircular canals)에서 몸의 평형을 유지할 수 있도록 평형감각을 감지하고 수용하는 역할을 한다.

외이(external ear)는 귀의 외부부분으로 연골로 이루어져 있으며, 피부, 털로 덮여 있는 부분인 귓바퀴(auricle, pinna)와 외이도(external auditory canal) 부분에 해당된다. 귓바퀴는 피부로 덮여 있는 연골로 이루어져 있으며 음파를 포착하여 외이도를 통해 고막으로 전달하며, 소리를 모으는 기능을 한다. 개의 경우 귓바퀴는 독립적으로 움직일 수 있다. 귓바퀴의 크기와 모양은 품종에 따라 다르며, 외이도는 사람보다 훨씬 깊은 소리를 고막으로 전달할 수 있으며, L자 모양을 하고 있다. 평균적인 개는 인간의 귀로 감지할 수 있는 것보다 더 높은 주파수의 소리를 포함하여 사람보다 평균 4배 더 잘 들을 수 있다.

중이(middle ear)는 고막(tympanic membrane), 이소골(ossicle), 고실(tympanic cavity, 이내근(middle ear muscle), 이관(auditory tube, eustachian tube)으로 이루어져 있으며, 외이도를 통해 들어온 진동을 고막과 이소골을 통해 내이에 전달하는 역할을 한다. 고막은 중이를 보호하는 방어벽이며, 음의 전도에 중요한 역할을 한다. 이소골은 3개의 작은 뼈인 추골(망치뼈, malleus), 침골(모루뼈, incus), 등골(등자뼈, stpaes)을 포함하며, 이들은 고막에 도착한 진동을 내이의 난원창(oval window)으로 전달한다. 고실은 외이와 내이 사이에 위치하는 공기로 가득찬 공기강으로 중이강(middle ear cavity)이라고도 불리며, 이내근은 고실반사(tympanic reflex)를 통해 내이를 보호하는 역할을 한다. 이관은 유스타키오관(eustachian tube)이라고도 하며, 중이의 환기와 분비물을 배출해 주는 역할을 한다.

내이(inner ear)는 전정기관(vestibular system), 세반고리관(semicircular canal), 달팽이관(cochlea)으로 이루어져 있다. 내이는 소리를 감지하고 몸의 평형을 유지하는 역할을 하며, 액체로 가득차 있으며, 형태와 구조가 복잡하여 미로(labyrinth)로 불린다. 달팽이관은 중이에서 전달된 음파를 신경 흥분으로 전환하여 소리를 인식하는 역할을 하며, 전정기관(vestibular system)과 반고리관(semicircular canal)은 평형감각을 감지하고 수용하는 역할을 수행한다.

귀를 구성하는 구조물은 다음과 같다.

개의 귀 해부학

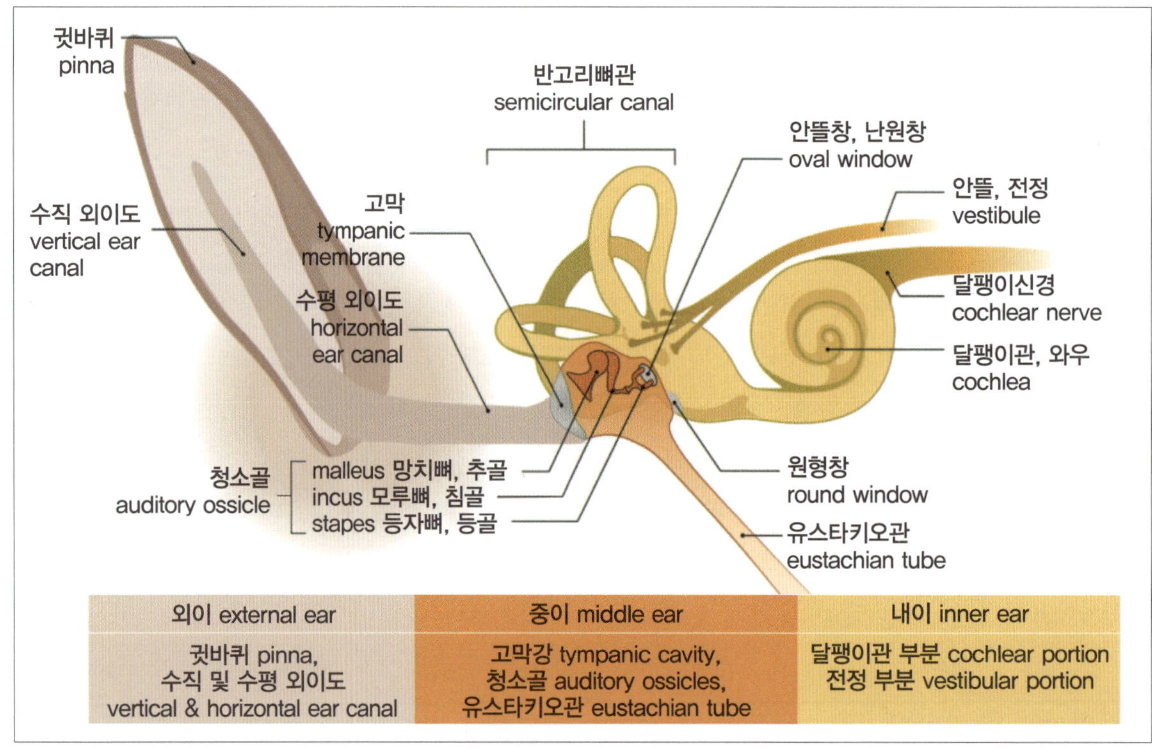

출처: https://www.biorender.com/template/ear-anatomy-of-the-dog

외이 **(external ear)**	**vertical ear canal** [버티컬 이어 캐널]: 수직 외이도 **horizontal ear canal** [호라이즌털 이어 캐널]: 수평 외이도 **auditory canal** [오디토뤼 커널]: 이도 **auricle** [오뤼클]: 귓바퀴 **cerumen** [쎄루먼]: 귀지 **external auditory meatus** [익스터널 오디도뤼 미에이터스]: 외이도 **pinna** [피나]: 귓바퀴 **tympanic membrane** [팀파닉 멤브레인]: 고막
중이 **(middle ear)**	**tympanic cavity** [팀패닉 캐비티]: 고막강 **auditory ossicle** [오디토리 오스클]: 청소골 **auditory tube** [오디토뤼 튜브]: 이관, 귀관 **eustachian tube** [유스테이쉬언]: 유스타키오관 **malleus** [맬리어스]: 망치뼈, 추골 **incus** [잉커스]: 모루뼈, 침골 **stapes** [스테이피즈]: 등자뼈, 등골 **ossicles** [아씨클스]: 귓속뼈 **oval window** [오벌 윈도우]: 안뜰창, 난원창
내이 **(inner ear)**	**round window** [라운드 윈도우]: 원형창 **cochlear portion** [코클리어 포션]: 달팽이관 부분 **cochlear nerve** [코클리어 너브]: 달팽이신경 **cochlea** [코클리아]: 달팽이관, 와우 **vestibular portion** [베스티뷸러 포션]: 전정 부분 **vestibule** [베스티뷰울]: 안뜰, 전정 **semicircular canal** [세미써큘라 커널]: 반고리뼈관

피부의 해부생리학

피부(skin, cutis)는 개와 고양이에서 몸의 근육과 기관을 덮어 보호하는 상피조직(epithelial tissue)으로 표피(epidermis), 진피(dermis), 피하지방(subcutaneous fat, hypodermis)으로 구성되어 있다. 피부는 외부 환경으로부터 신체를 보호하고 체온(temperature)을 조절하며 감각(sensation)을 느낄 수 있게 한다. 개와 고양이의 피부는 발바닥(pad, foot pad)은 피부 중 가장 두꺼운 부분이고, 눈꺼풀(lid, palpebral, blepharo-), 고막(tympanic membrane, ear drum, myrinx)은 가장 얇은 부분이다. 피부는 표피, 진피, 피하지방층으로 이루어져 있으며, 표피(epidermis)는 피부의 가장 표면에 위치하여 각질(keratin)을 생성하고 피부를 보호하는 역할을 한다. 진피(dermis)는 표피 아래 존재하는 조직으로 땀샘(sweat gland, sudoriferous gland), 피지선(sebaceous gland), 모낭(hair follicle), 혈관(blood vessel, vasculature), 림프관(lymphatic vessel), 신경(nerve), 근육(muscle) 등이 포함되어 있다. 진피 내에 있는 탄력섬유(elastic fiber)와 교원섬유(collagen fiber)는 피부의 선과 긴장도를 유지해주며, 피하조직(subcutaneous tissue, hypodermis)은 진피의 아래층에 존재하는 부분으로 지방조직(adipose tissue)을 저장하고 절연작용, 충격완화작용, 체온조절작용을 한다. 피부에는 감각수용체(sensory receptor)가 있어 촉각(tactile), 압각(baresthesia, pressure sense), 온각(thermesthesia, heat sense), 통각(nociception, pain sense), 냉각(rhigosis, cold sense)에 반응을 하며 특히 발바닥, 입술은 감각수용체가 밀집되어 있는 곳으로 감각이 예민한 부위이다. 피부의 바깥은 단단한 각질층(keratin layer, horny layer, stratum corneum)으로, 피부의 아래는 두꺼운 지방조직(adipose tissue)으로 이루어져 압력, 충격, 마찰로부터의 보호해주며, 기름샘(sebaceous gland)이 존재하여 몸을 보호하여 피부건조를 예방해주며, 피부표면의 막과 산도는 미생물의 침투를 막아주는 역할을 하며, 피지(sebum)와 땀(sweat)을 통해 배출 작용을 수행하며, 혈관수축(vasoconstriction, angiotonic)과 땀분비(sudoriferous secretion)를 통해 체온을 조절하고, 피부 내의 감각수용체에 의해 압각, 촉각, 통각, 온각, 냉각 등의 감각을 느낄 수 있다.

피부를 구성하는 구조물은 다음과 같다.

피부의 해부학

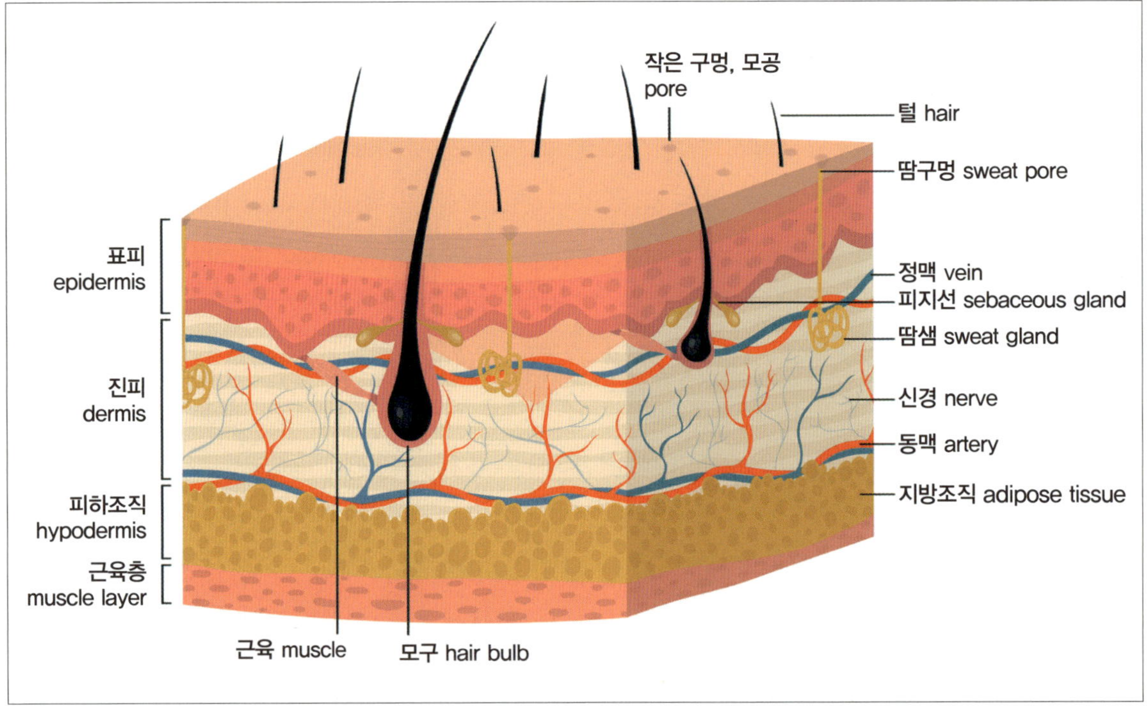

epidermis [에피덜미스]: 표피
dermis [덜미스]: 진피
hypodermis [하이포더미스]: 피하조직
muscle layer [머슬 레이어]: 근육층
pore [포어]: 작은 구멍, 모공
hair [헤어]: 털
sweat pore [스웻 포어]: 땀구멍
vein [베인]: 정맥
sebaceous gland [세이비이셔스 글랜드]: 피지선
sweat gland [스웻 글랜드]: 땀샘
nerve [너브]: 신경
artery [아터리]: 동맥
adipose tissue [애디포스 티슈]: 지방조직
muscle [머슬]: 근육
hair bulb [헤어 벌브]: 모구

혀의 해부생리학

혀(tongue, lingua)는 구강 바닥에서 입안으로 튀어나온 길쭉한 근육성 기관(muscular organ)으로, 다양한 움직임을 통해 미각(taste)을 느끼고 음식물을 이동시키며 소리를 만드는 작용을 한다. 구강의 바닥에서 입안으로 튀어나온 형태로 혀는 크게 뿌리(root of tongue)와 몸통(body of tongue), 끝(apex of tongue) 세 부분으로 이루어져 있다. 뿌리 부분은 움직임이 거의 없으며 주로 몸통 부분이 입안에서 움직이는 부분으로 전체 혀의 2/3 정도가 여기에 해당된

다. 혀의 아랫부분에 설소대(frenulum linguae)라는 근육으로 구강 내부에 고정되어 있으며, 혀에 연결된 여러 가지 모양의 근육(muscles of tongue)들로 인해 다양한 움직임이 가능하다.

고양이의 혀의 표면은 개나 사람과 달리 고양이 혀에 수많은 돌기(papillae)가 있다. 이 돌기는 사상유두(filiform papillae)의 일종으로 케라틴(keratin) 성분이 포함되어 있어 딱딱하며 끝이 뾰족하다. 후크 모양으로 발톱과 비슷한 작은 가시 모양으로 매듭이나 엉킨 털을 풀기에 용이하며, 그루밍(grooming)에 최적화된 모양을 하고 있다. 이외에도 혀에는 혀유두(lingual papillae)라는 가느다란 점막 돌기가 넓게 분포하고 있으며, 혀의 부분마다 맛을 느낄 수 있는 미뢰(taste bud, gustatory bud)가 위치해 있다. 사람은 약 9000개의 미뢰가 있으며, 개는 약 1700개, 고양이는 약 800개로 사람, 개, 고양이로 갈수록 미뢰가 적어 맛에 대해 적게 느끼는 특징이 있다. 고양이는 주로 육식을 하기 때문에 단맛을 느끼지 못하고(absence of sweet taste perception), 개는 고양이에 비해 상대적으로 잡식에 가까워 단맛을 느낄 수 있게(ability to detect sweet taste) 진화했다는 차이점이 있다.

혀를 구성하는 구조물은 다음과 같다.

혀의 해부학

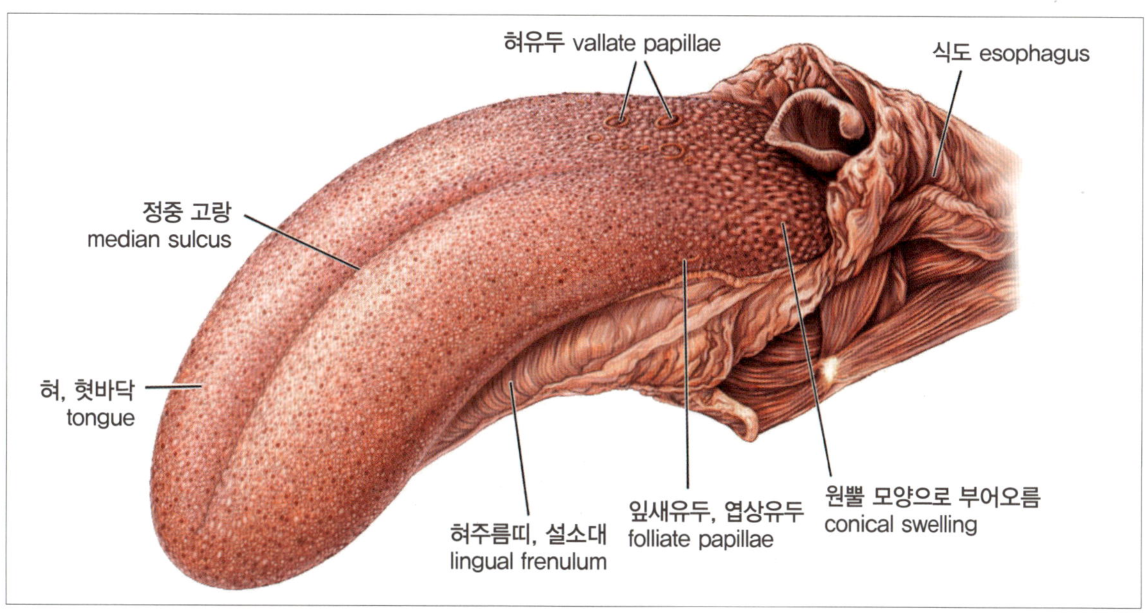

tongue [텅]: 혀, 혓바닥
median sulcus [미디언 설커스]: 정중 고랑
vallate papillae [밸레이트 파필리]: 혀유두
lingual frenulum [링구얼 프레뉼럼]: 혀주름띠, 설소대
folliate papillae [폴리이에이트 파필리]: 잎새유두, 엽상유두
conical swelling [코니컬 스웰링]: 원뿔 모양으로 부어오름
esophagus [이소퍼거스]: 식도

코의 해부생리학

코(nose, rhino, muzzle-dog, snout-pig, trunk-elephant)는 얼굴의 가운데에 돌출되어 있는 기관으로 호흡(respiration)과 후각(olfactory)기능을 담당한다.

개와 고양이에서는 머리의 중앙에 돌출된 형태로 위치하며, 종에 따라 코의 형태나 모양에는 차이가 있다. 코는 앞쪽은 연골(cartilage)과 비중격(nasal septum)으로 이루어져 있으며, 두 개의 콧구멍(nostril, naris)을 가지고 있다. 개의 콧구멍 둘레의 털(hair)이 없고, 외분비샘(exocrine gland)이 많은 콧부리(rhinarium)는 일반적으로 촉촉하고 시원하게 유지된다. 사람은 500만 개의 후각 수용기(olfactory receptor)를 가지고 있는 반면, 개는 최대 3억 개의 후각 수용기를 가지고 있어 훨씬 더 섬세한 감각을 가지고 있다. 코안뜰(nasal vestibule)과 비강(nasal cavity) 사이에는 콧털(vibrissa)이 존재하여 이물질과 불순물을 걸러주는 필터 역할을 수행한다. 비강(nasal cavity)의 안쪽에는 비갑개(turbinate, nasal concha)라고 하는 얇은 뼈의 미로가 존재하는데 이 공간을 거치면서 공기는 점액이 풍부한 비점막(nasal mucosa)과 접촉하면서 온도와 습기를 얻게 되고 불순물까지 제거된다. 코 점막의 상피(epithelium)에는 섬모(cilia)가 존재하며, 섬모의 운동으로 콧속의 이물질(foreign body)이나 점액(mucus)이 인두(pharynx)로 운반된다.

코는 호흡과 후각의 역할을 수행한다. 코는 공기가 통하는 짧은 통로이지만 90% 이상의 공기 내의 먼지(dust)와 세균(bacteria)의 여과 기능을 하고, 공기의 온도와 습도를 조절한다. 코에는 후각신경(olfactory nerve)이 위치하여 우리가 냄새를 맡을 수 있게 한다.

코를 구성하는 구조물은 다음과 같다.

코의 해부학

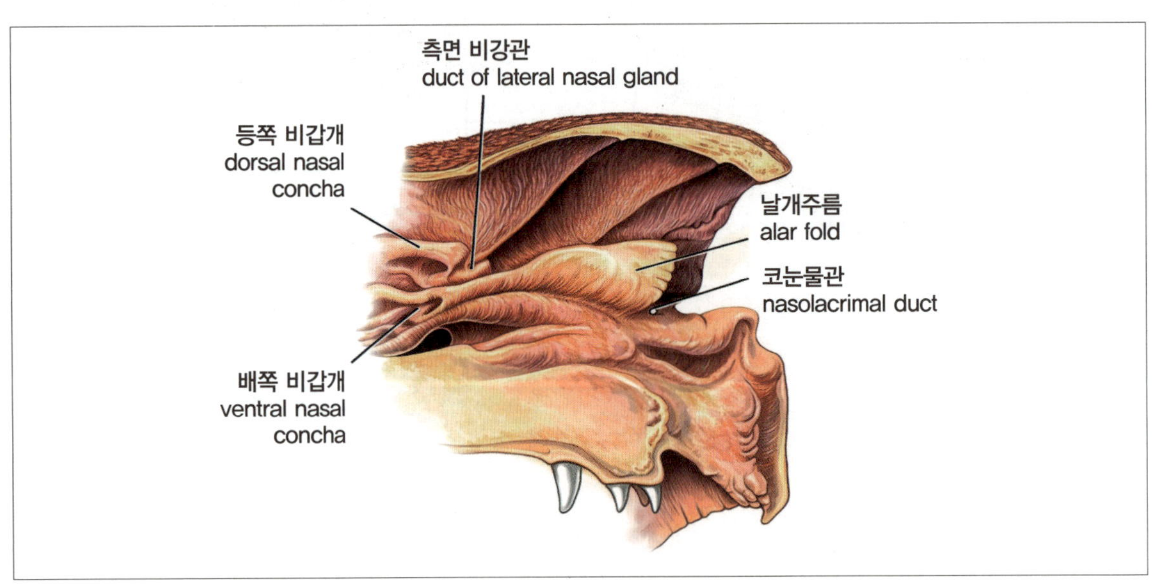

duct of lateral nasal gland [덕트 오브 레터럴 나잘 글랜드]: 측면 비강관
ventral nasal concha [벤트럴 네이잘 콘차]: 배쪽 비갑개
dorsal nasal concha [도살 네이잘 콘차]: 등쪽 비갑개
nasolacrimal duct [나소라크리말 덕트]: 코눈물관
alar fold [알라 폴드]: 날개주름

감각계통의 증상, 질병, 진단, 치료 관련 용어

시각

눈과 관련된 단어는 ophthalm(o)-, opto-, 이외 기타 시각기관은 각막 kerat(o)-, 망막 retin(o)-, 공막 scler(o)-, 홍채 irid(o)-를 접두어로 많이 사용한다.

의학용어	용어 성분	한글용어
optic nerve [옵틱 너브]	optic-(시각의) nerve(신경)	시신경
aqueous humor [아쿠어스 휴머]	aqueous-(물 같은) humor(체액)	방수 (눈의 앞방 액체)
vitreous humor [비트리어스 휴머]	vitreous-(유리 같은) humor(체액)	유리체 (눈 속 액체)
lacrimal gland [라크리멀 글랜드]	lacrim(o)-(눈물) gland(샘)	누선 (눈물샘)
eyelid [아이 리드]		눈꺼풀
optic disc [옵틱 디스크]	optic-(시각의) disc(원판)	시신경유두

시각 관련 학문 분야

의학용어	용어 성분	한글용어
ophthalmology [옵쌀몰로지]	ophthalm(o)-(눈)	안과학
veterinary ophthalmology [베테리너리 옵쌀몰로지]	ophthalm(o)-(눈)	수의 안과학

시각 증상 관련 용어

의학용어	용어 성분	한글용어	뜻
blepharoptosis [블레파롭토시스]	blephar(o)-(안검)	안검하수	눈꺼풀이 처진 상태
cycloplegia [싸이플로플리지아]	cycl(o)-(섬모체) -plegia(마비)	섬모체마비	섬모체 근육 마비, 조절력 상실
iridoplegia [이리도플리지아]	irid(o)-(홍채) -plegia(마비)	홍채마비	홍채 근육 마비
diplopia [디플로피아]	dipl(o)-(이중의) -opia(시각 상태)	복시, 겹보임	두 겹으로 보이는 증상
emmetropia [에메트로피아]	emmetr(o)-(적절한) -opia(시각 상태)	정시, 정상시각	눈의 정상 위치 또는 정상 시각 기능
ophthalmalgia [옵쌀말지아]	ophthalm(o)-(눈) -algia(통증)	안구통증	눈에 통증이 있는 상태
ophthalmoplegia [옵쌀모플리지아]	ophthalm(o)-(눈) -plegia(마비)	눈근육마비	안구 운동 근육 마비
ophthalmorrhagia [옵쌀머레이지아]	ophthalm(o)-(눈) -rrhagia(비정상유출)	눈출혈	눈에서 피가 나는 광범위한 상태 전체
hyphema [하이피마]	-hema(혈액)	전방출혈	각막과 홍채 사이의 전방에 피가 고이는 상태
proptosis [프롭토시스]	opto-(눈)	안구돌출(증)	눈이 돌출된 상태
iridodonesis [이리도도네시스]	irid(o)-(홍채)	홍채 떨림	홍채가 떨리는 현상

의학용어	용어 성분	한글용어	뜻
papilledema [패필에디마]	papill(o)-(시신경유두) -edema(부종)	시신경유두부종	시신경 유두 부종, 뇌압 상승 시 나타남
photophobia [풔터풔비어]	phot(o)-(빛) -phobia(두려움)	눈부심, 광선눈 통증	빛에 대한 과민 반응, 통증
presbyobia [프뤠즈비오피아]	presby(o)-(노년) -opia(시각 상태)	노안, 노시	나이로 인한 조절력 저하
scleromalacia [스클레로말레이시아]	scler(o)-(공막) -malacia(연화)	공막연화증	공막이 연화된 상태
xerophthalmia [제로프탈미아]	xer(o)-(건조한) ophthalm(o)-(눈)	안구건조증	눈물 분비 부족으로 안구 건조

시각 질병 관련 용어

의학용어	용어 성분	한글용어	뜻
blepharitis [블레파라이티스]	blephar(o)-(안검) -itis(염증)	안검염, 눈꺼풀염	눈꺼풀 염증
astigmatism [아스티그마티즘]	a-(없는) stigmat(o)-(점) -ism(상태)	난시	각막 곡률 불균형으로 인한 시력 흐림
cataract [캐터랙]	–	백내장	수정체 혼탁
corneal abrasion [코니얼 어브레이전]	corne(o)-(각막) -al(-과 연관된)	각막찰과상	각막 표면 긁힘
glaucoma [글라우코마]	gluc(o)-(회색)	녹내장	안압 상승으로 시신경 손상
ophthalmia [옵쌜미어]	ophthalm(o)-(눈)	안염	눈 조직 염증
keratoconjunctivitis sicca [케라토 컨정티바이티스 시카]	kerat(o)-(각막)	건성각결막염 (KCS)	눈물 부족으로 인한 결막·각막 건조

(계속)

의학용어	용어 성분	한글용어	뜻
keratopathy [케라토퍼씨]	kerat(o)-(각막) -pathy(병증)	각막병증	각막 질환
retinoblastoma [레티노 블라스토마]	retin(o)-(망막)	망막모세포종	망막의 악성 종양
retinal detachment [레티널 디태치먼트]	retin(o)-(망막)	망막박리	망막이 원래 위치에서 떨어짐
retinopathy [레티노퍼씨]	retin(o)-(망막) -pathy(병증)	망막병증	망막 질환
iritis [아이라이티스]	ir(o)-(홍채) -itis(염증)	홍채염	홍채 염증
keratitis [케라타이티스]	kerat(o)-(각막) -itis(염증)	각막염	각막 염증
scleritis [스클레리티스]	scler(o)-(공막) -itis(염증)	공막염	공막 염증
uveitis [유비아이티스]	uve(o)-(맥락막) -itis(염증)	포도막염	포도막 염증
dacryoadenitis [다크리오아데나이티스]	dacry(o)-(눈물) aden(o)-(샘) -itis(염증)	눈물샘염	눈물샘 염증
dacryocystitis [다크리오씨스타이티스]	dacry(o)-(눈물) cyst(o)-(주머니) -itis(염증)	눈물주머니염	눈물주머니 염증
hordeolum [호르디올럼]	–	다래끼, 맥립종	눈꺼풀 분비샘 염증
strabismus [스트래비스머스]	–	사시	눈의 정렬 이상
nistagmus [니스태그머스]	–	안구진탕	동공 떨림, 뇌손상 가능성

시각 진단 검사 관련 용어

의학용어	용어 성분	한글용어	뜻
optokinetic [옵토키네틱]	opto-(눈)	눈 운동	안구의 반사적 움직임
optometer [옵토메터]	opto-(눈) -meter(측정기구)	눈 측정계	시력, 굴절 측정 장치
fluorescein staining [플루어레씬 스테이닝]	–	형광물질염색법	각막 손상/궤양 검사
keratometer [케라토미터]	kerat(o)-(각막)	각막곡률계	각막 곡률 측정 장치
keratometry [케라토메트리]	kerat(o)-(각막)	각막곡률측정	각막 곡률 측정
ophthalmoscope [옵쌀모스코프]	ophthalm(o)-(눈) -scope(시각관찰기구)	검안경	안저 관찰용 장치
opthalmoscopy [옵쌀모스코피]	ophthalm(o)-(눈) -scopy(시각 검사법)	검안경검사	안저 관찰 검사
slit lamp microscopy [슬릿 램프 마이크로스코피]	-scopy(시각 검사법)	세극등현미경 검사법	결막, 각막, 홍채, 수정체 관찰
tonometry [토노메트리]	ton(o)-(탄력) -metry(측정법)	안압측정(법)	안압 측정, 녹내장 진단

시각 치료 관련 용어

의학용어	용어 성분	한글용어
blepharectomy [블레파렉토미]	blephar(o)-(안검) -ectomy(절제)	안검부분절제(술)
enucleation [이뉴클리에이션]	–	안구적출(술)
keratocentesis [케라토 센테시스]	kerat(o)-(각막)	각막천자
phacoemulsification [파코이멀시피케이션]	phac(o)-(수정체)	수정체유화흡인(술) (백내장 치료)

(계속)

의학용어	용어 성분	한글용어
retinopexy [레티노펙시]	retin(o)-(망막) -pexy(고정)	망막유착(술)
retinotomy [레티노토미]	retin(o)-(망막) -otomy(절개)	망막 절개(술)
sclerectomy [스클레렉토미]	scler(o)-(공막) -ectomy(절제)	공막 절제(술)
sclerotomy [스클레로토미]	scler(o)-(공막) -otomy(절개)	공막 절개(술)
iridotomy [이리도토미]	irid(o)-(홍채) -otomy(절개)	홍채 절개(술)
artificial tears [아티피셜 티어스]	–	인공눈물
antibiotic ophthalmic solution [안티바이오틱 옵쌜믹 솔루션]	ophthalm(o)-(눈)	항생 안약
anti-inflammatory ophthalmic solution [안티-인플래머토리 옵쌜믹 솔루션]	ophthalm(o)-(눈)	항염증 안약
mydriatic ophthalmic solution [마이드리에틱 옵쌜믹 솔루션]	ophthalm(o)-(눈)	산동제 안약
miotic ophthalmic solution [마이오틱 옵쌜믹 솔루션]	ophthalm(o)-(눈)	축동제 안약

시각 관련 약어

약어	의학용어	한글용어
OS	Oculus Sinister [오큘루스 시니스터]	왼쪽 눈
OD	Oculus Dexter [오큘루스 덱스터]	오른쪽 눈
OU	Oculus Uterque [오큘루스 유테르케]	양쪽 눈
KCS	KeratoConjunctivitis Sicca [케라토컨준크티비아이티스 시카]	건성각결막염
PLR	Pupillary Light Reflex [퓨필러리 라이트 리플렉스]	동공 빛 반사
ERG	ElectroRetinoGraphy [일렉트로레티노그래피]	망막 전기생리 검사
IOP	IntraOcular Pressure [인트라오큘러 프레셔]	안압

약어	의학용어	한글용어
PR	Pupillary Reflex [퓨필러리 리플렉스]	동공 반사
PACG	Primary Angle-Closure Glaucoma [프라이머리 앵글-클로저 글라우코마]	일차 폐쇄각 녹내장

청각

귀와 관련된 단어는 auri-, ot(o)-, 고막은 tympan(o)-, 달팽이관은 cochle(o)-, 전정기관은 vestibul(o)- 접두어로 많이 사용한다.

의학용어	용어 성분	한글용어
auricle [오리클]	auri-(귀)	귓바퀴
auricle reflex [오리클 리플렉스]	auri-(귀)	귓바퀴 반사

청각 관련 학문 분야

의학용어	용어 성분	한글용어
audiology [어디어로지]	audi(o)-(귀)	청각학
veterinary audiology [베테리너리 어디어로지]	audi(o)-(귀)	수의 청각학

청각 증상 관련 용어

의학용어	용어 성분	한글용어
tinnitus [티너터스]	auri-(귀)	이명
otalgia [오털지아]	ot(o)-(귀) -algia(통증)	귀통증
vertigo [버티고]	–	현기증, 어지러움

(계속)

의학용어	용어 성분	한글용어
otorrhea [오토리아]	ot(o)-(귀) -rrhea(분비)	귀 분비물
hearing loss [히어링 로스]	hearing(청력) loss(상실)	청력 손실
hypoacusis [하이포어큐시스]	hypo-(감소) -acusis(청력)	청력감소

청각 질병 관련 용어

의학용어	용어 성분	한글용어
otosclerosis [오토스클레로시스]	ot(o)-(귀) -sclerosis(경화)	이경화증
hematoma auris [헤마토마 오리스]	auri-(귀)	귀 혈종
vestibular neuritis [베스티뷸러 뉴라이터스]	vestibul(o)-(전정기관) -itis(염증)	전정신경염
otitis interna [오타이티스 인터나]	ot(o)-(귀) -itis(염증)	내이염
otitis media [오타이티스 미디아]	ot(o)-(귀) -itis(염증)	중이염
otitis externa [오타이티스 익스터나]	ot(o)-(귀) -itis(염증)	외이염

청각 진단 검사 관련 용어

의학용어	용어 성분	한글용어
otoscope [오토스코프]	ot(o)-(귀) -scope(검사기구)	(검)이경
otoscopy [오토스코피]	ot(o)-(귀) -scope(검사법)	(검)이경검사
audiometry [어디어메트리]	audi(o)-(귀) -metry(측정)	청력측정

의학용어	용어 성분	한글용어
tympanogram [팀파노그램]	tympan(o)-(고막)	고실도(그림)
tympanometer [팀파노메터]	tympan(o)-(고막)	고실계(기구)
tympanometry [팀파노메트리]	tympan(o)-(고막) -metry 측정)	고실계측(법) (중이 압력 확인)

청각 치료 관련 용어

의학용어	용어 성분	한글용어
cochlear implant [코클리어 임플란트]	cochle(o)-(달팽이관)	인공와우 이식(술)
myringotomy [마이링고토미]	myring(o)-(고막) -tomy(절개)	고막 절개(술)
tympanoplasty [팀파노플라스티]	tympan(o)-(고막) -plasty(성형)	고막 성형술
antibiotic otic solution [안티바이오틱 오틱 솔루션]	anti-(대항하는) ot(o)-(귀)	항생제점이액
anti-inflammatory otic solution [안티인플라매토리 오틱 솔루션]	anti-(대항하는) ot(o)-(귀)	항염증점이액
wax emulsifiers [왁스 이멀시파이어즈]	–	귀지유화제

청각 관련 약어

약어	의학용어	한글용어
ABR(=BAER)	Auditory Brainstem Response [오디토리 브레인스템 리스폰스]	청각뇌간 반응
dB	DeciBel [데시벨]	데시벨
Hz	Hertz [헤르츠]	헤르츠

촉각

피부와 관련된 단어는 cuti-, derma-, dermat(o)-를 접두어로 많이 사용한다. 감각과 관련할 때에는 -esthesia를 사용한다.

의학용어	용어 성분	한글용어
cuticle [큐티클]	cuti-(피부)	껍질
cutis [큐티스]	cuti-(피부)	피부
subcutis [서브큐티스]	cuti-(피부)	피하조직
keratolysis [케러탈리시스]	kerat(o)-(각질)	각질용해

촉각 관련 학문 분야

의학용어	용어 성분	한글용어
dermatology [더마톨로지]	dermat(o)-(피부)	피부과학
veterinary dermatology [베테리너리 더마톨로지]	dermat(o)-(피부)	수의 피부과학

촉각 증상 관련 용어

의학용어	용어 성분	한글용어
cutis anserina [큐티스 엔세리나]	cuti-(피부)	닭살
paresthesia [파레스테지아]	para-(이상) -esthesia(감각)	이상감각 (저리거나 따끔거림)
hyperesthesia [하이퍼에스테지아]	hyper-(과도한) -esthesia(감각)	감각과민
anesthesia [애네스지아]	an-(없음) -esthesia(감각)	감각 마비
neuropathy [뉴로퍼씨]	neur(o)-(신경) -pathy(병증)	신경병(증)

의학용어	용어 성분	한글용어
dermalgia [더말지아]	derma-(피부)	피부 통증

촉각 질병 관련 용어

의학용어	용어 성분	한글용어
dermatitis [더마타이티스]	derma-(피부)	피부염
neuropathy [뉴로퍼씨]	neur(o)-(신경) -pathy(병증)	신경병증

촉각 진단 검사 관련 용어

의학용어	용어 성분	한글용어
nerve conduction study [너브 컨덕션 스터디]	nerve(신경) conduction(전달)	신경 전도 검사
skin biopsy [스킨 바이옵시]	skin(피부) biopsy(조직 검사)	피부 조직 검사

촉각 치료 관련 용어

의학용어	용어 성분	한글용어
corticosteroid therapy [코르티코스테로이드 테라피]	cortico-(피질 호르몬) steroid(스테로이드)	코르티코스테로이드 치료
physical therapy [피지컬 테라피]	physical(신체) therapy(치료)	물리치료

촉각 관련 약어

약어	의학용어	한글용어
PN	Pinch Test [핀치 테스트]	꼬집기 검사
WR	Withdrawal Reflex [위드드로럴 리플렉스]	회피 반사
PALP	Palpation [팰페이션]	촉진 검사
PRO	Proprioception Test [프로프리오셉션 테스트]	고유감각 검사
NCS	Neurological Sensory Check [뉴롤로지컬 센서리 체크]	신경학적 감각 검사

미각

미각과 관련된 단어는 gust(o)- 맛, 혀는 lingu(o)-, gloss(o)-를 접두어로 많이 사용한다.

의학용어	용어 성분	한글용어
gustation [거스테이션]	gust-(미각)	미각, 맛
gustatory gland [거스터토리 글랜드]	gust-(미각)	미각 샘
gustatory papilla [거스터토리 파필라]	gust-(미각)	미각 유두
gustatory receptor [거스터토리 리셉터]	gust-(미각)	미각 수용기
lingual [링구얼]	lingu(o)-(혀)	혀
lingual artery [링궐 아터리]	lingu(o)-(혀)	혀동맥
lingual fossa [링궐 포사]	lingu(o)-(혀)	혀오목
lingual frenulum [링궐 프레늘럼]	lingu(o)-(혀)	혀주름띠,설소대
lingual papilla [링궐 파필라]	lingu(o)-(혀)	혀유두
glossopharyngeal [글라쏘 파린지얼]	gloss(o)-(혀)	혀인두

미각 증상 관련 용어

의학용어	용어 성분	한글용어
gustatory hyperesthesia [거스터토리 하이퍼에스티지아]	gust-(미각)	미각 과민
glossalgia [글로쌀지아]	gloss(o)-(혀)	혀통증

의학용어	용어 성분	한글용어
glossoplegia [글라쏘 플리지아]	gloss(o)-(혀)	혀마비
ageusia [에구지아]	a-(없음) -geusia(맛)	미각 상실
dysgeusia [디스구지아]	dys-(이상) -geusia(맛)	미각 장애

미각 질병 관련 용어

의학용어	용어 성분	한글용어
ageusia [에구지아]	a-(없음) -geusia(맛)	미각 상실
hypogeusia [하이포구지아]	hypo-(감소) -geusia(맛)	미각 저하
dysgeusia [디스구지아]	dys-(이상) -geusia(맛)	미각 장애

미각 진단 검사 관련 용어

의학용어	용어 성분	한글용어
gustatory testing [거스터토리 테스팅]	gust-(미각)	미각 검사

미각 치료 관련 용어

의학용어	용어 성분	한글용어
zinc supplementation [징크 서플리멘테이션]	–	아연 보충 치료
glossectomy [글라섹토미]	gloss(o)-(혀)	혀절제
glossorrhaphy [글라쏘라피]	gloss(o)-(혀)	혀봉합

미각 관련 약어

약어	의학용어	한글용어
GTS	Gustatory Testing System [거스테이토리 테스팅 시스템]	미각 검사 시스템

후각

후각과 관련된 단어는 olfacto-, rhin(o)-를 접두어로 많이 사용한다.

의학용어	용어 성분	한글용어
olfactism [올팩티즘]	olfacto-(후각)	후각 작용

후각 증상 관련 용어

의학용어	용어 성분	한글용어
olfactophobia [올팩토포비아]	olfacto-(후각)	냄새공포증
olfactory disfunction [올팩토리 디스펑션]	olfacto-(후각)	후각 장애
olfactory hyperesthesia [올팩토리 하이퍼에스티지아]	olfacto-(후각) hyper-(과도한)	후각 과민
olfactory hypoesthesia [올팩토리 하이포에스티지아]	olfacto-(후각)	후각 저하
rhinalgia, rhinodynia [라이날지아,라이노디니아]	rhin(o)-(코) -algia(통증)	코통증
rhinitis [라이나이티스]	rhin(o)-(코) -itis(염증)	비염
anosmia [어나즈미아]	a-(없음) -osmia(냄새)	후각 상실
hyposmia [하이포스미아]	hypo-(불충분한) -osmia(냄새)	후각 감퇴

의학용어	용어 성분	한글용어
hyperosmia [하이퍼오스미아]	hyper-(과도한) -osmia(냄새)	후각 과민
parosmia [파로스미아]	para-(비정상적인) -osmia(냄새)	이상 후각
phantosmia [팬토스미아]	phant-(환상) -osmia(냄새)	환각성 후각(냄새 환상)
euosmia [유아스미아]	eu-(정상적인) -osmia(냄새)	정상 후각
macrosmatic [매크로스매틱]	macro-(큰, 거대한) -osmatic(후각에 관련된)	후각이 예민한

후각 질병 관련 용어

의학용어	용어 성분	한글용어
olfactory neuroblastoma [올팩토리 뉴로블라스토마]	olfacto-(후각)	후각신경모세포종
rhinitis [라이나이티스]	rhin(o)-(코)	비염
nasal tumor [네이즐 튜머]	nasal(코) tumor(종양)	코(비강) 종양
sinonasal disease [사이노네이즐 디지즈]	sino-(부비동) nasal(코)	부비동 및 비강 질환

후각 진단 검사 관련 용어

의학용어	용어 성분	한글용어	뜻
olfactometry [올팩토메트리]	olfact(o)-(후각) -metry(측정)	후각 기능 측정	후각 기능을 정량적으로 측정하는 검사
sniff test [스니프 테스트]	sniff(냄새 맡다)	간이 후각 검사	환자가 냄새를 맡을 때 후각 반응을 평가하는 간단한 검사

후각 치료 관련 용어

의학용어	용어 성분	한글용어
corticosteroid nasal spray [코르티코스테로이드 네이즐 스프레이]	corticosteroid(코르티코스테로이드) nasal(비강)	비강용 스테로이드 분무 치료

후각 관련 약어

약어	의학용어	한글용어	뜻
OST	Olfactory Screening Test [올팩토리 스크리닝 테스트]	후각 선별 검사	후각 기능 선별검사, 냄새를 맡는 능력을 평가하는 간단한 검사
OERP	Olfactory Event-Related Potential [올팩토리 이벤트-릴레이티드 포텐셜]	후각 사건 관련 전위(뇌파 검사)	후각 관련 사건 전위, 냄새 자극에 대한 뇌전도 반응을 측정하는 신경생리학적 검사

9-2. 신경계통 관련 용어

신경계통 훑어보기

정의 및 기능

신경계통(nervous system)은 동물이 자신을 둘러싼 환경으로부터 자극(stimulus)을 받아들이고, 반응(response)을 일으키는 것과 관련된 계통이다. 척추동물(vertebrate)과 같은 동물들은 신경망(neural network, neuro-)으로 이루어진 중추신경계(central nervous system, CNS), 말초신경계(peripheral nervous system, PNS), 자율신경계(autonomic nervous system, ANS)와 같은 신경망으로 감각을 느끼고 운동 기능을 조절한다.

척추동물의 감각수용기(sensory receptor)와 운동반응기(effector)는 신경계통의 방식으로 연결되어 있다. 동물의 신경계통은 신경세포(neuron, neuro-)와 신경아교세포(neuroglia)로 이루어져 있다. 감각수용기와 연결된 뉴런을 감각 뉴런이라 하고, 운동반응기와 연결된 뉴런을 운동 뉴런이라 한다. 감각 뉴런(sensory neuron, afferent neuron)과 운동 뉴런(motor neuron, efferent neuron)은 뇌와 척수에 있는 연합 뉴런에 연결되어 있다. 연합 뉴런(interneuron, association neuron)은 감각 뉴런을 통해 전달된 감각을 파악하고, 운동뉴런을 통해 몸을 움직이게 한다.

중추신경계(central nervous system, CNS)는 연합 뉴런이 있는 뇌(brain)와 척수(spinal cord)를 말한다. 척추동물의 중추신경계는 뉴런이라 불리는 특수한 세포로 된 신경망을 사용하여 신체의 다양한 활동을 통합(integration)하고 조절(regulation)한다.

말초신경계(peripheral nervous system, PNS)는 중추신경계에서 갈라져 나와 신체의 각 기관이나 온몸에 가지모양으로 분포하는 신경계통을 말한다. 말초신경계는 몸으로부터 감각, 근육 자극과 무의식적으로 이루어지는 반사(reflex)에 필요한 모든 정보를 중추신경으로 전달하고, 중추신경의 운동자극을 다시 몸으로 전달하는 통로 역할을 한다.

말초신경계에는 다시 체성신경계(somatic nervous system)와 자율신경계(autonomic nervous system)으로 나뉠 수 있다.

체성신경계(somatic nervous system)는 동물의 몸에서 의식적으로(voluntary) 감지하고 조절할 수 있는 부분 즉, 몸의 움직임과 감각을 담당하고 있는 신경계통을 말한다. 개와 고양이가 의도하여 움직이는 모든 골격근(skeletal muscle)을 지배하고 있는 신경은 체성신경계에 해당하며 의식적으로 통제가능한 특징이 있다. 골격근을 움직이는 운동신경(motor nerve) 뿐만 아니라 촉각(tactile sense)이나 통각(nociception)처럼 느낄 수 있는 감각신경(sensory nerve)도 체성신경계를 통해 전달되어 체성신경계로 분류된다.

자율신경계(autonomic nervous system)는 주로 평활근의 운동과 분비샘의 활동을 지배하여 동물 내부의 환경을 일정하게 유지하는 역할을 하는 신경계통으로 교감신경계(sympathetic nervous system)와 부교감신경계(parasympathetic nervous system), 장신경계(enteric nervous system) 세 가지로 이루어져 있다. 교감신경과 부교감신경, 두 신경은 대부분 쌍으로 신체 기관과 연결되어 있어 서로 길항적인 작용(antagonistic action)을 한다. 자율신경계는 중추신경계에서 말초에 이르며 중추신경으로부터 자극을 전달받으면 교감신경은 노르에피네프린(norepinephrine)을 분비하고 부교감신경의 경우 아세틸콜린(acetylcholine, ACh)이 분비된다. 자율신경이란 대뇌의 직접적인 지배를 받지 않는다는 의미로 붙여진 것이나 실제로는 대뇌 시상하부(hypothalamus)와 그 밖의 여러 중추신경의 지배를 받아 어느정도 의식적인 조절이 가능한 특징이 있다. 장신경계(enteric nervous system, ENS)는 소화기관(gastrointestinal tract)에 독립적으로 분포하는 신경망으로 위장운동(gastrointestinal motility), 분비조절(secretion control), 연동운동(peristalsis) 등을 담당한다.

중요 용어

신경계통을 구성하는 주요 단어는 다음과 같다.

중추신경계와 말초신경계	
central nervous system 중추신경계	brain 뇌
	spinal cord 척수
peripheral nervous system 말초신경계	cranial nerve 뇌신경
	brachial plexus 팔신경얼기(상완신경총)
	lumbar plexus 허리신경얼기(요추신경총)
	sacral plexus 엉치신경얼기(천골신경총)

체성신경계와 자율신경계	
somatic nervous system 체성신경계	motor nerve 운동신경
	sensory nerve 감각신경
autonomic nervous system 자율신경계	sympathetic nerve 교감신경
	parasympathetic nerve 부교감신경
	enteric nerve 장신경

용어 성분

신경계통 각각 흔히 사용되는 용어 성분과 그 의미는 다음과 같다.

신경

용어 성분(연결어)	
neur(o)-	신경 예) neurology 신경학
neuri-	신경 예) neuritis 신경염
radicul(o)-	신경뿌리, 신경근 예) radiculitis 신경근염
cephal-	뇌 예) cephalitis 뇌염
encephal(o)-	뇌 예) encephalitis 뇌염
cerebr(o)-	뇌, 대뇌 예) cerebral concussion 뇌진탕
cerebell(o)-	뇌, 소뇌 예) cerebellar ataxia 소뇌 실조
dur(o)-	경막, 경질막 예) dural hematoma 경막혈종
medull(o)-	숨뇌, 연수 예) medulloblastoma 연수아세포종
meningi(o)-	뇌척수막, 수막 예) meningioma 수막종
poli(o)-	회질, 회색질 예) poliomyelitis 회백질염
pont(o)-	다리뇌, 교뇌 예) pontine hemorrhage 교뇌출혈
thalam(o)-	시상 예) thalamotomy 시상절제술
thec(o)-	싸개, 뇌척수막, 수막 예) thecal sac 경막낭
ventricul(o)-	뇌실 예) ventriculomegaly 뇌실확장
myel-	척수 예) myelalgia 척수통증
peripher(o)-	중심에서 멀어짐 예) peripheral neuropathy 말초신경병증
alges(o)-	통각 예) analgesia 진통
astr(o)-	별 모양의 예) astrocyte 별아교세포
centr(o)-	중심 예) central nervous system 중추신경계
concuss(o)-	격렬하게 흔듦 예) concussion 뇌진탕
esthesi(o)-	감각, 느낌 예) anesthesia 마취
gli(o)-	접착제 예) glioma 교종
ment(o)-	마음, 정신 예) dementia 치매

용어 성분(접미어)	
-paresis	근력약화 예) hemiparesis 편마비
-phasia	말하기, 발음 예) aphasia 실어증
-taxia	근육운동, 조정 예) ataxia 운동실조

그림으로 살펴본 신경계통

개의 신경계통

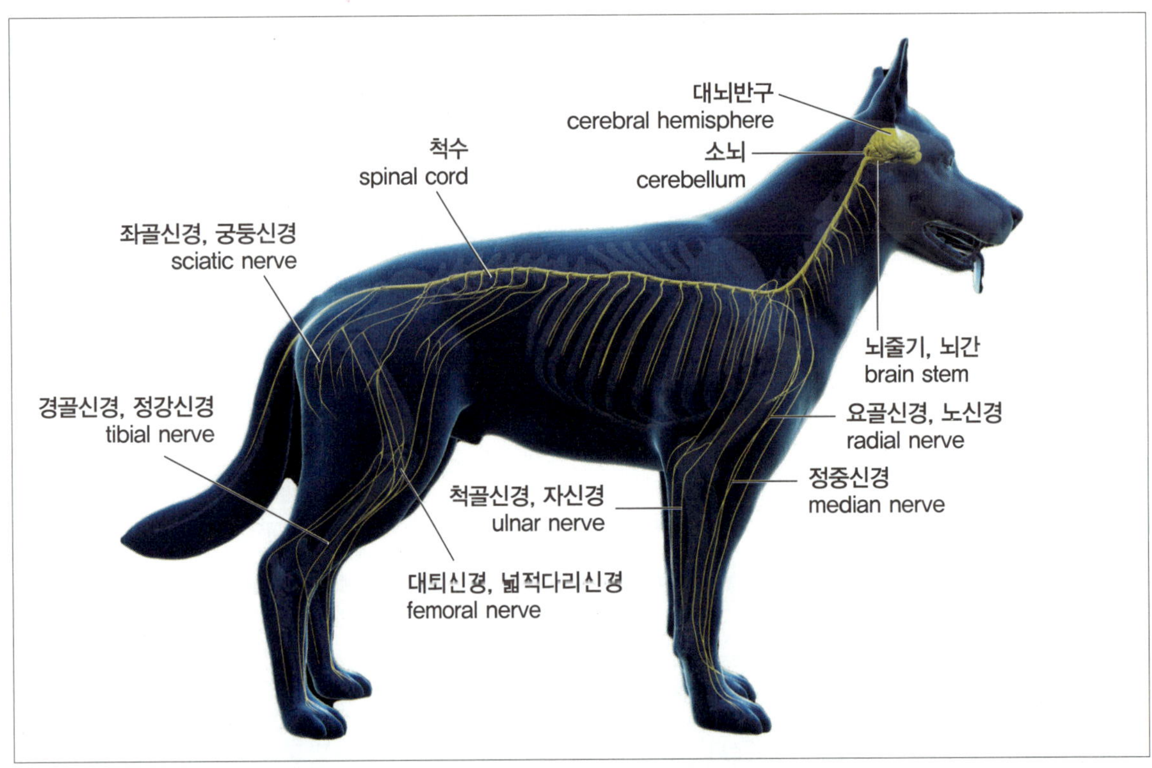

cerebral hemisphere [세레브랄 헤미스피어]: 대뇌반구
cerebellum [세레벨럼]: 소뇌
brain stem [브레인 스템]: 뇌줄기, 뇌간
radial nerve [레이디얼 널브]: 요골신경, 노신경
median nerve [미디언 널브]: 정중신경
ulnar nerve [얼너 널브]: 척골신경, 자신경
femoral nerve [페모럴 널브]: 대퇴신경, 넓적다리신경
spinal cord [스파이날 코드]: 척수
sciatic nerve [싸이앗익 널브]: 좌골신경, 궁둥신경
tibial nerve [티비얼 널브]: 경골신경, 정강신경

고양이의 신경계통

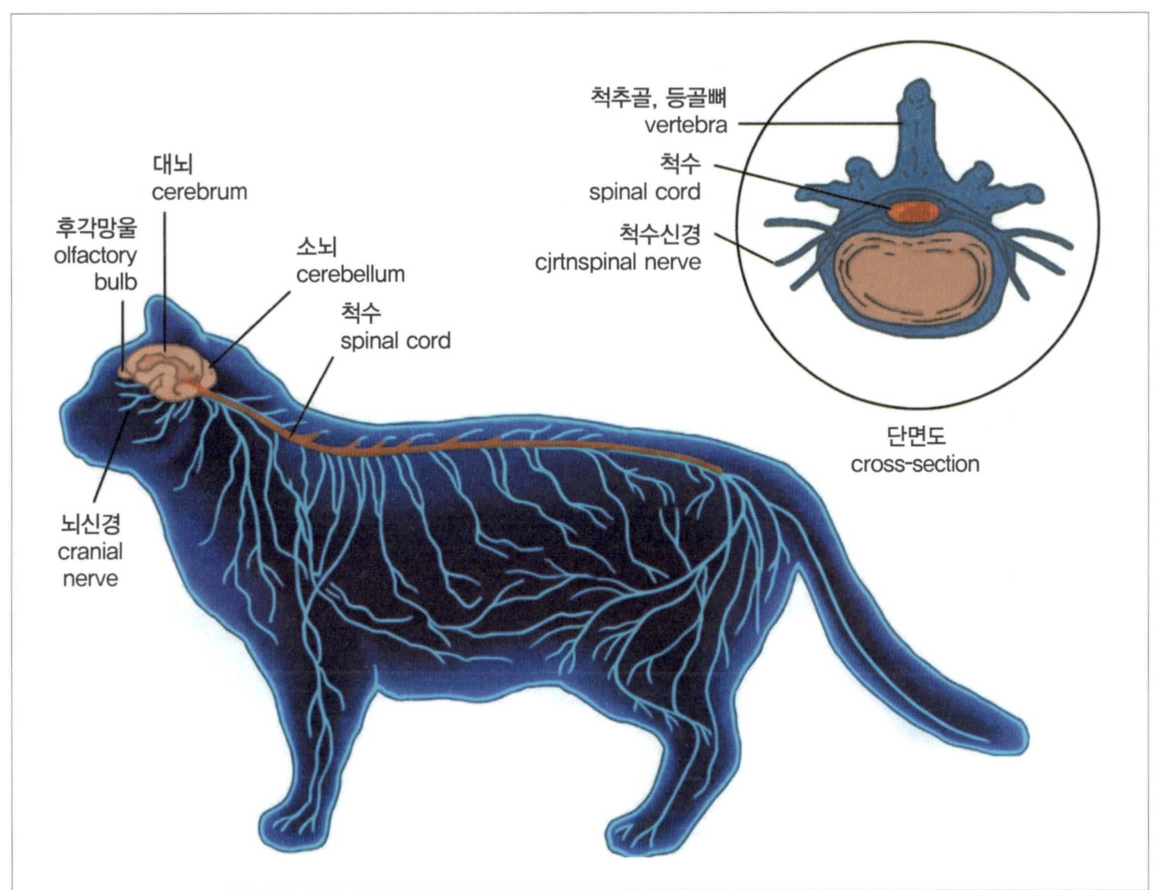

cranial nerve [크레이니얼 널브]: 뇌신경
olfactory bulb [올팩토리 벌브]: 후각망울
cerebrum [세레브럼]: 대뇌
cerebellum [세레벨럼]: 소뇌
spinal cord [스파이널 코드]: 척수
spinal nerve [스파이널 널브]: 척수신경
vertebra [벌티브라]: 척추골, 등골뼈
cross-section [크로스 섹션]: 단면도

신경계통의 해부생리학

신경계통(nervous system)은 동물에서 모든 신체 활동을 조절(regulation)하는 역할을 한다. 신체 외부 및 내부에 위치한 감각수용기(sensory receptor)로부터 정보를 받아들이며, 이러한 정보를 바탕으로 신체 요구에 맞춰 근육(muscle) 및 분비샘(secretory gland)의 활동을 조절한다.

신경 조직 Nervous Tissue

개와 고양이를 비롯한 동물의 신경 조직(nervous tissue)은 뉴런(신경세포, neuron, nerve cell)과 신경아교세포(신경교세포, neuroglial cell)로 이루어져 있다. 뉴런은 개별 신경세포이며, 자극(stimulus)에 반응하여 활동전위(action potential)를 전달할 수 있는 세포이다. 뉴런의 3가지 기본 구조는 가지돌기(dendrite)와 신경세포체(nerve cell body, soma), 축삭(axon)으로 이루어져 있다. 가지돌기(dendrite)는 나뭇가지처럼 생긴 돌기로 자극을 받아들이는 부위이다. 신경세포체(nerve cell body)는 핵(nucleus)과 여러 가지 세포소기관(organelle)들을 포함하고 있다. 뉴런은 신경세포체로부터 돌출된 단 하나의 축삭(axon)을 가지고 있으며, 축삭은 활동전위를 세포체로부터 멀리 떨어져 있는 표적세포(target cell)로 전달한다. 마지막으로 축삭 말단(axon terminal)에서 전기적 신호 또는 화학적 신호를 통해 다른 신경세포로 신호를 전달한다. 축삭 말단은 다른 뉴런, 근육세포(muscle cell), 분비 세포(secretory cell)와 같은 표적세포의 막에 가까이 위치하며, 시냅스(synapse)라는 구조를 이룬다. 시냅스는 시냅스 전 세포(presynaptic cell)로부터 시냅스 후 세포(postsynaptic cell)로 활동전위를 통해 생성된 신호 정보를 전달한다. 신경아교세포(neuroglial cell)는 신경계통 전체 수의 90% 정도를 차지하며, 뉴런의 기능을 돕는 비흥분성 세포(non-excitable cell)이다. 성장 인자(growth factor)를 분비하거나 뉴런의 대사(metabolism)를 돕거나 지지하는 등의 역할을 수행한다. 신경아교세포는 중추신경계(central nervous system, CNS)와 말초신경계(peripheral nervous system, PNS) 모두 분포하며 대표적인 신경아교세포로는 별아교세포(astrocyte)가 있으며, 이는 혈액-뇌 장벽(blood-brain barrier, BBB)을 구성하는 데 필수적이다. 뉴런과 신경아교세포는 서로 연결되어 하나의 정교한 신경 네트워크(neural network)를 형성하며, 각 부위가 고유의 역할을 통해 정보를 전달한다.

그림으로 살펴본 신경계통

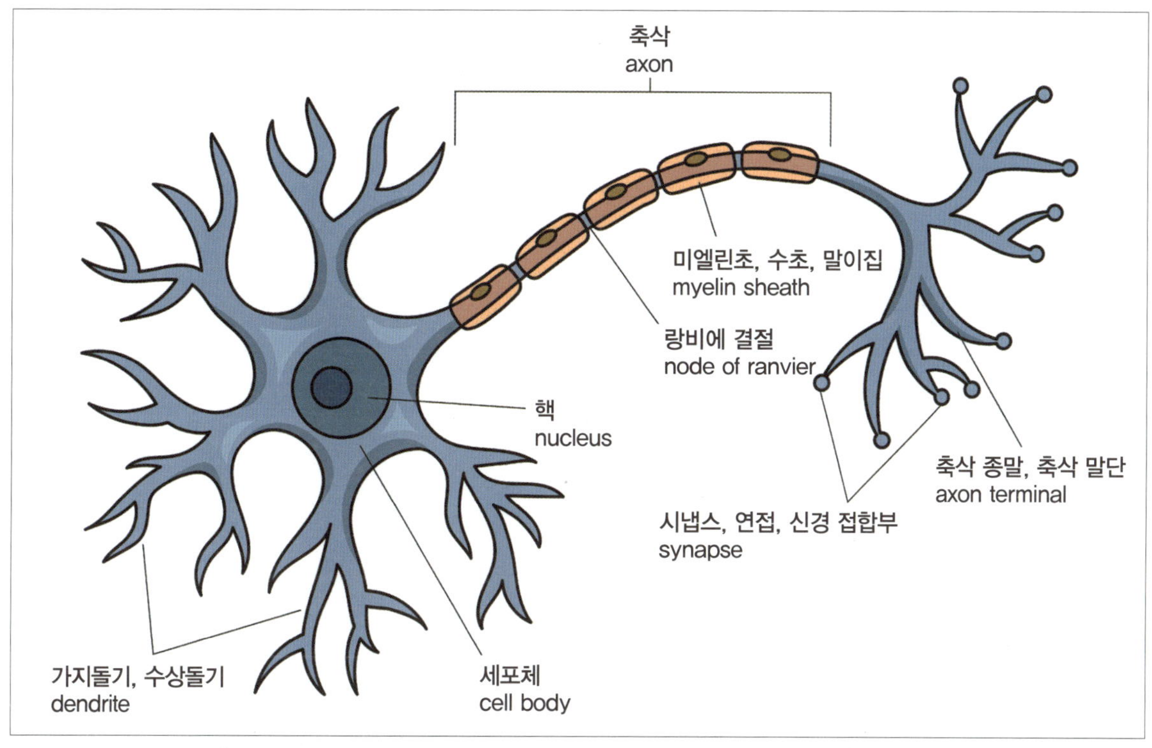

뉴런의 구조

axon [액손]: 축삭
dendrite [덴드라이트]: 가지돌기, 수상돌기
cell body [셀 바디]: 세포체
nucleus [뉴클리아스]: 핵
node of ranvier [노드 오브 랑비에]: 랑비에 결절
myelin sheath [마이얼린 쉬츠]: 미엘린초, 수초, 말이집
synapse [시냅스]: 시냅스, 연접, 신경 접합부
axon terminal [액손 터미널]: 축삭 종말, 축삭 말단

중추신경계 Central Nervous System (CNS)

뇌 Brain

뇌(brain)는 신경세포(neuron)가 하나의 큰 덩어리를 이루고 있으며 동물의 중추신경계(central nervous system, CNS)를 관장하는 기관을 말한다. 뇌는 동물의 본능적인 생명 활동(instinctive vital activity)에 있어 심장(heart)과 더불어 가장 중요한 역할을 담당하며, 대부분의 정보가 뇌(brain)로 전달되고 뇌에서 대부분의 움직임(movement)을 관장하고 신체의 항상성(homeostasis)을 유지할 뿐만 아니라, 인지(cognition), 감정(emotion), 기억(memory), 학습(learning) 등을 담당하게 된다. 개와 고양이의 뇌는 사람을 포함한 일반적인 포유류의 뇌와 구조는 같으나 특정 부위의 크기 차이 정도를 확인할 수 있다.

중추신경계

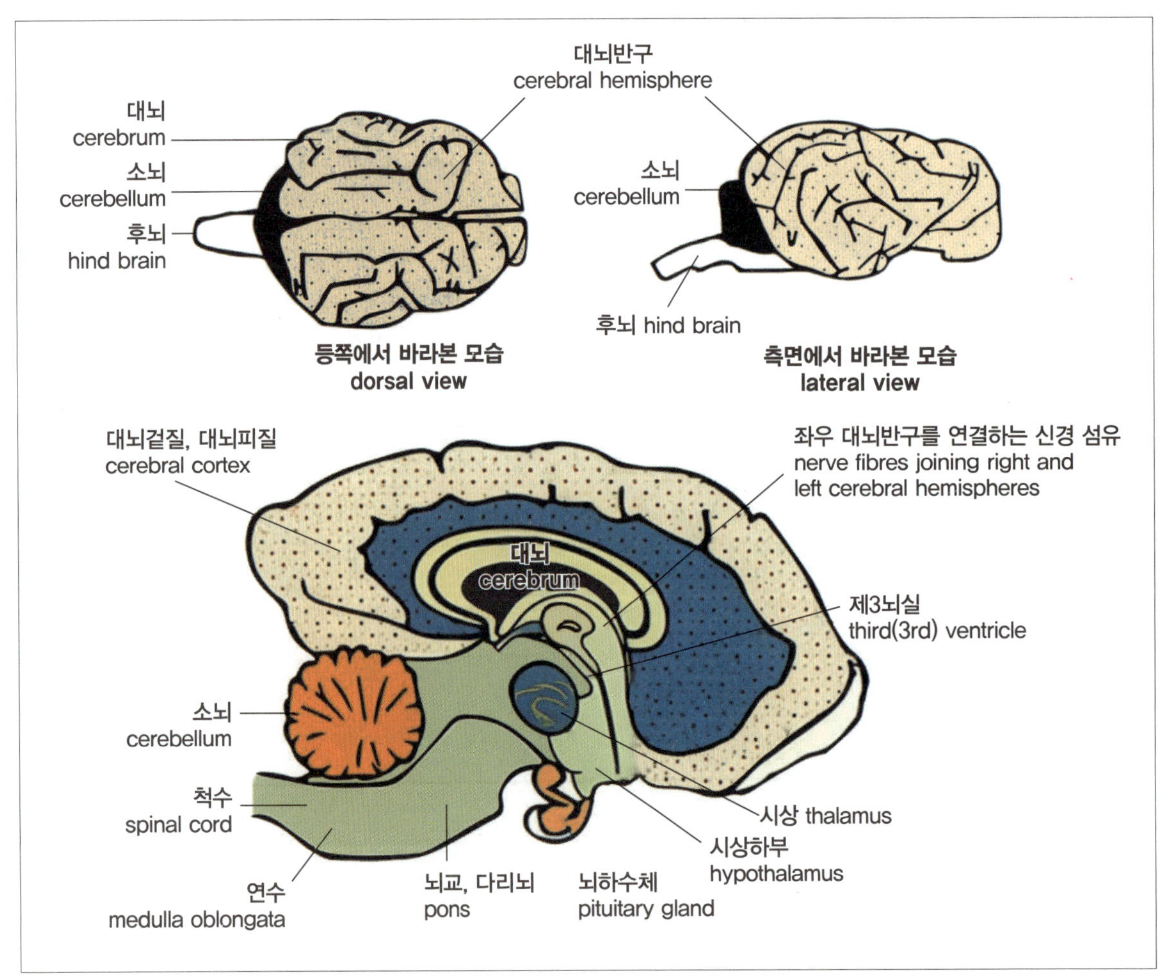

개의 뇌 구조

cerebrum [세레브럼]: 대뇌
cerebellum [세레벨럼]: 소뇌
cerebral hemisphere [세리브럴 헤미스피어]: 대뇌반구
hind brain [하인드 브레인]: 후뇌
cerebral cortex [세리브럴 코르텍스]: 대뇌겉질, 대뇌피질(대뇌반구 표면의 얇은 회백질층)
third(3rd) ventricle [써드 벤트리클]: 제3뇌실
thalamus [쌜러머스]: 시상
hypothalamus [하이퍼 쌜러머스]: 시상하부
pituitary gland [피튜어테리 글랜드]: 뇌하수체
pons [펀즈]: 뇌교, 다리뇌(중뇌-연수 사이 중추신경 조직)
medulla oblongata [메달라 아블롱가타]: 연수
spinal cord [스파이날 코드]: 척수
dorsal view [도르살 뷰]: 등쪽에서 바라본 모습
lateral view [래터럴 뷰]: 측면에서 바라본 모습
nerve fibres joining right and left cerebral hemispheres
[널브 파이버스 조이닝 라이트 앤 레프트 세리브럴 헤미스피어스]: 좌우 대뇌반구를 연결하는 신경 섬유

척수 Spinal Cord

척수(spinal cord)는 뇌(brain)에서 나와 전신으로 이어지는 신경다발(nerve bundle)이 모여 있는 것으로 척추 뼈(vertebra) 안의 척추강(spinal canal)이라는 공간 안에 위치한 감각신경(sensory nerve), 운동신경(motor nerve)을 모두 포함하는 굵은 신경 다발을 말한다. 척수(spinal cord)는 뇌(brain)와 신체(body)의 각 부위 사이의 중요한 전달경로(conduction pathway)로 작용한다. 뇌에서 근육으로 전달되는 정보를 운동신경(motor nerve), 말단부의 감각 수용기(sensory receptor)로부터 뇌로 전달되는 정보를 감각신경(sensory nerve)이라고 한다. 또한 일부 자율신경 기능을 담당하는 신경다발(nerve bundle)도 포함되어 있어 방광(bladder)이나 항문조임근(anal sphincter) 조절에도 관여한다. 척수는 말초신경(peripheral nerve)을 통해서 들어오는 신체 내외의 모든 변화에 대한 정보를 받아들여 상위 중추인 뇌로 보내고 또 뇌에서 이 정보를 분석, 통합한 후 다시 척수를 거쳐 말초신경을 통해 신체 각 부분에 전달하여 적절한 신체 반응(body response)과 활동(activity)을 할 수 있게 하며, 척수 분절 수준(segmental level)에서는 반사활동(reflex activity)의 중추로 작용하기도 한다.

그림으로 살펴본 중추신경계

척수의 횡단면 구조

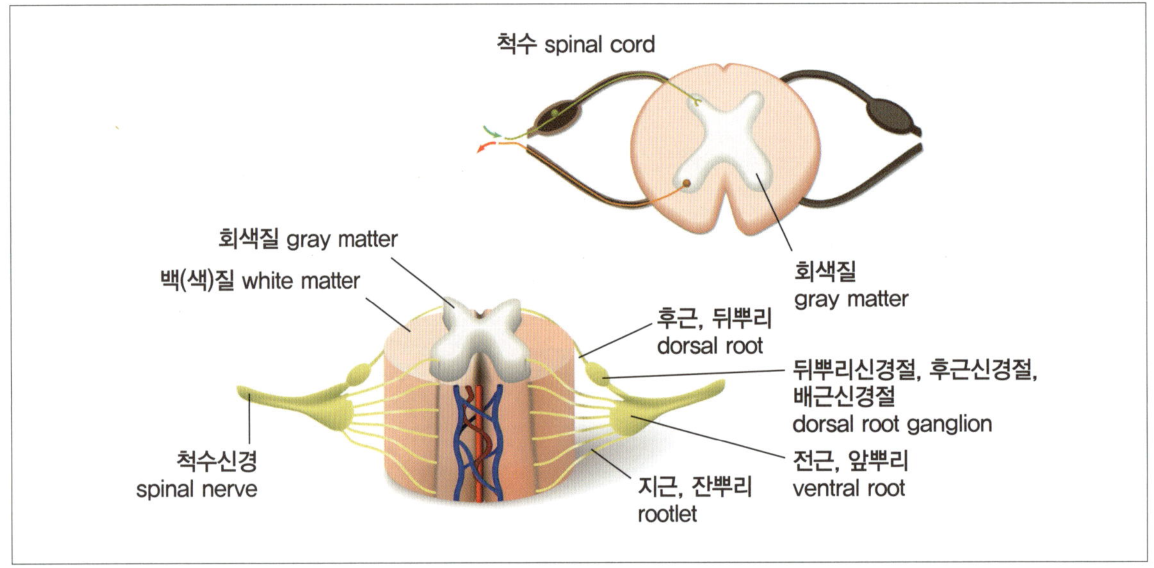

spinal cord [스파이날 코드]: 척수
white matter [화이트 매터]: 백(색)질(유수신경섬유로 이루어져 백색으로 보이는 조직)
gray matter [그레이 매터]: 회색질(신경세포가 밀집되어 회색으로 보이는 조직)
dorsal root [도르살 루트]: 후근, 뒤뿌리
dorsal root ganglion [도르살 루트 갱리언]: 뒤뿌리신경절, 후근신경절, 배근신경절
ventral root [벤트럴 루트]: 전근, 앞뿌리
rootlet [룻렛]: 지근, 잔뿌리
spinal nerve [스파이널 널브]: 척수신경

수막 Meninges

수막(meninges)은 뇌막(meninges, cranial meninges), 뇌척수막(meninges, craniospinal meninges)이라고도 부르며, 뇌막과 척수막을 아울러 이르는 말이다. 뇌와 척수를 감싸고 있는 세 층으로 이루어진 결합조직막(connective tissue membrane)으로, 척추(spine) 측의 일부를 제외하고는 바깥쪽에 있는 뼈(bone)와 직접적으로 닿아 있지는 않다. 이러한 세 층의 막을 통해 중추신경계(central nervous system, CNS)를 보호하는 역할을 하며, 수막염(meningitis)은 이 부분에 바이러스(virus)나 세균(bacteria) 등이 급성 감염(acute infection)을 일으키는 것을 말한다.

수막(meninges)은 바깥쪽부터 안쪽으로 다음과 같이 구성된다.

1. 경질막(dura mater): 뇌(brain)와 척수(spinal cord)를 감싸고 있는 가장 바깥쪽의 막으로 질기고 두껍고 조밀(dense, tough, thick)한 특징이 있다.
2. 거미막(arachnoid mater): 뇌(brain)와 척수(spinal cord)를 감싸고 있는 중간층의 막으로 경질막(dura mater)보다 훨씬 얇다. 마치 거미줄 모양과 같다고 하여 거미막(arachnoid mater)이라고 부르며, 중추신경계(CNS)를 충격으로부터 보호하는 역할을 한다. 다른 말로 지주막(pia mater)이라고도 한다. 거미막(arachnoid mater) 아래에는 연질막(pia mater)과 사이에 거미막밑공간(subarachnoid space)이 존재한다.
3. 연질막(pia mater): 뇌와 척수를 감싸고 있는 가장 안쪽의 막(inner layer)으로, 거미막(arachnoid mater)과 거미막밑공간(subarachnoid space)을 사이에 두어 직접 닿아있지 않다. 매우 얇고 섬세(delicate, thin)한 층으로 뇌와 척수에 직접적으로 접촉한다.

뇌수막의 구조

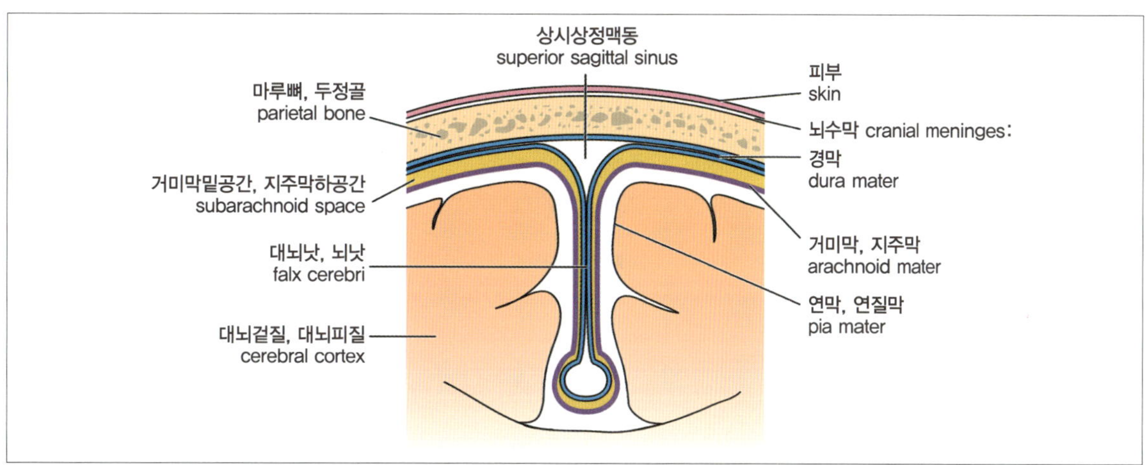

skin [스킨]: 피부(위 사진에서는 두피를 말한다)
cranial meninges [크레이니얼 메닌지스]: 뇌수막
dura mater [듀라 마터]: 경막
arachnoid mater [어래크너이드 마터]: 거미막, 지주막
pia mater [피아 마터]: 연막, 연질막
superior sagittal sinus [슈피리얼 새지털 사이너스]: 상시상정맥동(혈액배출, 뇌척수액 순환에 관여)
parietal bone [퍼라이어틀 본]: 마루뼈, 두정골
subarachnoid space [서브어래크너이드 스페이스]: 거미막밑공간, 지주막하공간
falx cerebri [파크 세레브리]: 대뇌낫, 뇌낫(뇌의 두 반구를 분리하는 뇌 경막의 일부)
cerebral cortex [쓰리브랄 코르텍스]: 대뇌겉질, 대뇌피질

말초신경계 (Peripheral Nervous System (PNS))

자율신경계 Autonomic Nervous System

자율신경계(autonomic nervous system, ANS)는 동물 신체에서 불수의적(involuntary) 기능 또는 무의식적(unconscious) 기능을 조절하는데 관여한다. 자율신경계는 교감신경(sympathetic nervous system, SNS)과 부교감신경(parasympathetic nervous system, PNS)으로 나뉘며, 평활근(smooth muscle), 심장근(cardiac muscle), 분비샘(secretory gland)의 활동을 증가시키거나 감소시킨다. 교감신경은 스트레스 및 위기상황에서 활성화(fight or flight reaction)되며, 심박수(heart rate) 증가, 기도 확장, 혈압(blood pressure) 상승, 소화 억제(digestion inhibition) 등의 기능을 한다. 부교감신경은 교감신경의 반대 작용인 안정 및 소화 촉진(rest and digest reaction) 작용이 있으며, 심박수와 혈압을 낮추고, 소화를 촉진하는 기능을 한다.

체성신경계 Somatic Nervous System

체성신경계(somatic nervous system, SNS)는 걷기, 달리기 등의 피부(skin)와 근육(muscle), 관절(joint)을 제어하며, 촉각(tactile), 통증(pain), 온도(temperature)와 같은 감각 정보전달의 역할을 한다. 주로 신체의 수의적(voluntary) 활동 또는 의식적(conscious) 활동에 관여한다. 피부 진피층(dermis)에 분포하는 여러 감각수용기(sensory receptor)들은 촉각(tactile)과 압력감각(pressure), 통각(nociception) 등의 정보를 체성신경(somatic nervous system, SNS)을 통해 뇌로 전달한다. 이외에도 운동 명령을 골격근(skeletal muscle)으로 보내는 역할도 수행한다.

신경계통 학문 분야, 진단 검사 관련 용어

신경계통 학문 분야

의학용어	용어 성분	한글용어
aneshtesiology [아네스씨지올로지]	esthesi(o)-(감각)	마취과학
neurology [뉴롤로지]	neur(o)-(신경)	신경학
neurosurgery [뉴로썰저리]	neur(o)-(신경)	신경외과학

신경계통 진단 검사

의학용어	용어 성분	한글용어	뜻
cerebrospinal fluid analysis [쎄레브로스파이널 플루이드 어넬라이시스]	cerebr(o)-(뇌) spin(o)-(척추)	뇌척수액분석	뇌와 척수액 검사
brain scan [브레인 스캔]	–	뇌스캔	뇌 구조 영상 촬영
cerebral angiography [쎄레브랄 앤지오그래피]	cerebr(o)-(뇌)	뇌혈관조영술	뇌혈관 구조 확인
echoencephalography [에코엔쎄팔로그래피]	encephal(o)-(뇌)	뇌초음파검사	뇌 초음파 촬영
myelogram [마이엘로그램]	myel(o)-(척수)	척수조영상	척수 구조 영상
myelography [마이엘로그래피]	myel(o)-(척수)	척수조영(술)	척수 조영 검사
electroencephalogram [일렉트로엔쎄팔로그램]	encephal(o)-(뇌)	뇌파도	뇌 전기 신호 기록
electroencephalography [일렉트로엔쎄팔로그래피]	encephal(o)-(뇌)	뇌파검사(법)	뇌 전기 활동 검사
cerebrospinal fluid examination [쎄레브로스파이날 플루이드 이그재미네이션]	cerebr(o)-(뇌)	뇌척수액검사	뇌척수액 이상 확인

신경계통 증상 및 질병 관련 용어

신경계통 증상 및 질병 관련 용어

신경계통 증상과 관련된 용어는 alges(o)- 통각, esthesi(o)- 감각, cephal(o)- 머리, neur(o)- 신경, -algia 통증, mono- 하나, -plegia 마비, ton(o)- 긴장도 등의 용어를 많이 사용한다.

의학용어	용어 성분	한글용어	뜻
analgesia [엔알줴시아]	alges(o)-(통각)	무통증	통증이 없는 상태
anesthesia [아네스씨지아]	esthsi(o)-(감각)	마취	감각, 특히 통증을 느끼지 못하도록 하는 상태
ataxia [아탁시아]	esthsi(o)-(감각)	실조	근육 조정 이상으로 균형과 운동 기능이 떨어진 상태
cephalagia [세팔알지아]	cephal(o)-(머리)	두통	머리에 통증이 나타나는 상태
coma [코마]	–	혼수	깊은 의식 저하 상태, 자극에 반응하지 않음
conscious [콘셔스]	–	의식	자신과 환경을 인지할 수 있는 상태
convulsion [컨벌션]	–	경련, 발작	갑작스럽고 비정상적인 근육 수축 또는 신경 활동
delirium [딜리뤼움]	–	섬망	의식 장애와 혼란, 인지 기능 저하가 급성으로 나타나는 상태
dementia [디멘시아]	ment(o)-(마음)	치매	기억력, 판단력, 인지 기능이 점진적으로 저하되는 상태
focal seizure [포칼 시져]	–	국소 발작	신체 일부에서만 발생하는 발작
hemiparesis [헤미파레시스]	hemi-(질반) -paresis(근력약화)	반신불완진마비	한쪽 몸의 근육 힘이 부분직으로 약화된 상태
hemiplegia [헤미플리지아]	hemi-(절반) -plegia(마비)	반신완전마비	한쪽 몸의 근육이 완전히 마비된 상태
hyperesthesia [하이퍼에스씨지아]	hyper-(과다) esthesi(o)-(감각)	감각과민(증)	자극에 대한 과도한 감각 반응
monoparesis [모노파레시스]	-paresis(근력약화)	단일불완전마비	한 사지의 근육 힘이 부분적으로 약화된 상태
monoplegia [모노플리지아]	-plegia(마비)	단일완전마비	한 사지의 근육이 완전히 마비된 상태
neuralgia [뉴랄지아]	neur(o)-(신경) -algia(통증)	신경통증	신경 손상이나 자극으로 발생하는 통증

의학용어	용어 성분	한글용어	뜻
palsy [포올지]	–	마비	국소적/부분적 마비, 비교적 좁은 의미
paralysis [파랄리시스]	para-(한쌍의)	마비	완전 또는 광범위한 근육 기능 상실, 포괄적 의미
paraplegia [파라플리지아]	para-(한쌍의) -plegia(마비)	하반신완전마비	하체 근육이 완전히 마비된 상태
paraesthesia [파레스씨지아]	esthsi(o)-(감각)	감각이상	정상적인 감각과 달리 이상한 느낌이 나는 상태 (저림, 찌릿함 등)
quadriplegia [콰드리플리지아]	-plegia(마비)	사지마비	팔이나 다리 등 사지의 운동 기능이 완전 또는 부분적으로 상실된 상태
seizure [시져]	–	발작	신경계통의 비정상적 전기활동으로 인해 나타나는 일시적 증상
semiconscious [세미콘셔스]	semi-(부분)	반의식, 부분의식상태	완전히 의식을 잃지 않았지만 반응이 느리거나 제한된 상태
syncope [신코프]	–	실신, 기절	뇌로 가는 혈류 부족으로 일시적 의식 상실
tonic-clonic seizure [토닉-클로닉-시져]	–	긴장간대발작	몸 전체 근육이 경직(tonic)과 수축-이완(clonic)을 반복하는 발작
tremor [트레머]	–	떨림, 진전	근육의 불수의적 반복 수축으로 나타나는 흔들림
unconscious [언콘셔스]	–	무의식	외부 자극에 반응하지 못하는 상태

뇌 증상 및 질병 관련 용어

뇌 증상이나 질병 관련 용어는 astr(o)- 별, -oma 종양, cerebell(o)- 소뇌, cerebr(o)- 대뇌, -al -와 연관된, vascul(o)- 혈관, concuss(o)- 격렬히 흔듦, encephal(o)- 뇌, cepha(o)- 뇌, hem(o)- 혈액 등이 있다.

의학용어	용어 성분	한글용어
astrocytoma [아스트로사이토마]	astr(o)-(별) cyt(o)-(세포) -oma(종양)	별아교세포종
brain tumor [브레인 튜머]	–	뇌종양
cerebellitis [쎄레벨리티스]	cerebell(o)-(소뇌) -itis(염증)	소뇌염
cerebral aneurysm [써리브랄 애뉴뤼즘]	cerebr(o)-(대뇌)	뇌동맥류, 뇌동맥꽈리
cerebral contusion [써리브랄 컨튜젼]	cerebr(o)-(대뇌)	뇌타박상
cerebral palsy [써리브랄 포올지]	cerebr(o)-(대뇌)	뇌성마비
cerebral concussion [써리브랄 컨커션]	cerebr(o)-(대뇌) concuss(o)-(격렬히 흔드는)	진탕
encephalitis [엔쎄팔라이티스]	encephal(o)-(뇌) -itis(염증)	뇌염
epilepsy [에피렙씨]	–	간질, 뇌전증
hydrocephalus [하이드로쎄팔러스]	hydr(o)-(물) cephal(o)-(머리)	수두증, 뇌수종

척수 증상 및 질병 관련 용어

척수 증상이나 질병 관련 용어는 myel(o)- 척수, -cele 돌출, spin(o)- 척추 등이 있다.

의학용어	용어 성분	한글용어
meningocele [메닌고씨일]	meningo-(수막) -cele(돌출)	수막탈출증, 수막류
myelitis [마이엘라이티스]	myel(o)-(척수) -itis(염증)	척수염

의학용어	용어 성분	한글용어
myelomeningocele [마이엘로메닌고씨일]	myel(o)-(척수) meningo-(수막) -cele(돌출)	척수수막탈출증, 척수수막류
poliomyelitis [폴리오마이엘라이티스]	poli(o)-(회색질) myel(o)-(척수) -itis(염증)	회색질척수염
degenerative myelopathy [디제네레이티브 마이엘로퍼씨]	myel(o)-(척수) -pathy(병증)	퇴행척수병증
myelomalacia [마이엘로멀레이시아]	myel(o)-(척수)	척수연화증
syringomyelia [시링고마이일리아]	syring(o)-(관)	척수공동증, 척수물구멍증

신경 증상 및 질병 관련 용어

신경 증상이나 질병 관련 용어는 neur(o)- 신경, radicul(o)- 신경뿌리, -itis 염증, -pathy 병증 등이 있다.

의학용어	용어 성분	한글용어
neuroma [뉴로마]	neur(o)-(신경) -oma(종양)	신경종양
neuropathy [뉴로퍼씨]	neur(o)-(신경) -pathy(병증)	신경병증
neuralgia [뉴랄지아]	neur(o)-(신경) -algia(통증)	신경통
polyneuritis [폴리뉴라이티스]	poly-(다수의) neur(o)-(신경)	다발신경염
radiculitis [래디큘라이티스]	radicul(o)-(신경뿌리) -itis(염증)	신경뿌리염, 신경근염
radiculopathy [래디큘로퍼씨디제네레이티브 마이엘로퍼씨]	radicul(o)-(신경뿌리) -pathy(병증)	퇴행척수병증

(계속)

의학용어	용어 성분	한글용어
multiple sclerosis [멀티플 스클레로시스]	scler(o)-(단단한) -osis(비정상상태)	다발경화증
myasthenia gravis [마이애쓰씨니아 그래비스]	my(o)-(근육) -asthenia(약화)	중증근무력증

수막 증상 및 질병 관련 용어

신경 증상이나 질병 관련 용어는 neur(o)- 신경, radicul(o)- 신경뿌리, -itis 염증, -pathy 병증 등이 있다.

의학용어	용어 성분	한글용어
meningioma [메닌지오마]	meningi(o)-(수막) -oma(종양)	수막종양
meningitis [메닌쟈이티스]	meningi(o)-(수막) -itis(염증)	수막염
epidural hematoma [에피듀랄 헤마토마]	epi-(위) dur(o)-(경(질)막) -al(-와 연관된) hemat(o)-(혈액) -oma(덩어리)	경질막바깥혈종 경막외혈종
subdural hematoma [서브듀랄 헤마토마]	sub-(아래) dur(o)-(경질막) -al(-와 연관된) hemat(o)-(혈액) -oma(덩어리)	경막밑혈종 경막하혈종

신경계통 관련 약어

신경계통 관련 수의학에서 자주 사용되며, 익혀두어야 할 약어는 아래와 같다.

약어	의학용어	한글용어	뜻
CDS	Cognitive Dysfunction Syndrome [코그니티브 디스펑션 신드롬]	인지장애 증후군	주로 노령동물에서 나타나는 기억력, 학습, 판단 능력 등의 인지 기능 저하 증상
IVDD	InterVertebral Disc Disease [인터버터브럴 디스크 디지즈]	추간판탈출증	척추 사이 디스크가 탈출하여 신경을 압박하는 질환
CSF	CerebroSpinal Fluid [세레브로스파이널 플루이드]	뇌척수액	뇌와 척수를 둘러싸고 보호하며, 영양 공급과 노폐물 제거 역할을 하는 체액
ANS	Autonomic Nervous System [오토노믹 너버스 시스템]	자율신경계	심장, 평활근, 분비샘 등 불수의적 기능을 조절하는 신경계통
CNS	Central Nervous System [센트럴 너버스 시스템]	중추신경계	뇌와 척수로 구성되며 신체 기능 통합과 조절을 담당
PNS	Peripheral Nervous System [퍼리퍼럴 너버스 시스템]	말초신경계	중추신경계와 신체 기관을 연결하여 감각 및 운동 신호 전달
CVA	CerebroVascular accident [세레브로배스큘러 액시던트]	뇌졸중	뇌혈관 문제로 인해 뇌 조직 손상이 발생하는 상태
TBI	Traumatic Brain Injury [트라우매틱 브레인 인저리]	외상성 뇌손상	외부 충격으로 뇌 조직이 손상된 상태

Tip **뇌졸중(CVA or stroke)과 외상성 뇌손상(TBI)의 차이**

뇌졸중은 뇌 기능의 부분 또는 전체가 급속히 발생한 장애가 상당히간 지속되는 것으로 외상성 뇌손상(TBI)과 같이 외부의 원인이 아닌 뇌혈관 자체의 원인으로 발생한 질환을 말한다. 한의학에서는 흔히 중풍으로 알려져 있으나 뇌졸중과 질환의 범위의 차이점이 있어 구분하여 사용하여야 한다. 원인으로는 뇌 혈관이 막히는 뇌경색(허혈성 뇌졸중), 혈관이 파열되어 발생하는 뇌출혈(출혈성 뇌졸중)을 포함하는 질환으로, 노령 동물에게 흔히 나타나며, 고혈압이 유발되는 신장질환, 심장병, 쿠싱 등의 기저질환과 관련이 있을 수 있다.

Ch 10. 내분비계통, 종양 관련 의학용어

10-1. 내분비계통 관련 용어

내분비계통 훑어보기

정의 및 기능

내분비계통(endocrine system)은 호르몬을 분비하여 체내 항상성(homeostasis) 유지, 생식(reproduction), 발생(development), 행동(behavior) 등에 관여하는 기관(organ)들의 모임을 말한다. 개와 고양이의 내분비샘(endocrine gland)은 사람과 거의 동일하며, 주요 내분비샘으로는 뇌하수체(pituitary gland, hypophysis), 갑상선(thyroid gland), 부신(adrenal gland), 췌장(pancreas), 난소(ovary), 정소(testis) 등이 있으며 각각 특유의 호르몬을 분비하여 신체기능을 조절하는 역할을 한다.

내분비계통의 주요 신체 조절 기능으로는 체온이나 혈당 등 체내 환경을 일정하게 유지하는 항상성 유지기능, 성 성숙과 생식활동을 조절하는 생식 기능, 성장과 발달, 감정, 수면, 식욕 등의 조절 기능이 대표적인 내분비계통의 기능이다.

내분비계통의 구성은 뇌하수체, 갑상선, 부신, 췌장, 난소, 정소와 같이 호르몬을 분비하는 기관인 내분비샘, 내분비샘에서 분비되어 혈액을 따라 이동하며 표적 세포나 기관에 작용하는 화학물질인 호르몬, 호르몬의 영향을 받는 세포나 기관으로 호르몬 수용체를 가지고 있는 표적세포(target cell) 또는 표적기관(target organ)이 있다.

앞 장에서 설명되어 있는 신경계와 함께 내분비계통은 서로 협력하여 신체의 항상성을 유지하고 조절한다. 일반적으로 신경계는 빠르고 단기적인 반응을 조절하는 반면, 내분비계통은 상대적으로 느리고 지속적인 반응을 조절하는 차이점이 있다. 내분비계통은 정상적인 범위를 넘어서 호르몬의 부족 또는 과다로 인해 다양한 질병이 발생할 수 있다. 갑상선 기능항진증(hyperthyroidism), 갑상선 기능저하증(hypothyroidism), 부신피질 기능항진증(hyperadrenocorticism, Cushing's syndrome), 부신피질 기능저하증(adrenal insufficiency, Addison's disease), 당뇨병(diabetes mellitus) 등이 대표적인 내분비 질환으로 볼 수 있다.

Tip **호르몬(hormone)이란?**

개와 고양이의 체내 내분비 기관에서 생성되는 화학물질들을 호르몬이라 한다. 뇌하수체, 갑상선, 부신, 췌장, 난소, 정소 등 다양한 내분비 기관에서 각각 혈류로 분비되어 전신을 순환하며 표적 장기 또는 세포에 영향을 미쳐 물질대사와 생식, 세포의 증식 등 각각 다른 역할을 하게 된다.

중요 용어

개와 고양이의 내분비계통을 구성하는 주요 구조물은 사람과 거의 동일하며 아래와 같다.

개와 고양이의 내분비 기관	
pineal gland	송과체, 솔방울샘
pituitary gland	뇌하수체
thyroid gland	갑상선, 갑상샘
parathyroid gland	부갑상선, 부갑상샘
pancreas(islets of Langerhans)	췌장, 이자(랑게르한스섬)
adrenal gland	부신, 콩팥위샘
ovary(female)	난소
testis(male)	고환

Tip 개와 고양이에서는 위의 대표적인 내분비기관 이외에도 호르몬을 분비하는 내분비 기관으로 면역체계 조절에 중요한 역할을 하며 T 세포의 성숙을 돕는 호르몬인 티모신(thymosin)을 분비하는 흉선(thymus)과, 적혈구 생성을 자극하는 적혈구자극인자(erythropoietine), 혈압을 조절하는 레닌(renin)을 분비하는 신장(kidney) 등이 있다.

용어 성분

내분비계통 용어를 만드는데 흔히 사용되는 용어 성분과 그 의미는 다음과 같다.

용어 성분(연결어)	
aden(o)-	선, 샘 예) gastric adenocarcinoma 위샘암종
ovari(o)-	난소 예) ovariohysterectomy 난소자궁절제(OHE)
adren(o)-	부신, 콩팥위샘 예) adrenocortical hyperplasia 부신겉질증식증
adrenal(o)-	부신, 콩팥위샘 예) adrenal medulla 부신수질, 부신속질
pancreat(o)-	췌장, 이자 예) cholangiopancreatography 담췌관조영, 쓸개이자조영
parathyroid(o)-	부갑상선, 부갑상샘 예) parathyroiditis 부갑상샘염
pineal(o)-	송과체, 솔방울샘 예) pinealectomy 솔방울샘(송과체)절제

용어 성분(연결어)	
crin(o)-	분비 예) endocrinology 내분비학
pituitar(o)-	뇌하수체 예) pituitary dwarfism 뇌하수체왜소증
gonad(o)-	성호르몬 분비샘 예) gonadal aplasia 생식샘(성호르몬 분비샘) 무형성
testicul(o)-	고환 예) testicular torsion 고환꼬임
thyr(o)-	갑상선, 갑상샘 예) thyroglobulin 갑상샘글로불린
thyroid(o)-	갑상선, 갑상샘 예) thyroid adenoma 갑상샘종

그림으로 살펴본 감각계통

개의 주요 내분비 기관 위치 및 모양

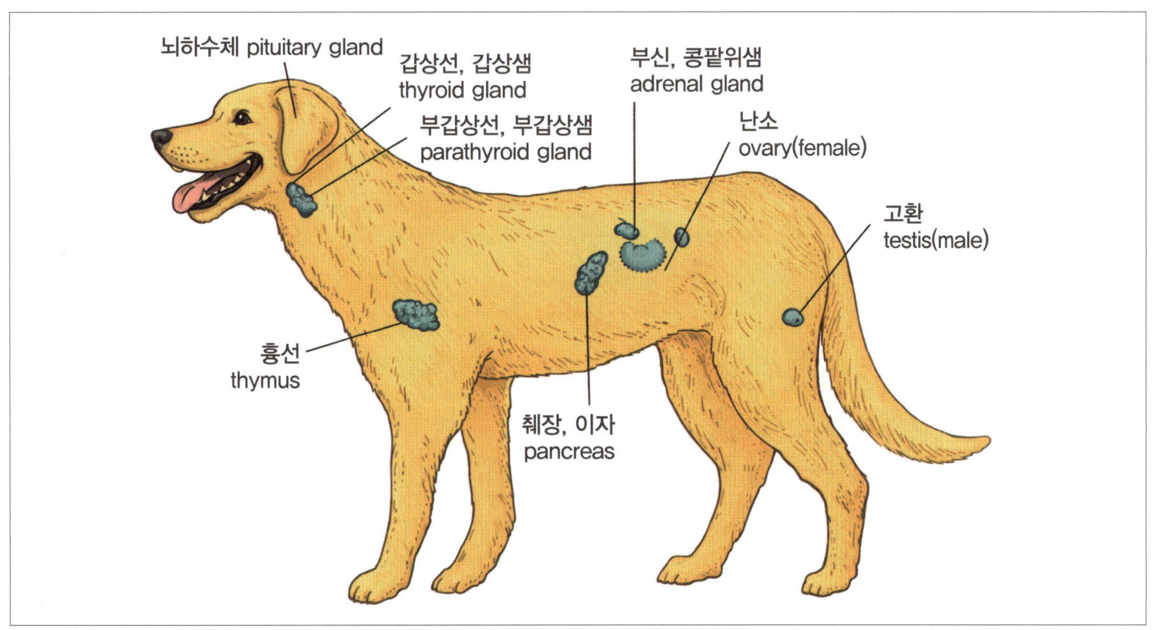

pituitary gland [피튜어터리 글랜드]: 뇌하수체
thyroid gland [사이로이드 글랜드]: 갑상선, 갑상샘
parathyroid gland [패러사이로이드 글랜드]: 부갑상선, 부갑상샘
adrenal gland [어드리널 글랜드]: 부신, 콩팥위샘
ovary(female) [오버리]: 난소
testis(male) [테스티스]: 고환
thymus [싸이머스]: 흉선
pancreas [팽크리아스]: 췌장, 이자

고양이의 주요 내분비 기관 위치 및 모양

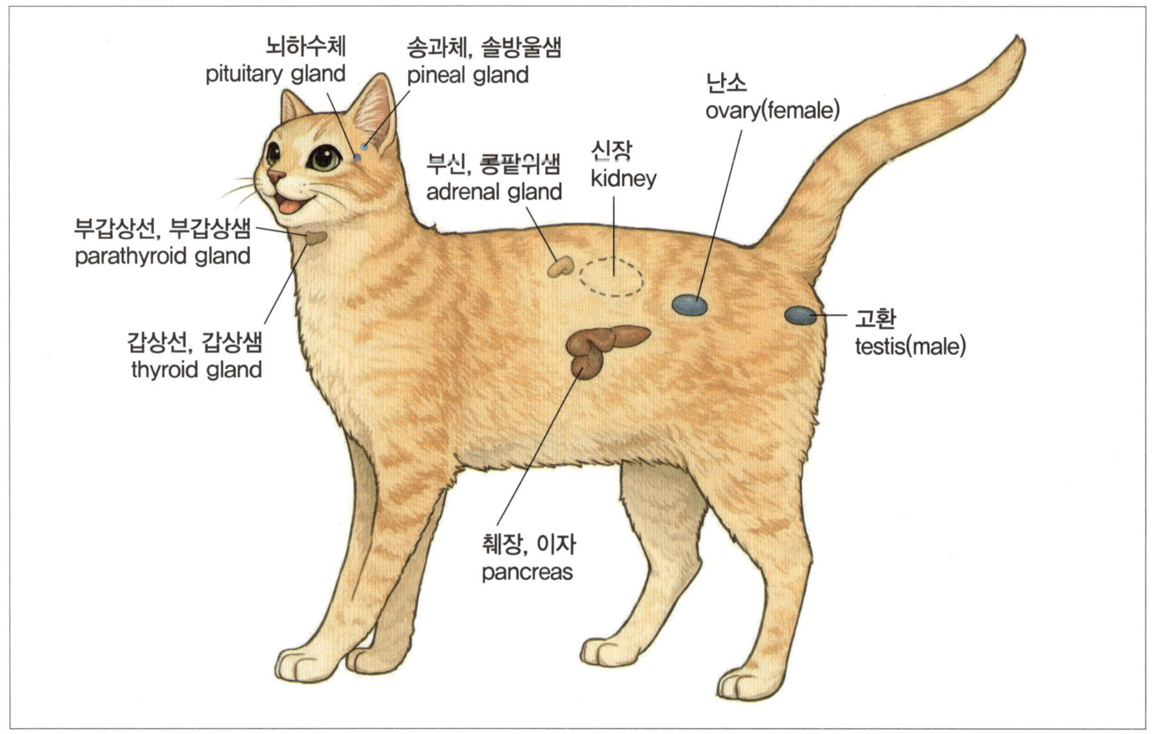

pituitary gland [피튜어터리 글랜드]: 뇌하수체
pineal gland [파이니얼 글랜드]: 송과체, 솔방울샘
thyroid gland [사이로이드 글랜드]: 갑상선, 갑상샘
parathyroid gland [패러사이로이드 글랜드]: 부갑상선, 부갑상샘
pancreas [팽크리아스]: 췌장, 이자
adrenal gland [어드리널 글랜드]: 부신, 콩팥위샘
ovary(female) [오버리] : 난소
testis(male) [테스티스] : 고환

내분비계통의 해부생리학

내분비계통(endocrine system)은 동물의 몸에서 혈액속으로 직접 호르몬을 분비하는 여러 분비샘을 가진 기관들로 이루어져 있다. 호르몬은 표적장기의 활동을 증가시키거나 감소시키는 작용을 하는 화학물질로써 호르몬의 작용에 의해 내분비계통은 항상성(homeostasis,

내부 환경을 안정적이고 상대적으로 일정하게 유지하려는 특성)을 유지하는 데 중요한 역할을 한다. 동물의 몸에는 크게 두 종류의 분비샘, 외분비샘(exocrine gland)과 내분비샘(endocrine gland)이 분포한다. 외분비샘은 도관으로 분비물을 분비하며, 이 분비물들은 신체 바깥 또는 신체 바깥과 연결되는 통로를 통해 운반되며, 내분비샘은 직접 혈액 속으로 호르몬을 분비하는 차이점이 있다. 예를 들면, 땀샘(sweat gland)은 땀관(sweat duct)을 통해 분비물을 배출하여 외분비샘에 해당되고, 갑상샘(thyroid gland)은 갑상샘 호르몬(thyroid hormone)을 혈액 속으로 분비하여 내분비샘에 해당된다. 따라서 내분비샘은 도관을 가지고 있지 않아 무도관선(ductless gland)로 불리기도 한다. 아래 표에 내분비샘과 각 내분비샘이 분비하는 호르몬, 각 호르몬의 기능이 정리되어 있다.

개와 고양이의 내분비샘, 분비호르몬, 기능

분비샘	뜻	분비호르몬	기능
adrenal medulla	부신수질	epinephrine	교감신경 활성화
		norepinephrine	혈관수축, 혈압상승
adrenal cortex	부신피질	glucocorticoid	혈당 조절, 항염증 작용
		mineralocorticoid	전해질 농도, 체액량 조절
		steroid sex hormone	생식과 이차성징 담당
ovary	난소	estrogen	암컷의 이차성징 발달 촉진
		progesterone	임신 준비 및 유지
pancreas	췌장	glucagon	간에서 혈액으로 포도당 유리촉진
		insulin	포도당을 세포 내로 유입
parathyroid gland	부갑상샘 호르몬	parathyroid hormone(PTH)	뼈 분해 촉진, 혈중 칼슘농도 조절
pineal gland	솔방울샘	melatonin	하루주기리듬 조절
pituitary anterior lobe	뇌하수체 전엽	adrenocorticotropic hormone(ACTH)	부신피질호르몬 분비 조절
		follicle stimulating hormone(FSH)	난자, 정자 발달 촉진
		luteinizing hormone(LH)	수컷 및 암컷 생식샘 기능 조절, 암컷 난자 유리 조절

(계속)

분비샘	뜻	분비호르몬	기능
pituitary anterior lobe	뇌하수체 전엽	growth hormone(GH)	신체 성장 촉진
		melanocyte stimulation hormone(MSH)	피부 색소 자극
		prolactin	젖 생산 촉진
		thyroid stimulating hormone(TSH)	갑상샘 기능 조절
pituitary posterior lobe	뇌하수체 후엽	antidiuretic hormone(ADH)	신장의 물 재흡수 촉진
		oxytocin	자궁 수축과 젖 분비 촉진
testes	고환	testosterone	정자 생산과 수컷 이차성징 촉진
thymus	흉선	thymosin	면역계통 관여 세포 발달 촉진
thyroid gland	갑상샘	calcitonin(CT)	뼈 속 칼슘 침착 촉진
		thyroxine(T4)	세포 대사 촉진
		triiodothyronine(T3)	세포 대사 촉진

내분비계통 학문 분야, 진단 검사, 치료 관련 용어

내분비계통 학문 분야

의학용어	용어 성분	한글용어
endocrinology [엔도크리놀로지]	endo-(안쪽) crin(o)-(분비)	내분비학
neuroendocrinology [뉴로엔도크리놀로지]	neur(o)-(신경) endo-(안쪽) crin(o)-(분비)	신경내분비학

내분비계통의 진단 검사 관련 용어

의학용어	용어 성분	한글용어
fasting blood sugar test [페스팅 블러드 슈가 테스트]	공복혈당검사	일정 시간 음식 섭취 없이 혈당 수치를 측정하는 검사
blood glucose curve [블러드 글루코오스 커브]	혈당곡선	일정 시간 간격으로 혈당을 측정해 변화 패턴을 그래프로 나타내는 검사
thyroid function test [타이로이드 펑션 테스트]	갑상샘(갑상선)기능검사	T3, T4, TSH 등을 측정하여 갑상선 기능 상태를 평가
abdominal ultrasonography [업도미널 울트라소노그래피]	복부초음파	초음파를 이용해 복부 장기 구조와 이상을 관찰하는 영상검사

내분비계통 치료 관련 용어

의학용어	용어 성분	한글용어
adrenalectomy [어드뤼날렉토미]	-ectomy(절제)	부신절제(술)
lobectomy [로벡토미]	-ectomy(절제)	엽절제(술)
parathyroidectomy [패라싸이로이덱토미]	-ectomy(절제)	부갑상샘(부갑상선)절제(술)
pinealectomy [파이니얼렉토미]	-ectomy(절제)	솔방울샘(송과체)절제(술)
thymectomy [싸이멕토미]	-ectomy(절제)	가슴샘(흉선)절제(술)
thyrodectomy [싸이로이덱토미]	-ectomy(절제)	갑상샘(갑상선)절제(술)

내분비계통 증상 및 질병 관련 용어

내분비계통 증상 및 질병 관련 용어

내분비계통과 관련된 단어는 endo- 안에, crin(o)- 분비하는 것, hyper- 과도한, hypo- 불충분한, -emia 혈액 상태 등을 많이 사용한다.

의학용어	용어 성분	한글용어
hypersecretion [하이퍼세크리션]	hyper-(과도한)	분비과다
hyposecretion [하이포세크리션]	hypo-(불충분한)	분비저하
endocrinopathy [엔토크리노퍼씨]	endo-(안쪽) crin(o)-(분비) -pathy(병증)	내분비병(증)
edema [이디마]	–	부종(체액 축적)
obesity [오비시티]	–	비만
syndrome [씬드롬]	–	증후군

부신 증상 및 질병 관련 용어

부신과 관련된 단어는 adren(o)- 부신, adrenal(o)- 부신 등을 많이 사용한다. 또한, 부신에서 만들어지는 알도스테론 호르몬으로 인해 혈중 나트륨(소듐), 칼륨(포타슘) 이온의 변화가 유발될 수 있다.

의학용어	용어 성분	한글용어	뜻
adrenopathy [아드레노퍼씨]	adren(o)-(부신) -pathy(병증)	부신병(증)	부신 기능 이상
adrenomegaly [아드레노메걸리]	adren(o)-(부신) -megaly(비대)	부신비대	부신 크기 증가

의학용어	용어 성분	한글용어	뜻
hyperkalemia [하이퍼캘리미아]	hyper-(과도한) kal(i)-(칼륨) -emia(혈액상태)	고칼륨혈증	혈중 칼륨 과다
hyponatremia [하이포네트리미아]	hyper-(과도한) kal(i)-(칼륨) -emia(혈액상태)	저나트륨혈증	혈중 나트륨 부족
Addison's disease [애디슨스 디지즈]	–	애디슨병 (부신피질기능저하증)	부신 호르몬 부족
Cushing's syndrome [쿠싱스 씬드롬]	–	쿠싱증후군 (부신피질기능항진증)	부신 호르몬 과다
pheochromocytoma [피오크로모싸이토마]	cyt(o)-(세포) -oma(종양)	크롬친화세포종 (부신수질종양)	부신 수질 종양
adrenalitis [어드리널라이티스]	adren(o)-(부신) -itis(염증)	부신염	부신 염증

췌장 증상 및 질병 관련 용어

췌장과 관련된 단어는 ket(o)- 케톤, neur(o)- 신경, retin(o)- 망막 등이 있다.

의학용어	용어 성분	한글용어	뜻
glycosuria [글라이코써리아]	glycos(o)-(당) -uria(소변 상태)	당뇨	혈당 조절 이상
diabetes mellitus(DM) [다이아비티스 멀라이터스]	–	당뇨병	인슐린 관련 혈당 조절 질환
insulin-dependent diabetes mellitus(IDDM) [인슐린 디펜던트 다이아비티스 멀라이터스]	–	인슐린의존당뇨병	제1형 당뇨병
non-insulin-dependent diabetes mellitus(NIDDM) [넌 인슐린 디펜던트 다이아비티스 멀라이터스]	–	인슐린비의존당뇨병	제2형 당뇨병

(계속)

의학용어	용어 성분	한글용어	뜻
diabetic retinopathy [다이아베틱 레티노퍼씨]	retino-(망막) -pathy[병(증)]	당뇨병성 망막병(증)	당뇨로 인한 망막 손상
hyperglycemia [하이퍼글라이세미아]	hyper-(과도한) glyc(o)-(당) -emia(혈액상태)	고혈당(증)	혈당 상승
hypoglycemia [하이퍼글라이세미아]	hypo-(불충분한) glyc(o)-(당) -emia 혈액상태)	저혈당(증)	혈당 저하
polydipsia [팔리딥시아]	poly-(많은) -dipsia(갈증)	다음증, 다음다갈증	갈증 과다
polyuria [팔리유리아]	poly-(많은) -uria(소변)	다뇨증	소변량 증가
insulinoma [인설리노마]	-oma(종양)	인슐린종	인슐린 분비 종양

부갑상샘 증상 및 질병 관련 용어

부갑상샘과 관련된 단어는 hyper- 과도한, hypo- 불충분한, parathyroid(o)- 부갑상샘, -ism 상태 등을 많이 사용한다.

의학용어	용어 성분	한글용어
hypercalcemia [하이퍼캘씨미아]	hyper- 과도한 calc(o)- 칼슘 -emia 혈액상태	고칼슘혈증
hypocalcemia [하이포캘씨미아]	hypo- 불충분한 calc(o)- 칼슘 -emia 혈액상태	저칼슘혈증
tetany [테터니]	–	근육강직성경련

뇌하수체 증상 및 질병 관련 용어

뇌하수체와 관련된 단어는 hyper- 과도한, hypo- 불충분한, pituitar(o)- 뇌하수체, -ism 상태 등을 많이 사용한다.

의학용어	용어 성분	한글용어	뜻
acromegaly [애크로메걸리]	acr(o)-(말단) -megaly(비대)	말단비대증	성장호르몬 과다
gigantism [쟈이갠티즘]	-ism(상태)	거인증	성장호르몬 과다
diabetes insipidus [다이아비티스 인씨피더스]	–	요붕증	항이뇨호르몬 부족
dwarfism [드월피즘]	-ism(상태)	왜소증	성장호르몬 부족
hyperpituitarism [하이퍼피투이터리즘]	hyper-(과도한) pituitar(o)-(뇌하수체) -ism(상태)	뇌하수체 항진증	뇌하수체호르몬 분비과잉
hypopituitarism [하이포피투이터리즘]	hypo-(불충분한) pituitar(o)-(뇌하수체) -ism(상태)	뇌하수체 저하증	뇌하수체호르몬 분비저하
panhypopituitarism [팬하이포피투이터리즘]	pan-(전부) hypo-(불충분한) pituitar(o)-(뇌하수체) -ism(상태)	범뇌하수체 저하증	모든 뇌하수체호르몬 분비저하

가슴샘 증상 및 질병 관련 용어

가슴샘과 관련된 단어는 thym(o)- 가슴샘, -itis 염증, -oma 종양 등이 있다.

의학용어	용어 성분	한글용어
thymitis [싸이마이티스]	thym(o)-(가슴샘, 흉선) -itis(염증)	가슴샘염, 흉선염
thymoma [싸이모마]	thym(o)-(가슴샘, 흉선) -oma(종양)	가슴샘종, 흉선종

갑상샘 증상 및 질병 관련 용어

갑상샘과 관련된 단어는 thyr(o)- 갑상샘, thyroid(o)- 갑상샘, hyper- 과도한, hypo- 불충분한, -itis 염증, -ism 상태 등이 있다.

의학용어	용어 성분	한글용어	뜻
thyromegaly [싸이로메걸리]	thyr(o)-(갑상샘) -megaly(비대)	갑상선비대	갑상샘저하증, 갑상선기능저하증
hyperthyroidism [하이퍼싸이로이디즘]	hyper-(과도한) thyroid(o)-(갑상샘) -ism(상태)	갑상샘항진증, 갑상선기능항진증	갑상선 호르몬 과다
hypothyroidism [하이포싸이로이디즘]	hypo-(불충분한) thyroid(o)-(갑상샘) -ism(상태)	갑상샘저하증, 갑상선기능저하증	갑상선 호르몬 부족
congenital hypothyroidism [컨제니럴 하이포싸이로이디즘]	hypo-(불충분한) thyroid(o)-(갑상샘) -ism(상태)	선천성 갑상샘저하증, 선천성 갑상선기능저하증	선천적 갑상선 호르몬 부족
goiter [고이터]	–	갑상샘종, 갑상선종	갑상선 종괴
myxedema [믹스에디마]	-edema	점액수종 (갑상선기능저하)	갑상선 기능저하로 피부·조직 부종
myxedema coma [믹스에디마 코마]	-edema	점액수종성 혼수 (갑산선기능저하)	심한 갑상선 기능 저하로 혼수
thyrotoxicosis [싸이로톡시코시스]	thyr(o)-(갑상샘) toxic(o)-(독소) -osis(비정상 상태)	갑상샘중독증 (갑상선기능항진)	갑상선 호르몬 과다로 중독 상태

내분비계통 관련 약어

내분비계통 관련 수의학에서 자주 사용되며, 익혀두어야 할 약어는 아래와 같다.

약어	의학용어	한글용어
ACTH	AdrenoCorticoTropic Hormone [어드리노코르티코트로픽 호르몬]	부신피질자극호르몬
ADH	AntiDiuretic Hormone [앤티다이유레틱 호르몬]	항이뇨호르몬

약어	의학용어	한글용어
CT	Calcitonin [칼시토닌]	칼시토닌
DI	Diabetes Insipidus [다이애비티스 인시피더스]	요붕증
DM	Diabetes Mellitus [다이애비티스 멜리터스]	당뇨병
FSH	Follicle-Stimulating Hormone [폴리클 스티뮬레이팅 호르몬]	난포자극호르몬
LH	Luteinizing Hormone [루티나이징 호르몬]	황체형성호르몬
PRL	PRoLactin [프로락틴]	프로락틴
GH	Growth Hormone [그로스 호르몬]	성장호르몬
GTT	Glucose Tolerance Test [글루코스 톨러런스 테스트]	포도당내성검사
IDDM	Insulin-Dependent Diabetes Mellitus [인슐린-디펜던트 다이애비티스 멜리터스]	인슐린의존성 당뇨병
NIDDM	Non Insulin-Dependent Diabetes Mellitus [논 인슐린-디펜던트 다이애비티스 멜리터스]	인슐린비의존성 당뇨병
PTH	ParaThyroid Hormone [패러싸이로이드 호르몬]	부갑상샘호르몬
T3	Triiodothyronine [트라이아이오도싸이로닌]	삼요오드티로닌
T4	Thyroxine [싸이록신]	티록신
TSH	Thyroid-Stimulating hormone [싸이로이드-스티뮬레이팅 호르몬]	갑상샘자극호르몬

10–2. 종양 관련 용어

종양 훑어보기

정의 및 기능

종양(tumor)은 사전적으로 조절할 수 없이 계속 진행되는 세포 분열에 의한 조직의 새로운 증식이나 증대를 의미한다. 즉 비정상적인 세포 증식으로 형성된 덩어리를 말하며, 전이 여부에 따라 양성 종양(benign tumor)과 악성 종양(malignant tumor)으로 구분할 수 있다. 조절할 수 없는 세포의 성장은 일반적인 세포분열 시 돌연변이 발생 또는 균, 방사선, 바이러스 등의 다양한 경로로 인해 세포에 돌연변이가 일어나면서 발생하게 된다. 이러한 돌연변이 세포를 검사하는 효소들과 사멸시키는 세포도 존재하지만, 돌연변이 세포 수가 급격히 증가하여 제거가 힘들거나, 몸의 면역체계에서 제거하지 못하는 경우, 다른 유전이나 환경 등의 요인에 의해 돌연변이 세포 발생확률이 몸이 제어하는 수준을 넘어서는 경우 등에서 종양이 발생하게 된다. 양성 종양과 악성 종양의 사이에 존재하는 경계성 종양(borderline tumor), 악성도가 있으나 주변 조직을 침습하지 않은 상태인 제자리 암(carcinoma in situ, 악성 종양), 종양을 형성하지 않는 비고형암(non-solid tumor) 등의 추가적인 분류가 있다. 이러한 특징으로 학문적으로는 혈액암은 종양을 형성하지 않아 혈액 종양이라고 볼 수는 없듯이 악성 종양과 암은 용어의 범위에서 약간의 차이가 있다. 하지만 대부분의 전공서적이 악성 종양을 암과 동의어로 사용하는 경우가 많아 이해를 돕기 위해 이 책에서도 악성 종양을 암과 동의어로 분류하여 설명하고자 한다.

양성 종양은 비교적 성장 속도가 느리고, 주변 조직을 침범하지 않아 다른 조직으로 퍼져나가는 전이(metastasis)가 일어나지 않으며, 대부분 주변 조직과의 경계가 뚜렷하여 수술적 절제 등의 치료 이후 재발률이 낮은 특징이 있다. 대표적인 개와 고양이의 양성 종양의 예시로는 지방종(lipoma), 피지낭종(sebaceous cyst), 혈관종(hemangioma) 등이 있다.

악성 종양은 흔히 암으로 불린다. 양성 종양과 비교하여 빠르게 성장하며, 주변 조직을 침범하고 혈액이나 림프액을 통해 원거리의 다른 조직으로 퍼져나가는 전이가 가능하여 치료 이후 재발이 빈번하고 직간접적으로 생명에 위협을 야기하게 된다. 대표적인 개와 고양이의 악성 종양의 예시로는 림프종(lymphoma), 혈관육종(hemangiosarcoma), 비만세포종(mast cell tumor), 흑색종(melanoma) 등이 있다.

양성 종양은 임상적으로 비교적 부위가 매끈하며, 천천히 성장하며, 주변 조직으로 침윤이 보이지 않으며 제한된 부위에서 특정한 형태를 가져 악성 종양과 비교하여 차이점이 있다. 하지만 어떤 종양이든 절제 후 조직검사를 통해 확진하기 전까지는 양성, 악성 구분을 단정지을 수는 없다는 점도 반드시 기억해야 한다.

중요 용어

종양을 구성하는 주요 단어는 다음과 같다.

benign	양성
malignant	악성
tumor	종양
neoplasia	신생물 형성

용어 성분

종양학 용어를 만드는데 흔히 사용되는 용어 성분과 그 의미는 다음과 같다.

용어 성분(접두어)	
en-	안으로 예) endothelioma 내피종
in-	안으로 예) invasive carcinoma 침습암종
meta-	너머에 예) metastasis 전이
neo-	새로운 예) neoplasm 신생물

용어 성분(연결어)	
bi(o)-	생명 예) biopsy 생검
capsul(o)-	피막 예) subcapsular hematoma 피막 밑 혈종
carcin(o)-	암의 예) carcinogenic substance 발암물질
chem(o)-	약물 예) chemotherapy 화학요법
cyt(o)-	세포 예) cytotoxicity 세포독성
immun(o)-	방어, 면역 예) immunosuppressive therapy 면역억제요법
meta-	변화 예) metastasis 전이
morbid(o)-	아픈 예) morbid condition 병적 상태
mort(o)-	죽음 예) mortality 폐사율
mutat(o)-	변함 예) mutator gene 돌연변이 유발 유전자
onc(o)-	종양 예) oncogenicity 암유발성
radi(o)-	방사선 예) radiotherapy 방사선치료

용어 성분(접미어)	
-gen	생성하는 것 예) carcinogen 발암물질
-genic	생성하는 예) oncogenicity 암유발성
-oma	종양 예) lipoma 지방종
-opsy	검사 예) tissue biopsy 조직생검
-plasia	세포형성 예) ovarian neoplasia 난소종양
-plasm	형성 예) vascular neoplasm 관(혈관, 도관) 종양
-therapy	치료 예) radiation therapy 방사선치료

그림으로 살펴본 종양

양성 종양과 악성 종양의 형태학적 차이

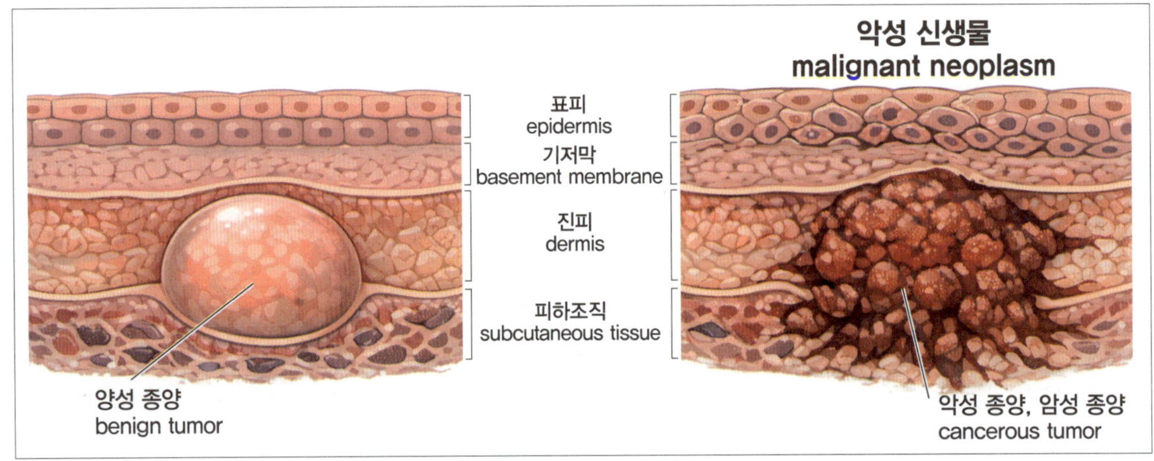

epidermis [에피더미스]: 표피
basement membrane [베이스먼트 멤브레인]: 기저막
dermis [더미스]: 진피
subcutaneous tissue [서브큐테이니어스 티슈]: 피하조직
malignant neoplasm [멀리그넌트 니오플라즘]: 악성 신생물
benign tumor [비나인 튜머]: 양성 종양
cancerous tumor [캔서러스 튜머]: 악성 종양, 암성 종양

종양의 해부생리학

종양(tumor)은 세포가 과도하게 분열하고 성장하여 세포 성장(cell proliferation)과 사멸(apoptosis) 사이의 정상적인 균형(homeostasis)이 깨어졌을 때 발생한다. 세포학적으로는 악성 종양(malignant tumor)의 경우, 대개 비정상적이고 큰 핵(nucleus), 크고 불규칙한 형태의 분열세포(mitotic cell), 두드러진 핵소체(nucleolus) 등의 특징을 가진다. 이러한, 빠른 세포 성장을 촉진하기 위해 정상 세포와 달리 포도당 및 기타 영양소를 변형된 대사경로를 이용하며, 영양분과 산소(oxygen)를 공급받기 위해 새로운 혈관 형성(angiogenesis)을 자극한다. 또한 신체의 면역 체계(immune system)를 회피하는 메커니즘을 개발하여 지속적으로 성장 및 확산이 이루어지게 된다. 따라서 주변 조직 침습(invasion) 및 전이(metastasis) 여부에 따라 크게 양성 종양(benign tumor)과 악성 종양(malignant tumor)으로 나뉠 수 있다.

개에서 피부 비만세포종

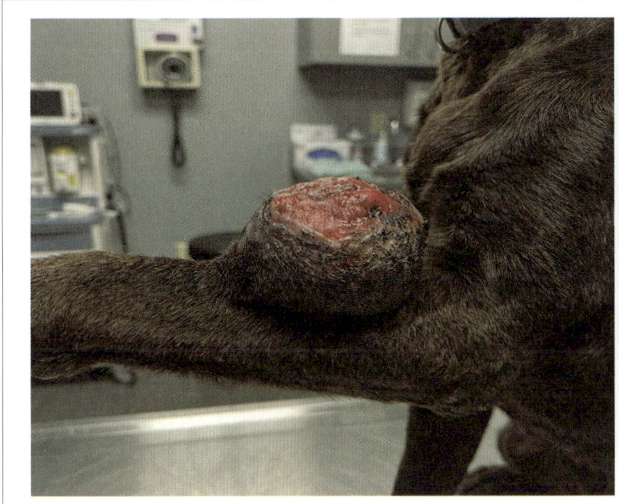
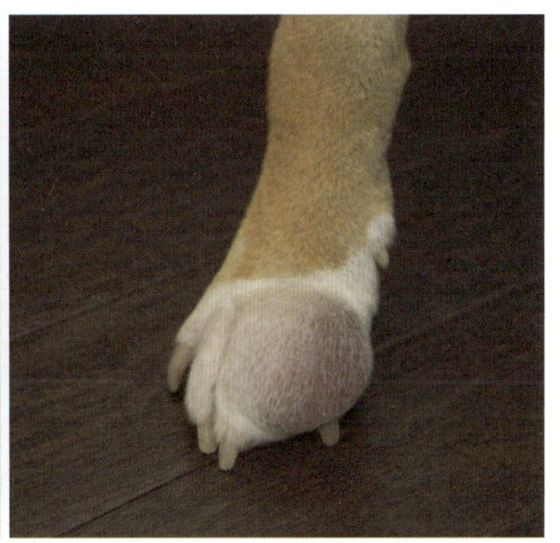

악성 종양의 형성 및 전이 과정

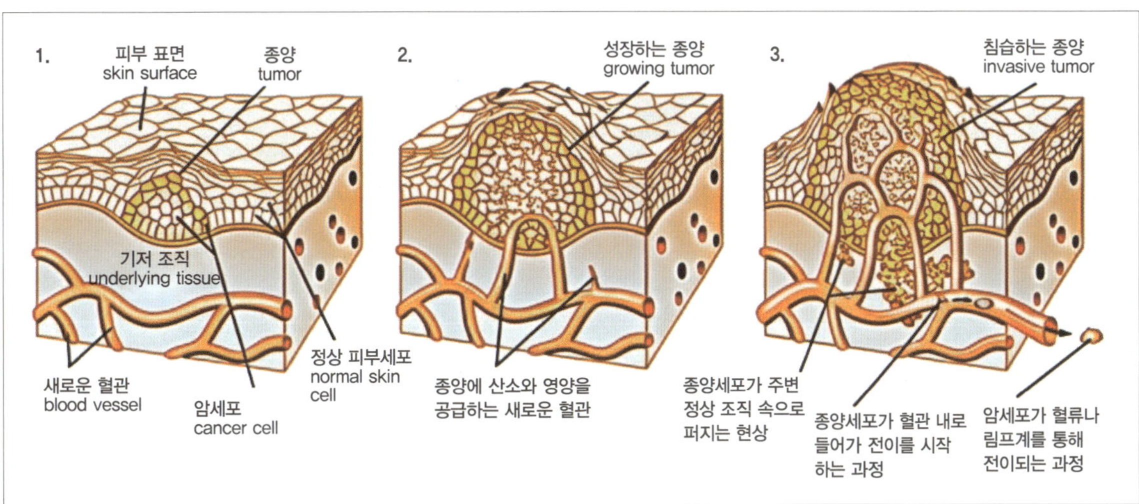

1. 종양(**tumor** [튜머])이 피부 표면(**skin surface** [스킨 서페이스])과 기저 조직(**underlying tissue** [언더라이잉 티슈]) 사이에서 생성
2. 성장하는 종양(**growing tumor** [그로잉 튜머])은 내부 새로운 혈관(**blood vessel** [블러드 베슬])으로부터 산소(**oxygen** [옥시전])와 영양(**nutrient** [뉴트리언트])을 제공받음
3. 정상 피부표면과 기저 조직 및 혈관에 침습하는 종양(**invasive tumor** [인베이시브 튜머])의 모습. 혈관 침습을 통해 혈류를 따라 원거리 전이(**metastasis** [메타스태시스])가 발생

종양계통 학문 분야, 병기 분류 관련 용어

종양계통 학문 분야

의학용어	용어 성분	한글용어
oncology [온콜러지]	onc(o)-(종양)	종양학
radiation oncology [래디에이션 온콜러지]	radi(o)-(방사선) onc(o)-(종양)	방사선 종양학
veterinary oncology [베테리너리 온콜러지]	veterin-(동물) onc(o)-(종양)	수의 종양학

종양계통 병기 분류 및 등급 분류 관련 용어

종양의 병기 분류는 악성 종양의 진행 단계를 평가하는 시스템이다. 암이 동물의 신체 내에 얼마나 퍼져 있는지, 침습적(공격적)인지 등을 판단하여 치료계획을 세우고 예후를 예측하는데 사용된다. 이러한 병기 분류를 위해서는 TNM(Tumor, Node, Metastasis) 병기 분류법이 가장 많이 사용된다. 조직침범 정도와 치료에 대한 잠재적 반응을 기준으로 종양을 분류하는 과정을 병기결정(병기분류, staging)이라고 하며, 일반적으로 TNM(종양의 크기와 침윤도, 림프절 침습 여부, 전이 여부)에 따른 병기 분류 체계를 많이 이용한다.

종양의 TNM 병기 분류

TNM 병기분류 (TNM staging)	분류	내용
원발 암의 침범 깊이 (T, primary tumor)	T0	종양(암세포)의 증거가 없음
	T1	종양이 점막층 또는 점막하층까지 침범한 경우
	T2	종양이 근육층 혹은 장막하층까지 침범한 경우
	T3	종양이 장막층을 침범하였으나 주위 장기의 침범이 없는 경우
	T4	종양이 장막층을 뚫고 주변 장기의 침범이 있는 경우

TNM 병기분류 (TNM staging)	분류	내용
림프절 전이 (N, regional lymph node)	N0	림프절에 암세포의 전이가 없는 경우
	N1	전이된 림프절의 개수가 1~3개인 경우
	N2	전이된 림프절의 개수가 4~9개인 경우
	N3	전이된 림프절의 개수가 10개 이상인 경우
원격 전이 (M, distant metastasis)	M0	원격 전이가 없는 경우
	M1	원격 전이가 있는 경우

이러한 병기 분류와 달리 종양은 등급 분류가 존재하며, 병기 분류는 종양이 체내 얼마나 파급되었는지를 나타내는 반면, 등급 분류는 종양 세포 자체의 분화 정도(악성도)를 나타내는 차이점이 있다. 등급 분류는 크게 "low-grade malignant tumor"와 "high-grade malignant tumor"로 나뉠 수 있다. 낮은 등급(low grade) 악성 종양의 경우 정상 세포와 형태 및 기능적으로 유사하게 분화된 상태로 종양의 성장 속도가 느리고 전이가능성이 낮음을 의미하며, 높은 등급(high grade) 악성 종양의 경우 정상 세포와 형태 및 기능적으로 다르게 분화되어 종양의 성장 속도가 빠르고 전이 가능성이 높아 더 위험할 수 있음을 의미한다. 예를 들어 현재 신체 내에 퍼져 있지는 않지만, 분화 정도가 높은 악성 종양의 경우 TNM 분류는 낮고, 종양의 분화도는 높다고 볼 수 있다. 각 악성 종양의 종류별로 TNM 분류와 분화도에 대한 기준은 달라 각 종양에 대한 전문 자료를 참고해야 하지만, 일반적으로 암의 전체적인 병기(stage)결정은 TNM 분류와 종양 분화도를 종합하여 결정하게 된다.

종양의 분화도에 따른 등급 분류

의학용어	한글용어	뜻
tumor grade [튜머 그레이드]	종양 등급	세포 분화 정도 평가
low-grade malignant tumor [로우 그레이드 멀리그넌트 튜머]	낮은 등급 악성 종양	비교적 천천히 성장
high-grade malignant tumor [하이 그레이드 멀리그넌트 튜머]	높은 등급 악성 종양	공격적 빠르게 성장
staging [스테이징]	병기결정, 병기분류	종양 진행 정도 평가

종양계통 증상 및 질병, 진단 및 치료 관련 용어

종양계통 증상 및 질병 관련 용어

종양계통과 관련된 단어는 carcin(o)- 암, onc(o)- 종양, -gen 생성하는 것, -oma 종양 등을 많이 사용한다.

의학용어	용어 성분	한글용어	뜻
carcinogen [칼씨노젠]	carcin(o)-(암) -gen(생성하는 것)	발암물질	암 유발 물질
carcinoma in situ [칼씨노마 인 시츄]	carcin(o)-(암) -oma(종양)	제자리암종	악성종양이 발생한 곳에 머물러 있는 상태
hyperplasia [하이퍼플레이지아]	hyper-(과도한) -plasia(세포형성)	과다형성, 과다증식	양성종양과 달리 정상적이 생리적 조절에 의해 조절되는 상태
invasive disease [인베이시브 디지즈]	in-(안으로)	침습 질환	주변 조직과 장기 침범 등 악성 종양의 일반적 특징
metastasis [머테스터시스]	meta-(변화)	전이	원발부위에서 다른 부위로 확산
morbidity [모비디티]	morbid(o)-(병)	이환율	특정 집단에서 병에 걸린 동물의 비율
mortality [모탈리티]	mort(o)-(사망)	사망률	특정 집단에서 사망한 동물의 비율
mutation [뮤테이션]	mutat(o)-(변함)	돌연변이	유전자 변화
neoplasm [니어플레즘]	neo-(새로운) -plasm(형성)	신생물, 종양	양성 또는 악성의 새로운 비정상적 세포 성장
oncogenic [옹코제닉]	onc(o)-(종양) -genic(생성하는)	종양형성의, 발암의	
primary site [프라이머리 사이트]	prim-(첫 번째의)	원발병소	최초 종양 발생 부위
metastatic lesion [메티스타틱 리젼]	meta-(변화)	전이병소	전이된 부위
primary tumor [프라이머리 튜머]	prim-(첫 번째의)	원발종양	최초 종양

의학용어	용어 성분	한글용어	뜻
metastatic tumor [메티스타틱 튜머]	meta-(변화)	전이종양	전이된 종양
relapse [릴랩스]	laps(o)-(되돌아옴)	재발	치료 후 다시 발생
remission [리미션]	miss(o)-(되돌려보냄)	관해	증상이 완화되거나 사라진 상태

종양계통 진단 관련 용어

의학용어	한글용어	뜻
biopsy [바이옵씨]	생검(생체검사)	조직 일부 채취 검사
cytologic analysis [싸이톨로직 애널리시스]	세포학적 분석	세포 관찰 검사
exploratory laparotomy [익스플러러토리 라파라터미]	탐색적 개복술	원인 확인 위한 개복술
staging laparotomy [스테이징 라파라터미]	병기결정 개복술	종양 단계 확인 위한 개복술

종양계통 치료 관련 용어

의학용어	한글용어	뜻
chemotherapy [키모쎄러피]	화학요법	약물 종양 치료
neoadjuvant chemotherapy [니오어쥬번 키모쎄러피]	선행화학요법	수술, 방사선 치료 전 종양의 크기를 줄이는 목적의 화학요법
hormone therapy [홀몬 쎄러피]	호르몬요법	호르몬 이용 종양 성장 억제
immunotherapy [이뮤노쎄러피]	면역요법	면역체계 활성화 치료
radiation therapy [레디에이션 쎄러피]	방사선요법	방사선으로 종양 세포 파괴

(계속)

의학용어	한글용어	뜻
radical surgery [래디칼 썰저리]	근치수술	종양 관련 조직을 가능한 많이 제거하는 수술
tumorectomy [튜머렉토미]	종양절제술	종양만 제거하는 수술
debulking surgery (cytoreduction surgery) [디벌킹 썰저리]	용적 축소 수술	종양의 완전한 제거는 불가능할 때 크기를 감소하기 위한 수술
palliative therapy [팔리에이티브 쎄러피]	완화요법	증상 완화 목적 치료
hospice [호스피스]	임종간호, 호스피스	생명 유지 아닌 편안함 중심 간호

종양계통 관련 약어

종양계통 관련 수의학에서 자주 사용되며, 익혀두어야 할 약어는 아래와 같다. CR(Complete Response, 완전관해), PR(Partial Response, 부분관해), SD(Stable Disease, 안정병변), PD (Progressive Disease, 진행병변)는 항암 치료 효과를 평가하는 기준이다.

약어	의학용어	한글용어	뜻
CR	Complete Response [컴플리트 리스폰스]	완전 관해	재발은 가능하나 항암 치료에 의해 완전히 암이 억압된 상태
PR	Partial Response [파셜 리스폰스]	부분 관해	치료전 종양 크기보다 30% 이상 감소한 상태
SD	Stable Disease [스테이블 디지즈]	안정 병변	치료 효과가 미미하며, 종양 크기의 변화가 PR과 PD 사이인 경우
PD	Progressive Disease [프로그레시브 디지즈]	진행 병변	종양 크기 변화가 20% 이상 증가 또는 새로운 병변이 나타난 경우로 치료 효과가 없음을 의미

Ⅱ 임상 수의학용어

Ch 11. 진단 검사 관련 의학용어

11-1. 혈액 검사 관련 용어

혈액 검사 훑어보기

정의 및 기능

혈액 검사(blood test)는 혈액 내 세포 성분과 화학적 조성, 효소, 항체 등을 분석하여 동물의 생리적 상태나 질병의 존재 여부를 진단하는 방법이다. 일반적으로 총혈구검사(CBC), 혈청화학검사(blood chemistry), 혈액응고검사(coagulation test), 혈액형 검사 등이 포함된다.

- **총혈구검사(complete blood count, CBC):** 혈액 내 혈구(적혈구, 백혈구, 혈소판) 수치 및 형태를 측정하는 검사로 건강검진, 수술 전 기본 검사에서부터 혈액질환의 진단에 이르기까지 다양한 상황에서 시행된다.
- **혈청화학검사(serum biochemistry):** 임상화학검사라고도 하며, 혈청 내 효소, 단백질, 전해질, 포도당, 대사산물 등의 수치 측정을 통해 간, 신장, 췌장 등 주요 장기의 기능과 전해질 및 대사 균형 상태를 평가하기 위해 시행된다.
- **혈액응고검사(coagulation test):** 혈액의 응고 과정을 평가하여 출혈 경향이나 혈전증 위험을 진단하기 위한 검사이다. 혈액이 응고되는 시간을 측정하거나 특정 응고인자의 기능을 평가하여 혈액응고장애 여부를 확인한다.
- **혈액형 검사(blood typing):** 수혈 적합성 확인 또는 특정 질병과의 관련성 등을 파악 하기 위해 적혈구 표면에 존재하는 특정 항원(antigen)을 분석하여 혈액형을 판별하는 검사로 개의 경우 DEA(dog erythrocyte antigen) 시스템, 고양이는 AB 혈액형 시스템이 대표적으로 사용된다.

중요 용어

혈액을 구성하는 주요 성분에 대한 용어는 다음과 같다.

<table>
<tr><td colspan="3">erythrocyte [에뤼쓰로싸이트], red blood cell(RBC)</td><td>적혈구</td></tr>
<tr><td rowspan="5">leukocyte
white blood cell(WBC)
백혈구</td><td rowspan="3">granulocyte
과립구</td><td>neutrophil [뉴트로필]</td><td>호중구</td></tr>
<tr><td>eosinophil [이오시너필]</td><td>호산구</td></tr>
<tr><td>basophil [베이서필]</td><td>호염기구</td></tr>
<tr><td colspan="2">lymphocyte [림퍼싸이트]</td><td>림프구</td></tr>
<tr><td colspan="2">monocyte [마너싸이트]</td><td>단핵구</td></tr>
<tr><td colspan="3">platelet, thrombocyte [쓰롬보사이트]</td><td>혈소판</td></tr>
<tr><td colspan="3">plasma [플라즈마]</td><td>혈장</td></tr>
<tr><td colspan="3">serum [씨럼]</td><td>혈청</td></tr>
</table>

용어 성분

혈액 검사에서 흔히 사용되는 용어의 성분과 그 의미는 다음과 같다.

용어 성분(연결형)	
hem/o	혈액 예) hemolysis 용혈
hemat/o	혈액 예) hematoma 혈종
erythr/o	적색 예) erythrocyte 적혈구
leuk/o	백색 예) leukocyte 백혈구
thromb/o	혈전·피떡 예) thrombocyte 혈소판
plasm/o	혈장 예) plasma 혈장
cyt/o	세포 예) cytology 세포학
chrom/o	색소 예) chromatin 염색질
bas/o	염기 예) basophil 호염기구
eosin/o	붉은, 호산성 예) eosinophil 호산구
neutr/o	중성 예) neutrophil 호중구

용어 성분(연결형)	
fibrin/o	섬유 예) fibrinolysis 섬유소용해
morph/o	모양 예) morphology 형태학
phleb/o	정맥 예) phlebotomy 정맥절개술(채혈)

용어 성분(접두어)	
a-	없는 예) aplasia 무형성
an-	없는 예) anemia 빈혈
anti-	대항하는 예) antibody 항체
auto-	자기 예) autoimmune 자가면역
dys-	비정상 예) dysplasia 이형성
homo-	같은 예) homogeneous 동질의
hyper-	과다, 고- 예) hyperglycemia 고혈당
hypo-	부족, 저- 예) hypoglycemia 저혈당
mono-	하나 예) monocyte 단핵구
normo-	정상 예) normocyte 정상적혈구
pan-	하나 예) pancytopenia 범혈구감소증
poly-	다수 예) polycythemia 적혈구증가증

용어 성분(접미어)	
-crit	분리, 비율 예) hematocrit 적혈구용적률
-cyte	세포 예) leukocyte 백혈구
-cytosis	증가 예) leukocytosis 백혈구증가증
-emia	혈액 상태 예) anemia 빈혈
-globin	단백질 예) hemoglobin 혈색소
-ia	상태 예) leukemia 백혈병
-ic	~와 연관된 예) anemic 빈혈성
-lytic	파괴 예) hemolytic 용혈성

(계속)

용어 성분(접미어)	
-oma	덩이·종괴 예) lymphoma 림프종
-penia	감소, 너무 적은 예) thrombocytopenia 혈소판감소증
-philia	~에 끌리는 상태, 친화성 예) hemophilia 혈우병
-rrhage	비정상 흐름 예) hemorrhage 출혈
-phobia	~을 두려워함 예) hemophobia 혈액공포증
-poiesis	생성 예) hematopoiesis 조혈(혈액생성)

그림으로 살펴본 혈액 검사

혈액의 원심분리

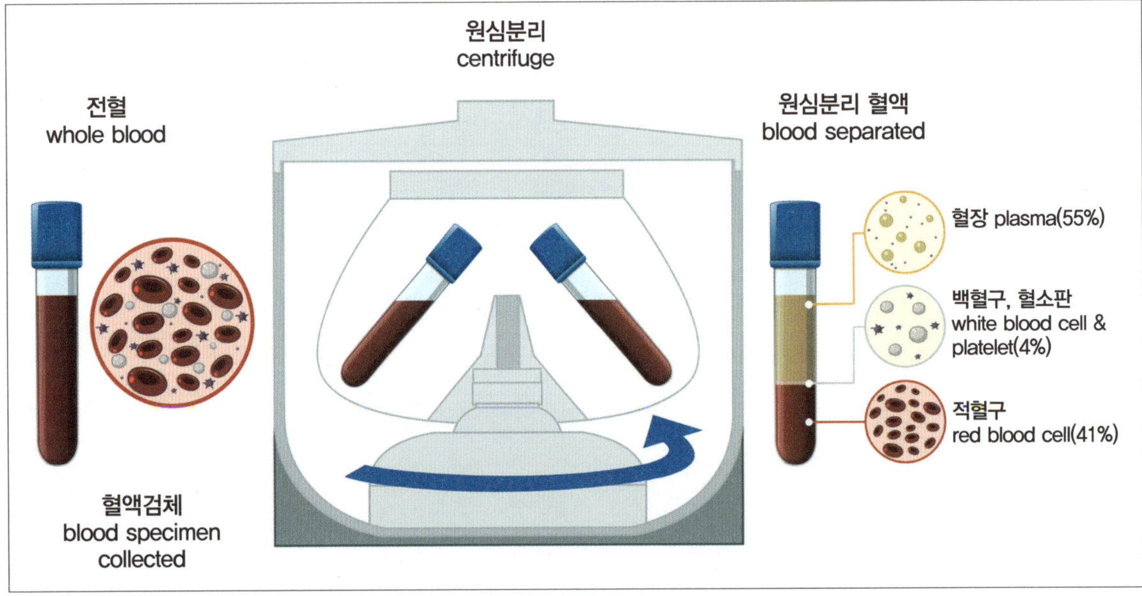

혈액을 채취한 후 원심분리를 하면 혈액성분이 밀도에 따라 위쪽부터 혈장(plasma), 혈소판과 백혈구층(buffy coat), 적혈구(red blood cells)로 분리된다.

plasma [플라즈마]: 혈장. 혈액의 약 55%, 수분·단백질·영양소·호르몬·노폐물 등을 포함
platelet [플레이트릿]: 혈소판. 혈액 응고와 지혈작용에 관여
white blood cell [와잇 블러드 셀]: 백혈구. 면역방어 기능 담당, 다양한 세포유형(호중구, 림프구 등)으로 구성
red blood cell [레드 블러드 셀]: 적혈구. 헤모글로빈을 통해 산소와 이산화탄소 운반

혈액 검사 용어

임상검사

혈액 검사 과정에서 측정되는 항목과 진단에서 자주 사용되는 용어들은 다음과 같다 .

의학용어	용어 성분	한글용어	뜻
anticoagulant [앤티코아귤런트]	anti(대항하는) coagul/o(응고)	항응고제	피덩이 형성을 막는 막는 물질
blood culture and sensitivity(C&S) [블러드 컬쳐 앤 센서티비티]	–	혈액배양 및 항생제감수성 검사	혈액 검체를 배양하여 세균이 자라는지 확인하는 검사로 세균이 자랄 경우 세균 종류 및 어떤 항생제에 효과를 보이는지 검사함
complete blood count(CBC) [컴플릿 블러드 카운트]	–	총혈구검사	적혈구, 백혈구, 혈소판 수를 포함한 전반적인 혈액 상태를 평가하는 기본 혈액 검사
erythrocyte sedimentation rate [에리트로사이트 세디멘테이션 레이트]	erythr/o(적색) -cyte(세포)	적혈구 침강속도	항응고제를 첨가한 시험관에 혈액을 뽑은 후 적혈구가 침강되는 속도를 알아보는 혈액 검사
hematology [히마톨오지]	hemat/o(혈액) -logy(~학)	혈액학	혈액과 관련된 구조, 기능, 질병 등을 다루는 의학 분야
hematocrit [히매토크릐트]	hemat/o(혈액) -crit(분리)	적혈구용적률	전체 혈액에서 적혈구가 차지하는 비율을 구하는 혈액 검사
hemoglobin [히모글로빈]	hemat/o(혈액) -globin(단백질)	혈색소	일정한 용적의 혈액 속에 존재하는 핼색소량을 측정하는 혈액 검사
platelet count [플레이트릿 카운트]	plate(얇은 판) -let(작은 것)	혈소판수	일정한 용적의 혈액 속에 존재하는 혈소판수를 측정하는 혈액 검사
phlebotomy [플레바터미]	phleb/o(정맥) -otomy(절개)	정맥절개(술)	검사용 혈액을 채추하기 위해 정맥을 절개하는 것으로 정맥천자(venipunture) 라고도 함
prothrombin time(PT) [프로트림빈 타임]	thromb/o (혈전·피떡)	프로트롬빈 시간	프로트롬빈을 활성화시킨 후 혈전이 형성되는데 걸리는 시간을 측정하는 혈액 검사

(계속)

의학용어	용어 성분	한글용어	뜻
red blood cell count [레드 블러드 셀 카운트]	–	적혈구 수	일정한 용적의 혈액 속에 존재하는 적혈구 수를 측정하는 혈액 검사
red blood cell morphology [레드 블러드 셀 모르폴러지]	morph/o(형태) logy(~학)	적혈구 형태	적혈구의 형태를 평가하는 혈액 검사
white blood cell count [와이트 블러드 셀 카운트]	–	백혈구 수	일정한 용적의 혈액 속에 존재하는 백혈구 수를 측정하는 혈액 검사
white blood cell differential [와이트 블러드 셀 디퍼렌셜]	–	백혈구 감별	백혈구를 종류별로 구분하여 각각의 수를 측정하는 혈액 검사

혈액 관련 질병

혈액의 성분 이상이나 질환 관련하여 자주 사용되는 용어는 다음과 같다.

의학용어	용어 성분	한글용어	뜻
anemia [아니미아]	an-(없음) -emia(혈액 상태)	빈혈	적혈구 수 감소 또는 헤모글로빈 부족 상태
erythrocyte [에뤼쓰로싸이트]	erythr/o(적색) -cyte(세포)	적혈구	헤모글로빈을 함유하여 산소운반을 담당하는 혈액세포
erythrocytosis [이뤼쓰로싸이토시스]	erythr/o(적색) -cytosis(정상보다 많음)	적혈구증가(증)	적혈구 수가 너무 많은 상태
erythropenia [이뤼쓰로페니아]	erythr/o(적색) -penia(너무 적음)	적혈구감소(증)	적혈구 수가 너무 적은 상태
hemolytic anemia [히모리틱 아니미아]	hem/o(혈액) -lytic(파괴) an(없음) -emia(혈액상태)	용혈성빈혈	적혈구가 파괴됨으로써 발생하는 빈혈

의학용어	용어 성분	한글용어	뜻
hypochromic anemia [하이포크로믹 아니미아]	hypo-(불충분한) chrom/o(색깔) -ic(~와 연관된) an-(없는) -emia(혈액상태)	저색소성 빈혈	적혈구의 혈색소 부족에 의해 발생하는 빈혈
leukocyte [루코사이트]	leuk/o(백색) -cyte(세포)	백혈구	주로 면역방어 기능을 담당하는 혈액 세포
leukemia [루키미아]	leuk/o(백색) -emia(혈액상태)	백혈병	백혈구를 생성하는 골수암으로 혈액 내 너무 많은 비정상 미성숙 백혈구 존재
leukocytosis [루코싸이토시스]	leuk/o(백색) -cytosis(정상보다 많음)	백혈구증가(증)	백혈구가 너무 많은 상태
leukopenia [루코핀이아]	leuk/o(백색) -penia(너무 적음)	백혈구감소(증)	백혈구가 너무 적은 상태
thrombocyte [쓰롬보사이트] (platelet)	thromb/o(혈전·피떡) -cyte(세포)	혈소판	작고 핵이 없는 혈액세포로 출혈 시 혈액 응고 과정에 관여
thrombocytosis [쓰롬보싸이토시스]	thromb/o(혈전·피떡) -cytosis(정상보다 많음)	혈소판증가(증)	혈소판수가 너무 많은 상태
thrombopenia [쓰롬보핀이아]	thromb/o(혈전·피떡) -penia(너무 적음)	혈소판감소(증)	혈소판수가 너무 적은 상태
hematoma [히마토마]	hemat/o(혈액) -oma(덩이)	혈종	손상될 혈관으로부터 조직으로 혈액이 새어나가 피하에 고인 것
hemorrhage [헴어뤼지]	hem/o(혈액) -rrhage(비정상출혈)	출혈	혈관 밖으로 혈액이 새어나가는 것으로 bleeding이라고도 함
hyperlipidemia [하이퍼리피디미아]	hyper(과도한) lip/o(지방) -emia(혈액상태)	고지질혈증	혈액 속에 지질 농도가 너무 높은 상태
pancytopemia [판사이토피니아]	pan-(모든) cyt/o(세포) -penia(너무적음)	범혈구감소증	모든 혈액세포가 너무 적은 상태
septicemia [셉티시미아]	septic/o(감염) -emia(혈액상태)	패혈증	혈액 속에 세균이나 세균 독소가 존재하는 상태

자주 사용되는 혈액화학검사 약어

약어	의학용어	한글용어	뜻
ALT	Alanine Aminotransferase [앨러닌 아미노트랜스퍼레이스]	알라닌 아미노 전이효소	간세포에서 유래된 효소. 간세포 손상 시 수치 상승, 간기능 평가에 사용
AST	Aspartate Aminotransferase [아스파르테이트 아미노트랜스퍼레이스]	아스파르테이트 아미노전이효소	심장, 간, 근육 등 다양한 조직에 존재. 간 손상뿐 아니라 근육 손상 시에도 상승
ALP	Alkaline Phosphatase [알칼라인 포스파테이스]	알칼리성 인산 분해효소	담즙 정체나 골 대사 이상 시 상승. 간·담도계·골질환 평가에 사용
GGT	Gamma-Glutamyl Transferase [감마-글루타밀 트랜스퍼레이스]	감마글루타밀 전이효소	간 및 담즙의 손상 지표
TBIL	Total Bilirubin [토털 빌리루빈]	총 빌리루빈	간에서 처리되는 노폐물. 간기능 및 황달 유무 확인
BUN	Blood Urea Nitrogen [블러드 유리아 나이트로전]	혈액 요소 질소	신장에서 배설되는 질소 대사산물. 신기능 지표
CREA	Creatinine [크리아티닌]	크레아티닌	근육 대사산물. 신기능 평가 지표
TP	Total Protein [토털 프로틴]	총 단백질	혈청 내 총 단백질 농도
ALB	Albumin [알부민]	알부민	간에서 생성되는 단백질. 영양상태 및 간기능 지표
GLB	Globulin [글로불린]	글로불린	면역 기능 관련 단백질. 염증 및 감염 지표
A/G	Albumin/Globulin ratio [알부민 /글로불린 레이시오]	알부민/ 글로불린 비율	간질환, 면역질환 진단 참고 지표
AMYL	Amylase [아밀레이스]	아밀라아제	췌장에서 분비되는 효소. 췌장염 등에서 상승

약어	의학용어	한글용어	뜻
LIPA	Lipase [라이페이스]	리파아제	췌장에서 분비되는 효소. Amylase보다 더 췌장 특이적
GLU	Glucose [글루코스]	포도당	혈중 당 수치. 당뇨병 및 저혈당 평가
Ca	Calcium [칼슘]	칼슘	혈중 칼슘 농도
IP	Inorganic Phosphorus [인오가가닉 포스퍼러스]	무기인	혈중 인 농도
Na	Sodium [소듐]	나트륨	혈중 나트륨 농도. 전해질 균형, 신기능 평가
K	Potassium [포타슘]	칼륨	혈중 칼륨 농도. 산-염기 균형 및 심장·근육 기능에 중요
Cl	Chloride [클로라이드]	염소	혈중 염소 농도. 산-염기 균형, 탈수 상태 평가

Tip 혈액검사 결과의 해석은 단순한 수치 확인이 아니라 기준치(reference rage)와 비교하여 의미를 판단하는 과정이 포함된다. 기준치는 동물의 종, 나이, 성별, 생리적 상태에 따라 다를 수 있으며 임상증상과 함께 종합적으로 판단해야 한다. 또한 일부 검사 항목은 위양성(false positive) 또는 위음성(false negative)결과가 발생할 수 있으므로 오류를 최소화하여 검사신뢰도를 높이는 것이 중요하다.
동물보건사는 수의사의 정확한 진단을 돕기 위해, 검사 전 동물의 상태 확인, 올바른 채혈 보정, 검체 이상 유무 기록, 검사결과의 기본적인 의미에 대한 이해를 갖추는 것이 필요하다.

11–2. 영상 검사 관련 용어

영상 검사 훑어보기

정의 및 기능

영상진단(diagnostic imaging)은 신체 내부 구조물을 영상화 하여 진단에 활용하는 의학 분야이다. 영상진단의학(radiology)은 1895년 X선을 발견한 독일의 물리학자 빌헬름 뢴트겐(Wilhelm Konrad Roentgen)의 이름을 따서 roentgenology라고도 불린다. X선(X–ray)은 X선 발생 장치, 음극선관(cathode ray tube) 등의 에너지원에서 생성되는 고에너지 파동으로, 그 발견은 질병진단 분야에 획기적인 변화를 가져왔다.

중요 용어

영상진단 분야를 구성하는 주요 단어는 다음과 같다.

영상진단(diagnostic imaging)	
computed tomograpy(CT)	컴퓨터단층촬영법
endoscopy	내시경
fluoroscopy	투시촬영법
magnetic resonance imaging(MRI)	자기공명영상
positron emission tomography(PET)	양전자방사단층촬영법
ultrasonography(US 또는 Sono)	초음파진단
radiograpy(x-ray)	방사선촬영(술)

영상진단 검사법 요약

영상진단법은 방사선(X-ray), 초음파(Ultrasound), 자기공명영상(MRI) 등으로 구분된다.

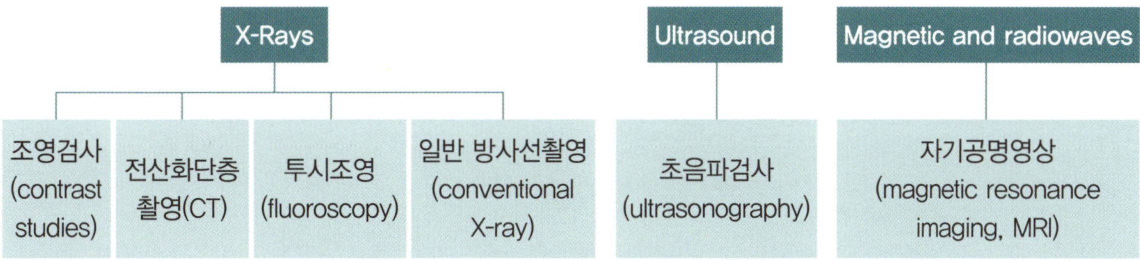

용어 성분

영상진단 용어에서 흔히 사용되는 용어 성분과 그 의미는 다음과 같다.

용어 성분(연결형)	
anter/o	앞·전 예) anteflexion 앞굽이
fluor/o	형광, luminous 발광 예) fluoroscopy 투시검사
later/o	쪽·측 예) lateral view 측면 촬영
nucle/o	핵 예) nucleous 핵소체
poster/o	뒤·후 예) posteroanterior view 후전방 촬영
radio/o	광선 예) radiology 방사선학
roentgen/o	X선 예) roentgenography X선촬영술
son/o	소리·음파 예) sonography 초음파검사
tom/o	절단하기 예) tomography 단층촬영술

용어 성분(접두어)	
ultra	저편에, 초과하여 예) ultrasonography 초음파검사

용어 성분(접미어)	
-al	~와 연관된 예) abdominal 복부의
-ar	~와 연관된 예) vascular 혈관의
-graphy	기록법 예) angiography 혈관조영술
-ic	~와 연관된 예) radiographic 방사선학적
-ior	~와 연관된 예) anterior 전방의
-logist	전문의, 전문가 예) radiologist 영상의학과 전문의
-logy	~학 예) radiology 영상의학
-lucent	투과하는 예) radiolucent 방사선투과성
-opaque	불투명한 예) radiopaque 방사선불투과성
-scopy	시각적 검사법 예) endoscopy 내시경검사

그림으로 살펴본 영상 검사

X선(X-ray) 검사

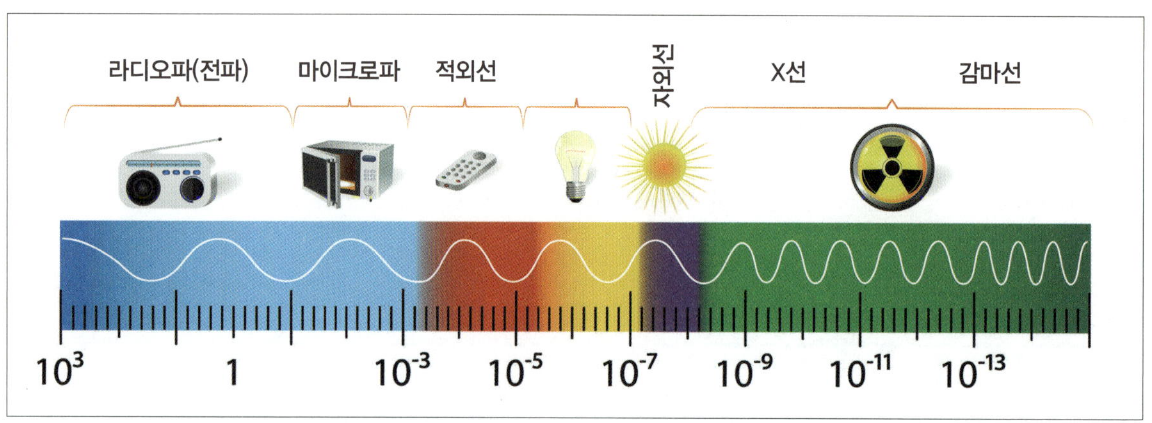

X선은 파장이 약 10^{-11}m에서 10^{-9}m 사이인 전자기파로, 물질에 대해 강한 투과력을 가진다. 특히 물질의 밀도에 따라 투과율이 달라지며, 이러한 원리를 이용하여 인체 내부를 촬영하는 의료장비뿐만 아니라 산업 현장에서 비파괴 검사 장비 등으로 널리 활용된다.

X-ray [엑스레이] : X선. 방사선 촬영에 사용
Gamma ray [감마레이] : 감마선. 방사선 치료 및 핵의학 검사에 사용
Ultraviolet ray [울트라바이올렛 레이] : 자외선. 관선치료 및 살균에 사용
Infrared ray [인프라레드 레이] : 적외선. 물리치료(온열요법)에 사용

X선 검사 촬영자세

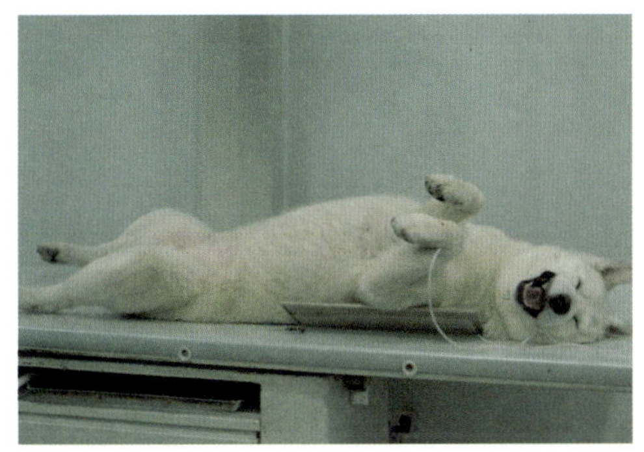

(a) 복배상(VD view, ventrodorsal view)

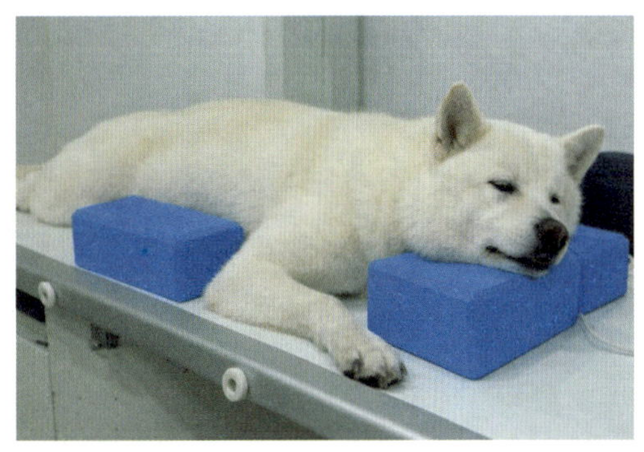

(b) 배복상(DV view, dorsoventral view)

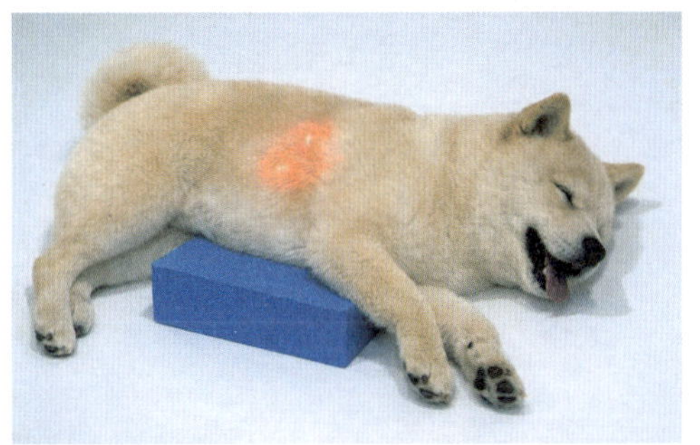

(c) 우측횡와위(right lateral recumbency, right lateral view 촬영 자세)

X선의 특성

X선은 다양한 물리적 특성을 지니며, 이러한 특성들은 질병의 진단 및 치료에 활용된다. 대표적인 특성은 다음과 같다.

- 감광성(photographic effect): X선은 필름이나 디지털 수용체에 도달했을 때 감광반응을 일으켜 영상을 형성할 수 있다.
- 물질 투과성(penetrabiligy): X선은 물질의 밀도와 두께에 따라 투과 정도가 다르며, 이로 인해 조직의 명암대비가 발생한다.
- 비가시성(invisibility): X선은 사람의 눈에 보이지 않는 전자기파이며, 육안으로 관찰할 수 없다.

- 산란성(scattering): X선이 물질을 통과하면서 일부 에너지는 다른 방향으로 산란되어 영상 품질에 영향을 줄 수 있다.
- 이온화 작용(ionization): X선은 물질을 통과하면서 원자나 분자를 이온화할 수 있으며, 이로 인해 생물학적 조직에 손상을 줄 수 있다.
- 직진성(linearity): X선은 일직선으로 진행하는 성질이 있다.

X선검사 관련 용어

정확하고 선명한 X선 영상을 얻기 위해서는 동물의 자세, X선발생장치(X-ray관), 수용체(필름 또는 디지털 장치)의 배치가 적절해야 한다. 이때, X선이 동물을 통과하는 방향에 따라 다양한 촬영방향 용어가 사용되며, 이는 영상 판독 및 진단에 중요한 기준이 된다.

의학용어	용어 성분	한글용어	뜻
dorsoventral (DV) view [도소벤트럴 뷰]	dorso/o(등) ventr/o(배) -al(~의)	배복상(등쪽에서 배쪽으로 촬영한 영상. 여기서 배(背)는 등을 뜻하는 한자어로, 순우리말 배(복부)와 혼동하지 않도록 주의한다.)	X선이 등쪽(dorsal)에서 조사되어 배쪽(ventral)의 수신기에 도달하도록 촬영한 영상. 동물을 배를 바닥에 대고 엎드린 자세로 눕혀 촬영할 때 사용
ventrodorsal (VD) view [벤트로도살 뷰]	ventr/o(배) dorso/o(등) -al(~의)	복배상(배쪽에서 등쪽으로 촬영한 영상. 여기서 복(腹)은 배(복부)를 뜻하는 한자어, 배(背)는 등을 뜻하는 한자어로, 순우리말 배와 혼동하지 않도록 주의한다.)	X선이 배 쪽에서 조사되어 등 쪽 수신기에 도달하도록 촬영한 영상. 동물을 등을 바닥에 댄 자세로 눕혀 촬영할 때 사용
lateral view [래터럴 뷰]	later/o(옆) -al(~의)	측면촬영	몸의 측면이 X선 기기를 향하도록 동물을 옆으로 눕혀 촬영한 영상으로 일반적으로 RL(right lateral) LL(left lateral)로 구분하여 사용
oblique view [오블리크 뷰]		사선 촬영	X선이 동물의 몸을 일정한 각도로 비스듬히 통과하도록 동물을 위치시켜 촬영한 영상
radiolucent [레이디오루슨트]	radi/o(X선) -lucent(투과)	방사선 투과성	X선을 통과시킴으로써 수용체에 노출되어 X선에 검게 보이는 구조물

의학용어	용어 성분	한글용어	뜻
radiopaque [레이디오오페이크]	radi/o(x선) -opaque(비투과)	방사선 불투과성	X선을 거의 통과시키지 않아 영상상 하얗게 나타나는 구조물
contrast study [콘트라스트 스터디]		조영검사	조영제(방사선 비투과성 물질)를 몸에 주입하거나 삼켜서 신체 구조물의 윤곽을 촬영하는 기법으로 위장관조영술, 요로조영술, 혈관조영술 등이 이에 속함
radiography [레디오그래피]	radi/o(x선) -graphy(기록법)	방사선촬영(술)	X선 영상을 촬영하는 것
radiologist [레이디올로지스트]	radi/o(x선) -logist(전문가)	방사선 전문의	방사선영상기법을 이용하여 질병을 진단 하고 치료하는 영상의학 전문의

초음파 촬영술 Ultrasound Imaging

초음파촬영술(ultrasound imaging), 즉 ultrasonography는 인간의 귀로 들을 수 없는 고주파 음파(초음파)를 인체 또는 동물의 몸에 조사하고, 조직에서 반사되어 돌아오는 파동을 기록하여 내부 장기의 구조 정보를 얻는 검사법이다. 탐촉자(transducer 또는 프로브)를 통해 신체로 들어간 음파는 내부 구조물에 부딪힌 후 다시 탐촉자로 되돌아온다. 되돌아오는 반사파(에코)의 속도는 조직의 밀도에 따라 결정되기 때문에, 에코의 속도를 밀도로 변환하여 종합하여 형성된 영상이 초음파영상(sonogram)이다.

초음파검사 관련 용어

의학용어	용어 성분	한글용어	뜻
ultrasound [얼트라사운드]	ultra(초과하여) son/o(소리)	초음파	가청 주파수보다 높은 음파를 이용해 체내 구조를 영상화하는 검사 방법(US라고도 함)
echocardiography [에코카디오그래피]	echo(반향) cardi/o(심장) -graphy(기록법)	심장 초음파	가청 주파수보다 높은 음파를 이용해 심장의 구조와 기능을 영상화하는 검사 방법(echo라고도 함)
sonogram [소노그램]	son/o(소리) -gram(기록된 것)	초음파 영상	초음파로 얻어진 영상

의학용어	용어 성분	한글용어	뜻
transducer / probe [트랜스듀서]	trans-(가로질러) -ducer(전달하는 것)	탐촉자/프로브	초음파를 발생시키고, 반사된 신호를 감지하여 영상으로 변환하는 장치

Tip 초음파검사에서 자주 사용되는 영상모드에는 B모드, M모드, 도플러모드 초음파가 있다.
B는 밝기(brightness)를 의미하며, 초음파 신호의 강도를 점의 밝기로 나타내어 조직의 2차원 단면 영상을 제공하는 기본 모드이다. M은 움직임(motion)을 의미하며, 조직(특히 심장)의 움직임을 시간 축에 따른 파형 형태로 표현하는 모드이다.
도플러모드(Doppler mode)는 도플러 효과를 이용하여 혈류의 속도와 방향을 측정하고, 이를 통해 혈관내 혈류의 흐름을 평가하는데 활용된다.

자기공명영상 Magnetic Resonance Imaging

자기공명영상(magnetic resonance imaging, MRI)은 X선이 아닌 전자기에너지(electromagnetic energy)를 이용하여 신체 내부 구조를 영상화하는 검사법이다. 신체에 강력한 자기장을 가하면, 체내 수소(주로 물 분자 내에 존재) 원자핵의 축이 정렬(alignment)되고, 자기장을 제거하면 이들이 이완(relaxation)되어 원래 상태로 돌아간다. 이때 방출되는 에너지를 감지하여 영상 정보를 생성하며, 이완 속도와 신호 세기가 조직마다 다르기 때문에 대비가 뚜렷한 고해상도 영상을 얻을 수 있다.

자가공명영상 관련 용어

의학용어	용어 성분	한글용어	뜻
magnetic resonance imaging [매그네틱 레저런스 이미징]	magnet/o(자석) reson/o(공명, 진동) -ance(상태)	자기공명영상(술)	자기장을 이용한 고해상도 단층 영상 기술
pulse sequence [펄스 시퀀스]		펄스순서	MRI 영상 형성을 위한 자장 자극 순서

Tip 뼈는 수분함량이 적어 MRI 영상에서 잘 보이지 않거나 어둡게 나타나는 경향이 있다. 따라서 뼈구조를 정밀하게 보기 위해서는 CT(컴퓨터단층촬영)가 더 적합한 경우가 많다.

자주 사용되는 영상진단 약어

약어	의학용어	한글용어
Angio	Angiography [앤지오그래피]	혈관조영술
CXR	Chest X-ray [체스트 엑스레이]	흉부X선촬영
CT	Computed Tomography [컴퓨티드 토모그래피]	컴퓨터단층촬영
DV	Dorsoventral View [도소벤트럴 뷰]	등배방향 촬영
VD	Ventrodorsal View [벤트로도설 뷰]	배등방향 촬영
Fluoro	Fluoroscopy [플루오로스코피]	투시조영검사
Fx	Fracture [프랙처]	골절
IVP	Intravenous Pyelogram [인트라비너스 파이엘로그램]	정맥요로조영술
kVp	Kilovolt Peak [키로볼트 피크]	관전압
LAT	Lateral View [라테럴 뷰]	측면촬영
LL	Left Lateral View [레프트 라테럴 뷰]	좌측 측면 촬영
LM	Lateromedial [라테로미디얼]	가쪽 → 안쪽 방향 촬영
mA	Milliampere [밀리암페어]	밀리암페어
MRI	Magnetic Resonance Imaging [매그네틱 레조넌스 이미징]	자기공명영상
OBL	Oblique View [오블리크 뷰]	사면촬영
RL	Right Lateral View [라이트 라테럴 뷰]	우측측면촬영
UGI	Upper Gastrointestinal Series [어퍼 가스트로인테스티널 시리즈]	상부위장관조영술
US	Ultrasonography [울트라소노그래피]	초음파진단
abd, sono	Abdominal Ultrasonography [어브도미날 울트라소노그래피]	복부초음파
Echo	Echocardiography [에코카디오그래피]	심장초음파

11-3. 조직 검사 관련 용어

조직 검사 훑어보기

정의 및 기능

조직 검사(biopsy)는 생체로부터 병변에 존재하는 조직의 일부를 채취하여 병리학적으로 분석하는 진단 방법으로, 종양성 질환, 염증, 괴사 등의 병리 소견을 확진하는 데 사용된다. 조직 검사는 검사 목적과 병변의 특성에 따라 다음과 같이 분류된다.

- **절개생검(incisional biopsy)**: 병변의 일부를 절개하여 채취
- **절제생검(excisional biopsy)**: 병변 전체를 절제하여 채취
- **펀치생검(punch biopsy)**: 원형 칼날이 달린 도구를 이용해 피부 병변이나 표재성 병변의 조직을 채취

또한 채취 방식에 따라 복강경 생검(laparoscopic biopsy), 흉강경 생검(thoracoscopic biopsy) 등 내시경을 이용한 방법이나, 초음파 또는 CT 등 영상장비를 활용한 유도 생검(guided biopsy)과 같이 병변의 정확한 위치를 실시간으로 확인하며 시행하는 정밀한 검사 방식도 병행될 수 있다.

Tip 세포학(cytology)은 동물 체내에서 탈락하거나 또는 채취한 세포를 평가하여 질병상태(감염, 염증, 과증식, 양성종양, 악성종양 등)를 신속하게 파악하는 데 유용한 검사법이다. 조직병리 검사를 위한 생검(biopsy)에 비해 덜 침습적이며 상대적으로 전문화된 장비나 재료 없이도 시행할 수 있어 비용 부담이 적다는 장점이 있다. 다만, 세포학 검사의 경우 병변의 구조적인 상태를 파악하기 어려워 세심한 해석이 필요하며, 체취한 세포의 수가 부족하거나 슬라이드 제작 과정에서 세포 형태가 손상될 경우 진단의 정확성이 떨어질 수 있으므로, 시료 채취 및 처리의 적절한 기술이 중요하다.

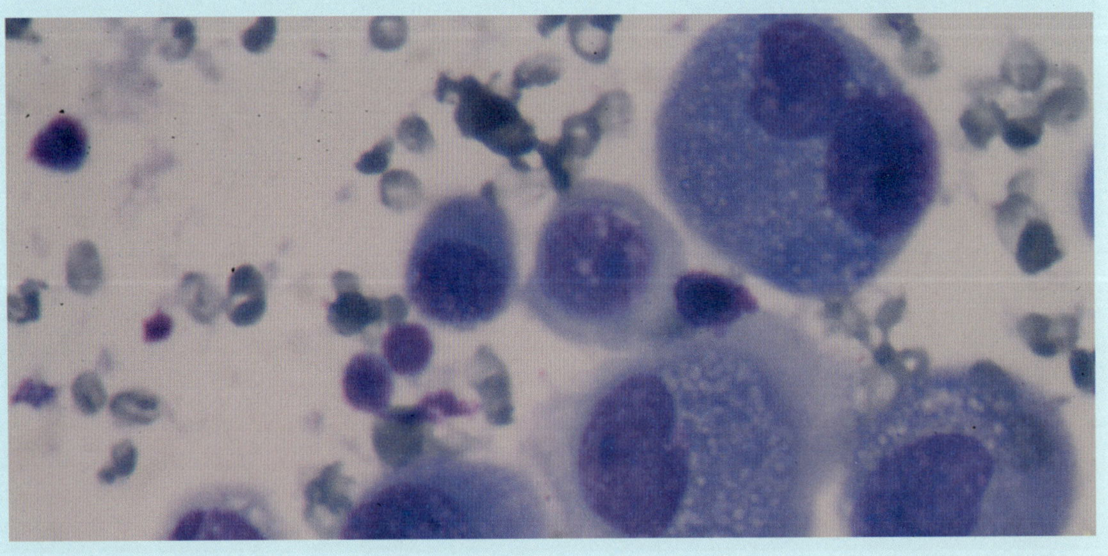

용어 성분

조직 검사에서 흔히 사용되는 용어 성분과 그 의미는 다음과 같다.

용어 성분(연결형)	
cyt/o	세포 예) cytometry 세포계산
hist/o	조직 예) histology 조직학
path/o	질병 예) pathology 병리학
onc/o	종양 예) oncology 종양학
necro/o	괴사 예) necrosis 괴사
nucle/o	세포핵 예) nucleolus 핵소체
bi/o	생명·생체 예) biopsy 생검(조직 검사)

용어 성분(접두어)	
dys-	이상(불완전, 장애) 예) dysplasia 이형성(비정상적인 발달)
hyper-	과다 예) hyperplasia 과형성
hypo-	저하 예) hypoplasia 형성저하
neo-	new 신생의 예) neoplasm 신생물(종양)

용어 성분(접미어)	
-cyte	세포 예) leukocyte 백혈구
-logy	학문 예) histology 조직학
-logist	전문가 예) pathologist 병리학자
-plasia	형성 예) hyperplasia 과형성
-oma	종양 예) lymphoma 림프종
-itis	염증 예) gastritis 위염
-scope	관찰기기 예) endoscope 내시경
-opsy	검사 예) biopsy 생검
-blast	미성숙세포 예) myeloblast 골수모세포

조직병리진단 기술 용어

조직병리진단 과정에서는 조직의 채취, 현미경관찰, 보고서 작성에 이르기까지 다양한 기술적 절차와 분석법이 사용된다. 조직의 고정, 절단, 염색 등 전치러 과정과 병리학적 평가 및 판독에서 자주 활용되는 주요 용어는 다음과 같다.

의학용어	용어 성분	한글용어	뜻
biopsy [바이옵시]	bi/o(생명) -opsy(보기, 검사)	생검, 조직 검사	생체 조직의 일부를 채취하여 현미경으로 관찰하는 검사법
histopathology [히스토패솔로지]	hist/o(조직) path/o(질병) -logy(학문)	조직병리학	조직 단위에서 질병의 변화를 연구하는 병리학 분야
cytology [싸이톨로지]	cyt/o(세포) -logy(학문)	세포학/ 세포검사	세포 단위에서 질병의 변화를 분석하는 학문
gross description [그로스 디스크립션]	gross(육안적) description(기술)	조직 육안소견	병리 검체의 육안 소견을 기술하는 과정
fixation [픽세이션]	fix/o(고정)	고정	채취된 조직의 구조를 보존하고 부패를 방지하기 위해 화학 고정액에 담가두는 과정
staining [스테이닝]	stain(염색) -ing(행위)	염색	세포와 조직 구조를 관찰하기 위해 염색약을 이용해 염색하는 과정
lesion [리전]	laes-(손상) -ion(행위)	병변	병변, 조직의 비정상적 변화나 손상부위
biopsy margin [바이옵시 마진]	bi/o(생명) -opsy(관찰하다)	생검 절제연	병변을 절제한 조직의 절단면. 병변이 남아있는지 평가하는 지점
infiltration [인필트레이션]	in-(내부) filtr/o(스며들다) -ion(행위)	침윤	백혈구, 종양세포 등이 정상조직 내로 침투하는 병리적 변화
diagnosis [다이애그노시스]	dia-(통과) gnos/o(알다)	진단	진단
differential diagnosis [디퍼랜셜]	dia-(통과) gnos/o(알다) -sis(과정)	감별진단	감별진단
prognosis [프로그노시스]	pro-(앞) gnos/o(알다)	예후	향후 경과나 예후를 판단하는 것

병변 유형에 따른 용어

조직병리학적 평가에서 병변의 형태는 질병의 원인과 경과를 판단하는 데 중요한 기준이 된다. 병변은 염증(inflammation), 종양(tumor), 괴사(necrosis), 증식(proliferation), 섬유화(fibrosis), 변성·퇴행성(degeneration) 등 다양한 병리적 변화에 따라 다음과 같은 용어들이 사용된다.

의학용어	용어 성분	한글용어	뜻
suppurative inflammation [서퓨러티브 인플래메이션]	suppurat/o(고름)	화농성 염증	호중구가 중심이 되는 급성 염증으로 고름형성을 특징으로 함
pyogranulomatous inflammation [파이오그래뉼러매터스]	py/o(고름) granul/o(덩어리, 과립) -matous(~성의)	화농성 육아종성 염증	호중구와 대식세포가 혼합되어 침윤하는 염증
eosinophilic inflammation [이오시노필릭]	eosin/o(산성 염료) -philic(~을 좋아하는)	호산구성 염증	호산구가 우세하게 침윤된 염증
necrotizing inflammation [네크로타이징]	necr/o(죽음, 괴사) -tizing(~화된)	괴사성 염증	염증반응과 함께 조직괴사가 수반되는 형태
adenoma/ adenocarcinoma [애데노마/ 에대노카르시노마]	aden/o(샘) -oma(종양) carcin/o(암, 악성)	괴사성 염증	샘조직에서 기원한 양성종양(adenoma) 또는 악성종양(adenocarcinoma)
fibroma/ fibrosarcoma [파이브로마/ 파이브로살코마]	fibr/o(섬유) -oma(종양) sarc/o(결합조직)	섬유종/ 섬유육종	섬유조직에서 기원한 양성종양(fibroma) 또는 악성종양(fibrosarcoma)
lipoma/ liposarcoma [라이포마/ 라이포사르코마]	lip/o(지방) -oma(종양) sarc/o(결합조직)	지방종/ 지방육종	지방조직에서 기원한 양성종양(lipoma) 또는 악성종양(liposarcoma)

(계속)

의학용어	용어 성분	한글용어	뜻
hydropic degeneration [하이드로픽 디제너레이션]	hydr/o(수분) -ic(~의)	수종성 변성	세포 내 수분 축적으로 인한 세포의 변성
steatosis [스티어토시스]	steat/o(지방) -osis(상태)	지방증	세포 내 지방 축적으로 인한 변성
amyloidosis [애밀로이도시스]	amyl/o(전분) -osis(상태)	아밀로이드증	조직에 아밀로이드 단백질이 비정상적으로 침착된 상태
coagulative necrosis [코애귤레이티브 네크로시스]	coagul/o(응고) -ive(~의)	응고괴사	세포단백질의 변성과 응고로 인한 괴사
liquefactive necrosis [리퀘팩티브 네크로시스]	liquefact/o(액화) -ive(~의)	액화괴사	세포괴사 후 조직이 완전히 액화되어 나타나는 괴사형태
caseous necrosis [캐이시어스 네크로시스]	case/o(치즈) -ous(~같은)	건락괴사	건락성 괴사로 괴사조직이 치즈와 유사한 외형을 띰
hyperplasia [하이퍼플레이저]	hyper-(과도한) -plasia(형성)	세포증식	세포 수의 증가로 인한 조직의 과형성
hypertrophy [하이퍼트로피]	hyper-(과도한) -trophy(발달, 영양)	비대	세포 크기의 증가로 인한 조직의 비대
dysplasia [디스플레이저]	dys-(이상한) -plasia(형성)	이형성	비정상적인 세포 성장과 분화로 전암성 병변일 수 있음
metaplasia [메터플레이저]	meta-(변화) -plasia(형성)	화생	한 종류의 성숙한 세포가 다른 종류로 변형되는 현상
fibrosis [파이브로시스]	fibr/o(섬유) -osis(상태)	섬유화	섬유조직이 과도하게 형성되어 정상 조직을 대체함
cirrhosis [서로시스]	cirrh/o(황색) -osis(상태)	간경변증	간경변증 등에서 나타나는 만성 섬유화 질환
scar formation [스카 포메이션]	scar(흉터) form/o(형태) -ation(행위)	흉터형성	손상조직이 섬유성 조직으로 대체되어 흉터를 형성

Ch 12. 임상 실무 관련 의학용어

12-1. 진료기록 관련 용어

진료기록 훑어보기

정의 및 기능

진료기록 또는 의무기록(medical record or chart)은 수의사 또는 동물보건사에 의해 동물의 건강 상태, 진단, 처치, 경과 및 보호자와의 소통 내용 등을 종합적으로 수집하여 기록한 문서이다. 진료기록은 진료의 연속성 확보, 의료사고 방지, 법적 근거 확보, 보험 및 행정처리 등의 목적을 가진 법적인 의무기록이다. 각 동물병원은 특정 서식을 가지고 있으며, 동물을 적절하게 치료·처치하기 위해 해당 서식의 위치도 정해 놓고 있다. 전자의무기록(electronic medical record, EMR)은 의무기록을 전산화하여 관리하는 것으로 컴퓨터나 테블릿을 통하여 환자의 진료 정보에 접근할 수 있는 소프트웨어프로그램들이 개발되어 활용되고 있다.

중요 용어

진료기록에 주로 사용되는 용어는 다음과 같다.

- **가정관리 지침(discharge instruction):** 동물병원 내원 또는 입원 후 가정 내 관리를 위해 보호자에게 제공되는 지침
- **간호기록(nurse's note):** 동물보건사가 동물간호 내용, 활력징후, 구체적인 치료, 치료에 대한 환자동물의 반응, 그리고 환자동물의 상태에 대해 매일 기록한 것
- **검사의뢰서(test requisition form):** 외부 검사를 의뢰할 때 사용하는 문서로, 검체 정보 및 요청 항목이 기재
- **병력(history):** 과거 질병, 예방접종, 수술, 식이, 환경, 현재 증상 발현 경과 등 보호자로부터 수집한 상세한 정보
- **보호자동의서(informed consent):** 특정 진단 방법이나 치료법의 목적·방법·절차·이익·위험성에 대해 명확한 설명을 들은 후 동물의 주인 또는 보호자가 자발적으로 서명한 서류
- **상담내용(client communication):** 진단 및 치료 계획에 대한 설명을 포함하여 동물의 주인 또는 보호자와의 대화 기록

- **수술기록지(surgical record)**: 수술명, 마취방법, 사용 약물, 소요시간, 특이사항 등 시행한 수술에 대한 자세한 정보가 기록된 보고서
- **신체검사(physical examination)**: 동물의 전반적인 건강상태, 활력징후 및 특정 신체 소견에 대한 관찰을 포함하여 수의사가 수행한 각 검사의 참고 사항
- **예방접종 기록(vaccination record)**: 동물에게 투여된 모든 예방접종과 각각의 투여 날짜가 기록 된 문서
- **진단검사(diagnostic test)**: 임상병리검사, 실험실 검사, 영상검사 및 환자동물의 건강을 평가하는 데 사용되는 기타 검사 결과
- **진단검사 결과지(diagnosic report)**: 환자동물에게 행한 진단검사 결과로서 주로 진단의학검사와 영상의학검사의 결과지
- **진행상황노트(progress note)**: 치료에 대한 동물의 반응, 상태의 변화, 수의사의 추가 권장 사항 등을 기재
- **치료기록(treatment record)**: 투약, 주사, 처치 내용, 반응 및 변경사항을 포함한 치료 내역
- **환자 정보(patient information)**: 동물등록번호, 동물의 이름, 종, 품종, 나이, 성별, 몸무게 및 기타 식별 가능한 세부사항이 포함됨

Tip 진료를 위해 내원한 동물에 대하여 보호자로부터 질문을 통해 기본적인 정보를 얻는 과정을 문진이라고 한다. 문진은 고객등록과 함께 병원 내원 목적과 환자 동물의 상태를 파악하는 데 활용되며, 이 과정에서 문진표(medical history form, patient history form)가 작성된다. 동물보건사는 문진표 작성의 필요성을 보호자에게 충분히 설명하고, 정중하고 친절한 태도로 기초 문진을 실시하여야 한다. 보호자의 기억이 불분명할 경우 추측하여 작성하지 않도록 하여야 하며, 보호자의 주관적인 내용도 가능한 한 객관적으로 정리하여 작성한다.
또한 문진 과정에서 알게 된 보호자의 개인정보는 보안을 신중히 한다.

그림으로 살펴본 진료기록

■ 수의사법 시행규칙 [별지 제8호서식] 〈개정 2011.1.26〉

예방접종 증명서

동물 소유자 (관리인)	성명	
	주소	
접종 동물	종류	품종
	이름	연령
	성별	체중
	특징	
예방접종	예방약 종류	접종량
	실시방법	면역 유효기간

「수의사법」 제12조 및 같은 법 시행규칙 제10조에 따라 위와 같이 증명합니다.

년 월 일

동물병원 명칭:

동물병원 주소: (전화번호)

수의사 면허번호: 제 호 수의사 성명 (서명 또는 인)

반려동물 예방접종 증명서 (수의사법 시행규칙 별지 제8호 서식)

■ 수의사법 시행규칙 [별지 제11호서식]

수술등중대진료 동의서

동물소유자등	성명	연락처
	주소	
수술등중대진료 대상	이름	성별
	특이사항(필요시)	
수의사	동물병원명	면허번호
	성명	(서명 또는 인)

설명 및 동의 사항
1. 동물에게 발생하거나 발생 가능한 증상의 진단명
2. 수술등중대진료의 필요성, 방법 및 내용
3. 수술등중대진료에 따라 전형적으로 발생이 예상되는 후유증 또는 부작용
4. 수술등중대진료 전후에 동물소유자등이 준수하여야 할 사항

「수의사법」 제13조의2 및 같은 법 시행규칙 제 13조의3에 따라 위와 같이 수의사로부터 수술등중대진료에 관한 설명을 들었으며, 수술등중대진료 및 그 전후에 발생할 수 있는 어떤 일에 대해서도 일체의 민형사상 이의를 제기하지 않을 것을 서약하며, 수술등중대진료와 관련한 수의학적 처리를 담당 수의사에게 위임할 것을 서면으로 동의합니다. 또한 기타 내용이 발생한 경우 별지를 포함합니다.

년 월 일

동물소유자등 (서명 또는 인)

수술등 중대진료 동의서 (수의사법 시행규칙 별지 제11호 서식)

신체검사

신체검사(physical examination)란 동물의 현재 건강 상태를 전반적으로 평가하는 과정으로, 머리부터 꼬리 끝까지(head-to-tail) 신체의 각 부위를 시진·촉진·타진·청진의 방법으로 세심하게 관찰하고 그 결과를 진료기록에 작성하는 것을 말한다. 전신 신체검사는 동물의 정신·의식상태, 체형·영양상태, 혈액순환상태, 질병감염상태 등 전신 상태의 이상 유무를 조기에 파악하고, 질병의 진단 및 치료 방향 설정에 중요한 기초 자료를 제공한다. 활력징후(vital sign)는 체온(temperature), 맥박수(pulse rate), 호흡수(respiratory rate)의 머리글자를 사용하여 TPR로 표시하기도 한다. 활력징후는 생명유지와 관련된 기초적인 생리적 지표로, 신체검사 시 반드시 측정되는 항목이다. 동물의 전신 상태를 신속히 파악하고 중증도 판단 및 응급상황 대응에 활용한다.

의학용어	용어 성분	한글용어	뜻
auscultation [오스컬테이션]	auscult/o(듣다) -ation(행위, 과정)	청진	청진기를 이용해 심음, 호흡음, 장음 등을 듣는 검사 방법
inspection [인스펙션]	inspect/o(보다, 살피다) -ion(행위, 상태)	시진	눈으로 외형, 움직임, 호흡 패턴, 상처 등을 관찰하는 검사
palpation [팰페이션]	palp/o(만지다) -ation(행위, 과정)	촉진	손으로 눌러 통증, 종괴, 장기 크기 및 질감 등을 확인하는 검사
percussion [퍼커션]	percuss/o(두드리다) -ion(행위, 상태)	타진	손가락이나 손바닥으로 두드려 내부 장기의 밀도 또는 액체 유무를 평가
vital sign [바이털 사인]	vit/o(생명) -al(~의)	활력징후	체온, 맥박수, 호흡수를 측정하여 동물의 생리적 안정성 평가
temperature(T) [템퍼러처]	thermo-(열) -ature(상태)	체온	직장(항문)에서 측정
pulse(P) [펄스]	puls/o(치다, 밀다)	맥박	말초동맥에서 촉지되며, 심장박동과 순환상태를 반영
respiratory rate(R) [레스퍼러토리 레이트]	re(반복) spir/o(호흡하다) -atory(관련된)	호흡수	1분당 호흡횟수로 호흡기 상태나 대사이상 여부 평가
body condition score(BCS) [바디 컨디션 스코어]	–	신체충실 지수	체형 및 피부아래 지방의 축척정도에 따라 평가

(계속)

의학용어	용어 성분	한글용어	뜻
hydration status [하이드레이션 스테이터스]	hydr/o(수분) -ation(상태)	탈수평가	피부탄력, 점막 습도, 안구 함몰 등을 통해 탈수 정도 평가
capillary refill time(CRT) [캐필러리]	capill/o(털, 가늘다) -ary(~의)	모세혈관 재충만 시간	점막 압박 후 색이 돌아오는 시간으로 전신의 순환 상태 평가

수술보고서

수술보고서(operative report)에는 환자정보와 함께 마취, 수술기구, 수술절차 등이 기술된다.

마취

의학용어	용어 성분	한글용어
anesthesia [애네스씨지아]	an-(없는) esthesi/o(감각, 느낌) ia(상태)	마취
inhalation [인할레이션]	in-(안으로) hal/o(숨쉬기)	흡입
intravenous [인트롸비너스]	intra-(내에) ven/o(정맥) -ous(~와 연관된)	정맥내
local anesthesia [로컬 애너스씨지아]	-al(~와 연관된) an-(없는) esthesi/o(감각, 느낌) ia(상태)	국소마취
regional anesthesia [리저널 애너스씨지아]	-al(~와 연관된) an-(없는) esthesi/o(감각, 느낌) ia(상태)	부위 마취
subcutaneous anesthesia [썹큐테이니어스]	sub-(아래에) cutane/o(피부) -ous(~와 관련된)	피하마취

의학용어	용어 성분	한글용어
topical anesthesia [토피컬 애터스씨지아]	topic/o(특정부위) -al(연관된)	국소마취, 점안마취

외과학용어

의학용어	용어 성분	한글용어
analgesic [애날지직]	an-(없는) alges/o(통증) -ic(~와 연관된)	진통제
anesthetic [애네스쎄틱]	an-(없는) esthesi/o(감각, 느낌) -ic(~와 연관된)	마취제
aspirator [애스퍼뤠이터]	aspir/o(흡인)	흡인기
clamp [클램프]	clamp(고정하다)	클램프
dialator [다이레이터]	dilat/o(확장)	확장기
dissection [디쎅션]	dis-(떨어져) sect/o(자름)	박리
draping [드레이핑]	drap-(천, 직물) -ing(동작)	덮개
forcep [포셉]	forc-(잡다) -cep(잡는 도구)	집게, 겸자
excision [엑씨젼]	ex-(밖으로) cis/o(자름) -ion(작용)	절개
hemostasis [히모스테이시스]	hem/o(혈액) -statis(멈춤)	지혈
hemostat [히머스탯]	hem/o(혈액) -stat(움직이지 않음)	지혈집게

(계속)

의학용어	용어 성분	한글용어
incisison [인씨젼]	in-(안으로) cis/o(자름) -ion(작용)	절개
scapel [스캘펄]	scalp-(자르다) -el(작은도구)	수술칼, 메스
perioperative [페뤼오퍼롸티브]	peri-(주위에)	수술전후
postperative [포스트오퍼롸티프]	post-(후에)	수술후
preoperative [프뤼오퍼롸티브]	pre-(전에)	수술전
resection [뤼쎅션]	re-(다시) sect/o(자름)	절제(술)
suture material [수쳐 머티리얼]	sut-(꿰매다) -ure(행위)	봉합재료
tenaculum [터낵큘럼]	tenacul/o(붙잡음)	당기개

12-2. 차트 작성 관련 용어

영상 검사 훑어보기

정의 및 기능

동물병원의 진료기록은 일반적으로 환자동물의 기본 정보를 나타내는 환자동물 기초정보(signalment)로 시작된다. 인간의 병력기록과는 달리 동물병원의 환자동물 기초정보에는 이름, 등록번호, 보호자 정보와 함께, 동물의 종(species), 품종(breed), 나이(age), 성별(sex), 중성화 여부(neuter status), 체중(weight), 털색(color) 등 동물을 식별할 수 있는 요소들이 포함된다.

또한 많은 동물병원에서는 진료의 일관성과 구조화를 위해 SOAP 형식을 기반으로 진료기록을 작성한다. SOAP는 보호자의 주관적 진술과 병력을 기록하는 S(Subjective), 수의사의 관찰과 검사 수치를 바탕으로 한 O(Objective), 이를 종합해 수의사가 판단하는 A(Assessment), 그리고 향후 치료 및 검진 계획을 기술하는 P(Plan)의 네 가지 항목으로 구성된다.

환자 기초정보 관련 용어

- **종(species):** 진료 대상 동물의 종을 의미하며, 개의 경우 Canine 또는 K9(Canis lupus familiaris의 축약), 고양이 Feline(Felis catus), 설치류 Rodent, 조류 Avian, 파충류 Reptile 말 Equine, 소 Bovine, 돼지 Porcine 등으로 기재된다.
- **품종(breed):** 일반적으로 동물의 품종적 특징이 명확한 경우 품종을 기재하며, 두 가지 이상 품종이 섞인 경우 잡종(mixed breed)으로 기재한다.
- **성별 및 중성화 여부(sex/neuter status):** 성별은 수컷(male, ♂) 또는 암컷(female, ♀)으로 표기하며, 중성화 여부에 따라 아래와 같이 표기한다.
  - 중성화된 수컷: NM(neutered male), CM(castrated male), MC(male castrated)
  - 중성화하지 않은 수컷: M(male), IM(intact male)
  - 중성화된 암컷: NS(neutered spayed), FS(female spayed), SF(spayed female)
  - 중성화하지 않은 암컷: F(female), IF(intact female)
- **나이(age):** 연령을 년/개월 단위로 표기
- **체중(body weight):** 투약량 산정 등에 필수 정보이며, 진료 당일 측정된 체중을 kg 또는 g 단위로 기록한다.
- **털색(color):** 겉모습으로 확인 가능한 털색 및 무늬

(계속)

그림으로 살펴본 환자 차트

환자 진료 차트

날짜: 담당 수의사:

보호자:	주소			연락처:
환자명:	종/ 품종	성별	피모색	생년월일/나이

병력	BW ______ kg T ______ ℃ P ______ mim R ______ mim
1. 주호소	
2. 현증경과	
3. 기왕력	
4. 사육환경	
5. 사료	
6. 문진	
- 일반상태	
- 피부/눈/귀	
- 근골격계	
- 심혈관계	
- 호흡기계	
- 소화기계	
- 비뇨생식기계	
일반신체검사	
- 일반상태	
- 피부/눈/귀	
- 근골격계	
- 심혈관계	
- 호흡기계	
- 소화기계	
- 비뇨생식기계	
- 신경계	
- 림프절	

날짜	(S)Subjective (O)Objective (A)Assessment (P)Plan	비고

약리학 관련 용어

약물이 몸속에 들어가서 효과를 나타내기 위해 상호작용하는 표적물질을 수용체(receptor)라고 한다. 약물은 세포 표면에 존재하는 수용체와 반응하거나 세포막을 통과하여 세포 내 수용체와 결합하여 생리적 변화를 일으킨다. 약의 용량(dose)은 일정한 시간과 빈도(투여일정, schedule)에 따라 투여되는 약물의 양을 의미하며, 이는 약효의 강도 및 지속시간에 영향을 미친다.

약물이 혈류로 흡수된 후 체내에서는 다양한 약작용(phamacologic action)과 상호작용(drug interaction)이 발생한다. 약 독성(toxicity)은 정상 범위를 초과한 약물이 유해하거나 잠재적으로 위험한 반응을 유발하는 것을 의미한다.

약물은 그 작용에 따라 여러 가지로 분류되며, 다음은 임상에서 자주 사용되는 주요 약물 종류이다.

- 진통제(analgesic): 통증을 완화하거나 제거하는 약물. 비스테로이드성 소염제(NSAIDs) 또는 마약성(opioid) 진통제가 포함됨
- 마취제(anesthetic): 감각이나 의식을 일시적으로 마비시켜 수술이나 처치를 가능하게 하는 약물. 전신 또는 국소 마취제로 구분됨
- 항생제(antibiotic): 세균의 성장을 억제하거나 사멸시키는 약물. 감염 치료에 사용됨
- 항응고제(anticoagulant): 혈액 응고를 방지하거나 지연시키는 약물. 혈전증 예방 및 치료에 사용됨
- 항경련제(anticonvulsant): 뇌의 과흥분을 억제하여 발작을 조절하는 약물
- 항당뇨병약(antidiabetic): 혈당을 조절하여 당뇨병을 치료하는 약물. 인슐린 주사 또는 경구혈당강하제가 포함됨
- 항구토제(antiemetic): 구토 반사를 억제하거나 예방하는 약물
- 항곰팡이제(antimycotic/antifungal): 진균(곰팡이)의 성장이나 번식을 억제하는 약물
- 항기생충제(antiparasitic): 내부 또는 외부 기생충을 제거하거나 억제하는 약물. 구충제, 살충제 등이 포함됨
- 해열제(antipyretic): 체온을 낮추는 작용을 하는 약물. 대부분 진통/소염 작용도 함께 나타냄(예: NSAIDs)
- 진해제(antitussive): 기침을 억제하는 약물. 중추성 또는 말초성으로 작용 기전이 다름

- 이뇨제(diuretic): 소변 생성을 촉진시켜 체내 수분이나 나트륨을 배출하는 약물
- 진정제(sedative): 중추신경계를 억제하여 불안, 흥분, 통증 반응을 완화하는 약물

약물 작용에 따른 용어

의학용어	용어 성분	한글용어	뜻
additive [애디티브]	ad-(더하다) -dit(놓다) -ive(~성질)	부가작용	투여된 두 가지(또는 그 이상) 약물의 작용의 합. 약물의 총 강도는 각 약물의 강도 합계와 같음
analgesic [애널쥐크]	an-(부정, 없음) alges/o(통증) -ic(~에 관한)	진통제	통증을 감소시키는 약물
antibiotics [앤티바이오틱스]	anti-(대항하는) bio-(생명, 생물) -tic(s)(~에 관련된 것)	항생제	박테리아(세균)의 성장이나 증식을 억제하거나 사멸시키는 약물을 뜻함
antidiarrhetic [앤티다이어리얼]	anti-(대항하는) diarrhea(설사) -etic(~에 관련된)	지사제	설사(diarrhea)를 억제하거나 완화시키는 약물
antidote [앤티도트]	anti(대항하는)	해독제	독소나 약물 부작용을 중화시키는 약물
broad spectrum [브로드 스펙트럼]	spectrum(범위)	광범위·광역	다양한 미생물에 효과를 나타냄
contraindication [칸트라인디케이션]	contra-(대항하는)	금기	특정 약물을 사용하면 안 되는 상태
cumulative action [큐뮬러티브 액션]	cumul-(쌓다)	누적작용	약물이 몸에 축적될 때 몸에서 일어나는 작용
drug interaction [드러그 인터랙션]	inter-(사이의) ation(작용)	약물상호작용	다른 약물과 동시에 복용하였을 때 어떤 약물의 효과가 변하는 것
drug tolerance [드러그 톨러런스]	toler-(견디다) -ance(상태, 능력)	약물내성·약물저항성	약물을 계속 투약하였을 때 약물에 대한 감수성이 감소하는 것
half life [해프 라이프]		반감기	약물이 동물에게 투여되었을 때 체내에서 분포 또는 분해되어 기준치의 절반으로 감소하는데 걸리는 시간

의학용어	용어 성분	한글용어	뜻
placebo [플라씨보]	plac-(기쁘게하다) -ebo(~할 것)	위약·헛약	약물에 대한 환자의 욕구를 충족시키기 위해 사용하는 비활성 물질. 약물 효과를 관찰하기 위한 연구에서 대조군에게 투여한 후 약물 효과와 위약효과를 관찰함
receptor [리셉터]	re-(다시) -cept-(잡다) -or(수용체)	수용체	세포 표면이나 세포질 내에 있는 특이한 분자구조로 특정물질과 선택적으로 결합하여 생리적 작용을 나타낸다
sedative [세더티브]	sedat-(가라앉히다, 진정시키다)	진정제	중추신경계를 억제하여 불안, 흥분, 긴장, 통증 등을 완화하거나 수면을 유도하는 약물로 수의학에서는 진료전 흥분동물의 진정, 수술전 마취 보조 용도 등으로 사용됨
side effect [사이드 이펙트]	side(옆, 부수적인)	부작용	원하는 효과 이외의 약물에 대한 반응으로 adverse reaction이라고도 함
tolerance [탈어뤈스]	toler-(견디다, 참다) -ance(능력)	내성·저항성	부작용 없이 많은 양의 물질(음식, 약물, 독소)에 견딜 수 있는 능력
toxicity [탁씨씨티]	toxic-(독)	독성	어떤 물질의 유독한 정도
unit dose [유닛 도즈]	unit(단위) dose(투여량)	단위용량	단위용량

약물투여 경로에 따른 용어

약물투여 경로(route of administration)는 약이 혈류로 흡수되는 정도와 약 작용이 나타나는 속도와 지속시간을 결정한다. 약물의 투약 방법과 관련된 용어는 다음과 같다.

- 경구투여(oral administration): 입을 통해 투여된 약은 위 또는 창자벽을 통과하여 혈류로 흡수된다. 만약 약이 소화관 내에서 소화액에 의해 파괴되거나 창자벽을 통과하지 못하면 약효과는 나타나지 않으며, 혈류로 흡수되는 데 수십 분~수 시간이 걸릴 수 있기 때문에 신속한 약 효과가 필요한 경우 적합하지 않을 수 있다.
- 혀밑투여·설하투여(sublingual administration): 약물을 삼키지 않고 혀 아래에 넣어 투약하는 것. 침에 녹아 혀 아래 혈관을 통해 흡수되며 흡수속도는 경구투여보다 빠르다.

- 직장투여(rectal administration): 좌약 및 용액을 곧창자(직장, rectum)를 통해 투여하는 방법
- 비경구투여 · 비장관투여(parenteral administaration): 피부, 근육, 정맥 및 체강에 주사기로 약을 주사하는 방법

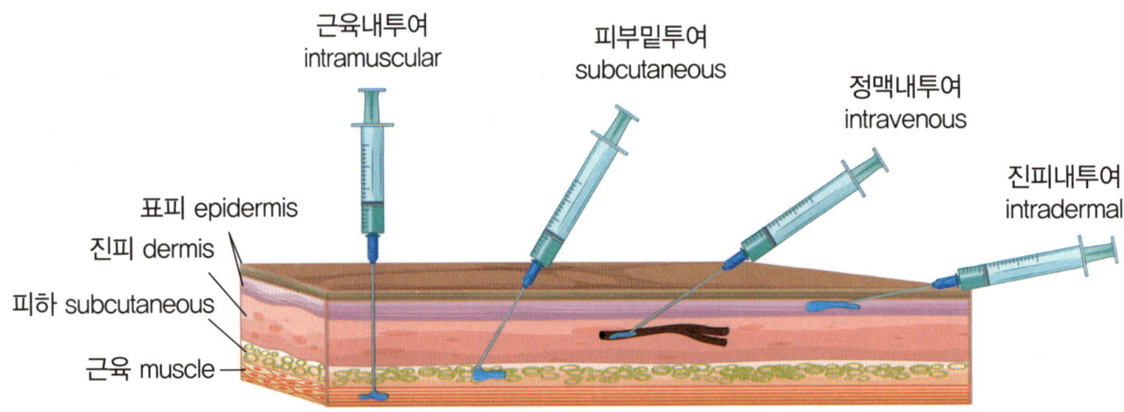

- 흡입(inhalation): 코와 입을 통해 증기나 가스 상태의 약물을 투여하면 허파꽈리(폐포)의 얇은 막을 통하여 혈류로 흡수된다.
- 국소적용(topical application): 약물을 피부나 점막에 국소적으로 바르는 방법

약물 작용에 따른 용어

Oral (경구)	Sublingual (혀밑·설하)	Rectal (곧창자, 직장)	Parenteral (비경구·비장관)	Inhalation (흡입)	Topical (국소)
Caplet (캡슐 모양의 정제) Capsule (캡슐약) Tablet (알약, 정)	Tablet (알약, 정)	Suppository (좌약)	Injection(주사) Instillation(점적주입) - Intracavitory (강내,공간속) - Intradermal (진피내) - Intramuscular (근육내) - Intrathecal (수막공간내) - Intravenous (정맥내) - Subcutaneous (피부밑, 피하)	Aerosol (분무제)	Lotion (로션) Cream (크림) Ointment (연고) Transdermal patches (피부경유부착포)

의학용어	용어 성분	한글용어
oral [오럴]	or/o(입) -al(~와 연관된)	경구투여
sublingual [섭링구얼]	sub-(아래) lingu/o(혀) -al(~와 연관된)	혀밑투여
inhalation [인할레이션]	in-(안으로) hal/o(숨쉬기)	흡입투여
parenteral [패런터어럴]	para-(이외에) enter/o(창자) -al(~와 연관된)	비경구투여
intracavitary [인트롸캐비터어뤼]	intra(안에) -ary(~와 연관된)	강내투여·공간 속 투여
intradermal [인트라더말]	intra-(안에) derm/o(피부) -al(~와 연관된)	진피내투여·피내투여

(계속)

의학용어	용어 성분	한글용어
intramuscular [인트라머쓰큘러]	intra-(안에) muscul/o(근육) -ar(~와 연관된)	근(육)내투여
intratheral [인트라씨컬]	intra-(안에) thec/o(근육) -ar(~와 연관된)	수막공간내투여·경막내투여
intravenous [인트라비너스]	intra-(안에) ven/o(정맥) -ous(~와 연관된)	정맥내투여
subcutaneous [썹큐테이너스]	sub-(아래에) cutane/o(피부) -ous(~와 연관된)	피부밑투여·피하투여
transdermal [트랜스더멀]	trans-(통하여) derm/o(피부) -al(~와 연관된)	피부통과투여·경피투여
topical [토피컬]	topic/o(특정부위) -al(~와 연관된)	국소투여
eyedrop [아이드랍]	eye(눈) drop(방울)	점안약투여
eardrop [이어드랍]	ear(귀) drop(방울)	귀물약투여
buccal [부컬/버컬]	bucc/o(볼) -al(~와 연관된)	구강점막투여

차트에 자주 사용되는 약어

약어	의학용어(라틴·영문)	한글용어
AD	Auris Dextra (right ear) [라이트 이어]	오른쪽 귀
AS	Auris Sinistra (left ear) [레프트 이어]	왼쪽 귀
AU	Auris Uterque (both ears) [보스 이어즈]	양쪽 귀
ante	Ante (before) [비포]	이전에
b.i.d., BID	Bis In Die (twice a day, q12h) [트와이스 어 데이]	하루 두 번

약어	의학용어(라틴·영문)	한글용어
d	Day [데이]	날, 하루
d/c, DISC	Discontinue [디스컨티뉴]	중단
Dx	Diagnosis [다이애그노시스]	진단명
ID	Intradermal [인트라더말]	피내 투여
IM	Intramuscular [인트라머스큘러]	근육내 투여
IP	Intraperitoneal [인트라페리토니얼]	복강내 투여
IT	Intratracheal [인트라트레키얼]	기관내 투여
IV	Intravenous [인트러비너스]	정맥내 투여
SC, SQ	Subcutaneous [섭큐테이니어스]	피하 투여
kg	Kilogram [킬로그램]	킬로그램
mL	Milliliter [밀리리터]	밀리리터
NPO	Nil Per Os (nothing by mouth) [나씽 바이 마우스]	금식
OD	Oculus Dexter (right eye) [라이트 아이]	오른쪽 눈
OS	Oculus Sinister (left eye) [레프트 아이]	왼쪽 눈
OU	Oculi Uterque (both eyes) [보스 아이즈]	양쪽 눈
pc	Post Cibum (after meals) [에프터 밀즈]	식후에
per	Per (with) [위드]	함께
po	Per Os (by mouth) [바이 마우스]	경구 투여
PRN	Pro Re Nata (as needed) [애즈 니디드]	필요할 때마다
q	Quaque (every) [에브리]	~마다
qh	Quaque Hora (every hour) [에브리 아워]	매 시간마다
s.i.d., SID	Semel In Die (once daily, =q24h) [원스 데일리]	하루에 한 번
b.i.d., BID	Bis In Die (twice daily, =q12h) [트와이스 데일리]	하루 두 번
t.i.d., TID	Ter In Die (three times a day, =q8h) [쓰리 타임스 어 데이]	하루 세 번
q.i.d., QID	Quater In Die (four times a day, =q6h) [포 타임즈 어 데이]	하루 네 번
e.o.d., EOD	Quaque Altera Die (every other day, =QAD, =QOD, =q48h) [에브리 아더 데이]	하루걸러 한 번

(계속)

약어	의학용어(라틴·영문)	한글용어
Tx	Treatment(치료의 약어 표기)	치료(약물·수술·물리 치료 등 치료 전반을 포괄)
Rx	prescription(recipe에서 유래)	처방(약물 처방, 처방전, 투약 지시 등)
x	Times [타임즈]	횟수

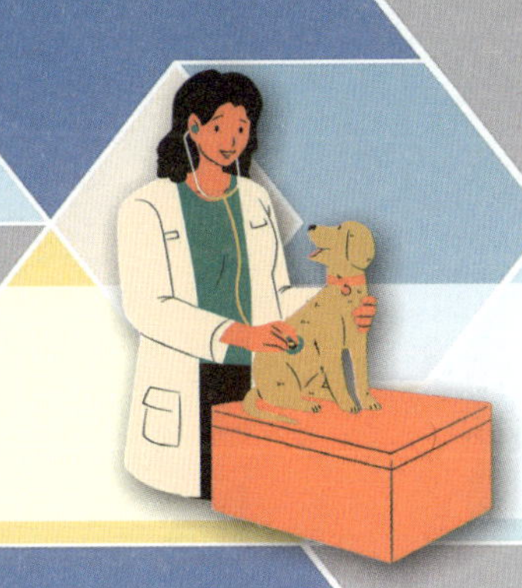

찾아보기

한글

ㄱ

ㄴ

ㄷ

ㅅ

ㅇ

ㅈ

ㅊ

ㅋ

ㅌ

ㅍ

ㅎ

기타

영어

A

B

C

F

G

H

I

J

K

L

M

N

S

T

U

V

X

Z